普通高等学校岩土工程（本科）规划教材

岩土工程测试技术

主 编 王复明

U0343480

黄河水利出版社
·郑州·

内 容 提 要

本书为普通高等学校岩土工程(本科)规划教材,主要内容包括绪论、测试技术基础知识、土的物理力学性质测试、岩体物理力学性质测试、岩土工程原位测试技术、岩土体动力测试技术、桩基测试技术、岩土工程监测技术。

本书可作为高等院校土木工程、岩土工程、水利水电工程、地下工程、隧道工程、交通运输工程及采矿工程等专业本科生的教材,也可供相关专业的研究生以及从事教学、科研、规划、勘察、设计、施工、管理等科技工作者使用。

图书在版编目(CIP)数据

岩土工程测试技术/王复明主编. —郑州:黄河水利出版社,2012.8

普通高等学校岩土工程(本科)规划教材

ISBN 978 - 7 - 5509 - 0321 - 0

Ⅰ.①岩… Ⅱ.①王… Ⅲ.①岩土工程 – 测试技术 – 高等学校 – 教材 Ⅳ.①TU4

中国版本图书馆 CIP 数据核字(2012)第 185794 号

策划编辑:王志宽 电话:0371 – 66024331 E-mail:wangzhikuan83@126.com

出 版 社:黄河水利出版社

地址:河南省郑州市顺河路黄委会综合楼 14 层 邮政编码:450003

发行单位:黄河水利出版社

发行部电话:0371 – 66026940、66020550、66028024、66022620(传真)

E-mail:hhslcbs@126.com

承印单位:黄河水利委员会印刷厂

开本:787 mm ×1 092 mm 1/16

印张:14.75

字数:340 千字 印数:1—3 100

版次:2012 年 8 月第 1 版 印次:2012 年 8 月第 1 次印刷

定价:30.00 元

普通高等学校岩土工程(本科)规划教材
编审委员会

前　言

随着现代化建设事业的飞速发展,各类建设工程的发展方向呈现高、大、深、重的趋势,给岩土工程领域带来了新的契机,如一系列新理论及新的设计方法的出现,对岩土工程测试技术提出了更高的要求。岩土工程测试技术是岩土工程理论发展的主要检测手段,也是确保工程质量的关键,不论设计理论与方法如何先进、合理,如果没有先进的测试技术做支撑,不仅新理论和设计方法没法得到合理的验证,且岩土工程的质量与精度也难以保证。岩土工程检测与测试水平的提高为岩土工程领域的不断扩展打下了坚实的基础,进而推动岩土工程理论的形成和发展,保证岩土工程设计的合理性和施工质量。因此,岩土工程检测在整个岩土工程中与理论计算和生产实践是相辅相成的,岩土工程测试贯穿于岩土工程勘察、岩土工程设计、岩土工程施工、岩土工程监测的全过程。

本书较系统地介绍了岩土工程测试的目的和意义,分析了岩土工程测试技术的发展现状,给出了岩土工程测试技术中常用的传感器的原理和使用方法。本书重点介绍了土的物理力学性质测试、岩体物理力学性质测试、岩土工程原位测试技术、岩土体动力测试技术、桩基测试技术、岩土工程监测技术等内容。在介绍相关测试理论的同时结合工程实例,便于读者学习与掌握。

本书由郑州大学王复明教授统稿。王复明编写第一章,蔡迎春编写第二章,石明生编写第三章及第五章,王志荣编写第四章,乐金朝、郑元勋编写第六章,王俊林、李坤轩编写第七章,余强编写第八章。

本书在编写过程中得到了相关单位及专家的支持与协助,在此深表谢意。

由于编者水平有限,加上时间仓促,书中疏漏之处在所难免,恳请读者批评指正,不胜感激。

编　者

2012 年 2 月

目　录

第一章　绪　论

第一节　岩土工程测试的目的和意义

一、岩土工程测试的目的

岩土工程是 20 世纪 60 年代末至 70 年代初,将土力学及基础工程、工程地质学、岩体力学三门学科逐渐结合为一体并应用于土木工程实际而形成的新学科,其目的是利用土力学、岩体力学及工程地质学的理论与方法,研究各类土建工程中涉及的岩土体的利用、整治和改造问题等。

随着现代化建设事业的飞速发展,各类建设工程的发展方向呈现高、大、深、重的趋势,给岩土工程领域带来了新的契机,如一系列新理论及新设计方法的出现,同时也对岩土工程测试技术提出了更高的要求。测试技术是岩土工程理论发展的主要检测手段,也是确保工程质量的关键。因此,不论设计理论与方法如何先进、合理,如果缺乏先进的测试技术做支撑,不仅新理论和设计方法没法得到合理的验证,且岩土工程的质量与精度也难以保证。另外,岩土工程检测与测试水平的提高,为岩土工程领域的不断扩展打下了坚实的基础,进而推动岩土工程理论的形成和发展,保证岩土工程设计的合理性和施工质量。因此,岩土工程检测在整个岩土工程中与理论计算和生产实践是相辅相成的,岩土工程测试贯穿于岩土工程勘察、岩土工程设计、岩土工程施工、岩土工程监测的全过程。

岩土工程测试的目的大致有以下几种:

(1)施工控制测试。如隧道施工期间的收敛监测、大型基坑开挖时的沉降测试,可以及时发现问题实现施工信息动态反馈,及时优化设计与施工方案,避免工程事故发生。

(2)运营期监控测试。如大型土石坝建成后都要经过几个月甚至数年才能稳定,在这期间要对大坝关键部位进行监测,发现危情及时进行补救。

(3)在岩体和结构分析中的测试。一般应用在实验室,即通过岩体和结构的力学观测,配以本构模型、模拟试验和数值分析,为改进岩体和地下工程的设计方法及结构分析方法提供依据。测试内容大致有岩体的力学参数测试、应力和应变测试、压力测试、变形和位移测试以及温度测试等。

在具体岩土工程测试中,测试目的依据实际工程具体情况而定。

二、岩土工程测试的意义

岩土工程测试就是对岩土体的工程性质进行观测和度量,得到岩土体的各种物理力学性质指标的试验工作。开展岩土工程测试技术工作具有重要的意义,主要体现在以下几个方面:

（1）岩土工程测试技术是保证岩土工程设计合理可行的重要手段。随着岩土工程的快速发展，工程实践中出现了更多、更复杂的岩土工程问题，需要运用创新的工程设计方法来解决问题。而创新的设计方法需要相应测试技术的支撑与验证，以便保证岩土工程的设计合理、经济。

（2）岩土工程测试技术为岩土工程施工质量与施工安全提供了技术保障。施工过程中的质量与施工安全已经得到广泛关注，施工中应力、应变、位移对参数的实时测试与分析技术为施工质量和安全提供了全面的技术保障。特别是大型岩土工程信息化施工，现场测试已经成为岩土工程施工不可分割的重要组成部分，且已经形成相关规范或行规。监测技术在隧道工程、边坡工程、地下工程、路基工程、基坑工程、桩基工程等施工中发挥着越来越重要的作用。

（3）岩土工程测试技术有效地推动了岩土工程理论的形成和发展。众所周知，理论分析、室内外测试和工程实践是岩土工程分析的三个重要方面。理论分析指导工程实践，而测试又是理论分析的基础。岩土工程中的许多理论是建立在试验基础上的，如太沙基（Terzaghi）的有效应力原理是建立在压缩试验中孔隙水压力的测试基础上的，达西（Darcy）定律是建立在渗透试验基础上的，剑桥模型是建立在正常固结黏土和微超固结黏土压缩试验及等向三轴压缩试验基础上的。

（4）岩土工程测试技术是保证大型重要岩土工程长期安全运行的重要手段。在重大岩土工程的运营过程中，如地质条件复杂的隧道及海底隧道、大型地下空间、城市地下铁道、大型高陡边坡、高速铁路路基等工程需要在运营期间对岩土工程及其结构的变形、受力、温度、渗流状况、沉降等进行长期监测，以保证其运营期的安全，避免重大工程事故的发生。

第二节　岩土工程测试技术发展现状与展望

一、岩土工程测试技术发展现状

随着科学技术的发展，现代测试技术较传统机械式的测试技术已发生了根本性的变革，在符合岩土力学理论和满足工程要求的前提下，电子计算机技术、电子测量技术、光学测试技术、航测技术、电磁场测试技术、声波测试技术、遥感测试技术等先进技术在岩土工程测试技术中得到了广泛应用，进而推动了岩土工程测试技术的快速发展，更先进、精密的测试设备相继问世，使测试结果的可靠性、可重复性方面得到很大的提高。

经过多年的发展，岩土工程测试技术的主要进展有：

（1）测试方法和试验手段的不断更新。近年来，用原位测试确定土工参数在国内外普遍受到重视。通过原位测试技术确定土工参数，该方法特别适用于对深层土和难以取土样（如砂土、卵砾石等）或难以保证土样质量的土进行土工参数确定。针对特殊土（如湿陷性黄土、淤泥质黏土、高有机质黑土、红壤土，以及围海造陆的吹填土等）工程性质和工程行为的测试、试验方法得到了一定的改善与提高，如利用现场大型浸水试验分析马兰黄土和离石黄土湿陷性差异、通过循环蠕变试验研究淤泥质黏土蠕变的三阶段模式和两个应力比临界值等,为提高对特殊土工程性质的认识提供了可靠的检测方法。

（2）新型传感器及相关的测试系统不断出现及改进。如表面水平位移观测采用全站仪,深层侧向位移观测出现了梁式倾斜仪,分层沉降观测中开始采用磁环式沉降仪等,测试手段不断更新。依据我国实际工程情况,邵龙潭等对传统室内测试设备三轴试验机、动力三轴试验机、平面应变仪、水（气）压力控制器、水土特性和渗透系数联合测定仪等进行了改进及国产化,在降低造价的同时进一步提高了实用性。王锺琦等研制了多功能触探装置,并发展了独特测试方法;赵大军等研制了具有静动力触探、高频振动回转钻进的多功能钻机;吉锋等研制了用于结构面起伏形态测量的接触打孔器等。

（3）大型工程的自动监测系统不断出现。软基加固、公路路基、基坑支护等工程现场监测很多采用了先进的实时自动化监测。如多通道无线遥测隧道围岩位移系统已用于工程实践,基于 GIS 和可视化技术的大型边坡安全监测系统已经有了成功的使用。在上海轨道交通建设中,在上海地铁建设多年的科研成果和管理经验基础上开发的地铁远程施工监控系统已经全面应用,该系统是基于网络通信传输、无线通信传输、网络数据库、数据分析、预测、决策等开发的,综合了施工、监理、监测、管理等多种信息。

（4）一系列新兴技术用于岩土工程测试中。如国内外已有将光纤维传感技术用于岩土工程现场监测中的实例。光纤布拉格光栅（Fiber Braggr Grating Sensors,简称 FBG）传感器已经用于深基坑钢筋混凝土内支撑应变监测。大测距的分布式光纤技术,开始实现由点到线的监测,甚至可以完成重大工程的三维在线监测。声发射技术在岩体局部冒落的预测预报、岩爆现象的预测预报、地应力测试等领域得到了广泛应用。瞬变电磁仪、红外成像仪等开始大量应用于地下工程的超前预报。近景摄影测量技术已经应用于地下工程位移监测,并达到了较高的精度。三维隧道影像扫描仪已经用于全面精确地记录隧道开挖面地质及支撑施工结果的影像与几何资料,该法有助于提高施工质量和工程管理水平。雷达等非破损探测技术开始应用于岩土工程测试中,由于工程物探具有精度高、成本低的特点,再结合工程需要,探测诸如基岩面、地下洞穴、孤石、管线、古墓、防空洞、桩身缺陷、破碎带、漏水点等目的物方面,已成为岩土工程勘察不可缺少的技术手段。

（5）监测数据的分析和反馈技术提高迅速。先进的三维地质建模软件、数据库系统、数据挖掘和专家系统等都在逐步应用。人工神经网络技术、时间序列分析、灰色系统理论、因素分析法、支持向量机方法等数据处理技术得到了广泛应用。岩土工程反分析,特别是基于现场量测变形的位移反分析研究取得了重要进展,反分析得到的综合弹性模量等参数成为岩土工程围岩稳定性数值模拟分析的重要基础,在岩土工程信息化施工中发挥了巨大作用。岩土工程施工监测信息管理、预测预报系统的发展成绩显著。

（6）相关岩土工程测试法规的陆续制定与出台。为了保证取样的质量及操作程序的规范化,依据我国实际,同时考虑与国际上通用标准接轨,我国相继出台了《岩土工程勘察规范》（GB 50021—2001）、《建筑工程地质钻探技术标准》（JGJ 87—92）、《原状土取样技术标准》（JGJ 89—92）等,使相关岩土工程测试技术及操作程序有法可依。这些标准既与国际上通用标准一致,也考虑了我国的国情。另外,"第三方监测"在我国岩土工程建设中也越来越受到重视,实施城市地下工程施工"第三方监测"是保证施工安全和工程质量十分重要的举措,有效地避免了施工过程中可能发生的事故。

（7）岩土工程结构运营期健康安全监测受到重视。对于如磁悬浮铁路路基工程等大型重要的岩土工程,不仅在施工过程中应开展监测,而且在运营过程中也要进行监测。岩土工程运营期间长期健康监测系统的建立和研究已经发展为岩土工程领域的重要课题之一。

二、岩土工程测试技术发展展望

如今各类建设工程和科学技术不断开发与应用,给岩土工程领域带来了巨大的活力,同时也提出了更高的要求。结合目前发展现状,展望未来,岩土工程测试技术发展趋势如下:

（1）国产测试设备的改进及进口测试设备的国产化。目前,国产岩土工程现场监测仪器的信息化程度及精度还有待进一步提高,以满足当前岩土工程测试技术的要求。国外进口设备虽然具有较好的精度及较高的信息化程度,但造价高昂,一定程度上限制了它在岩土工程测试领域的应用。因此,急需我们对先进的国外监测仪器进行消化吸收,提高国产化率,降低监测仪器的成本。

（2）新型测试仪器及技术的开发。针对岩土工程测试中出现的新问题,仅靠现有测试设备及技术难以完成测试任务,如千米深地质结构精细探测与解释技术、岩土体物理力学性质和参数的原位直接测试与地球物理间接测试技术、高可靠性地应力测试技术、TMB隧道施工超前预报技术、多物理过程监测技术（如岩体破裂过程的变形,应力、结构变化配套监测与解释技术）等。

（3）提高岩土工程施工监测系统的自动化及监测结果的可靠性。已有的软件适合现场施工人员使用的很少,并且功能不够全面,集成性较差,导致数据处理及分析实时性差、方法落后,自动化、信息化程度低,根据监测信息及时反馈指导施工的水平差。因此,急需研究利用监测数据开展地下工程施工风险预测预报的完善系统,发挥监测工作的优化设计和及时反馈指导施工的作用。运用工程可视化技术与地理信息系统的全新思想,将数据库管理、分析预测与测点图形功能三者高度集成,实现以测点地图为中心的查询和数据输入输出的双向可视化,并提供监测概预算和图形报表等完整的实用工具。同时,将监测系统由以前的施工监测及预报运用到结构在运营期的健康检测与诊断。

（4）积极发展第三方监测,全面提高地下工程安全施工的水平。由于针对第三方监测没有国家性的法规进行明确规定和管理,各地第三方监测处于无序状态。因此,急需对第三方监测的内容、责任主体、监测指标及管理信息系统数据标准等进行统一的管理和规定,确保岩土工程施工质量和安全。

第三节　岩土工程测试的主要内容

岩土工程测试技术一般分为室内试验技术、原位测试技术和现场监测技术三个方面。室内试验包含了常规的土工试验和模型试验,它的主要优点是可以控制试验条件,而它根本性的缺陷则在于试验对象难以反映天然条件下的性状和工作环境,抽样的数量也相对有限,有时会导致测试结果一定程度的失真。岩土工程的原位测试一般是指在工程现场通过特定的测试仪器对测试对象进行试验,并运用岩土力学的基本原理对测试数据进行归纳、分析、抽象和推理以判断其状态或得出其性状参数的综合性试验技术。现场监测是保证岩土工程施工质量与安全的重要技术手段,能有效地避免重大工程事故的发生,目前在重大岩土工程中得到了广泛的应用。因此,岩土工程测试技术的三个方面各具特点和优势,不能相互取代。下面介绍各种测试技术的主要内容。

一、室内试验技术

室内试验技术能进行各种理想条件下的控制试验,在一定程度上容易满足理论分析的要求。室内试验主要有土的物理力学指标室内试验、岩土的物理力学指标室内试验、利用相似材料完成的岩土工程模型试验和采用数值方法完成的数值仿真试验。有关上述试验的原理和方法由专门的课程进行讲授。

下面列举一些试验的具体名称。

(1)土的物理力学指标室内试验主要有土的含水量试验、土的密度试验、土的颗粒分析试验、土的界限含水量试验、相对密度试验、击实试验、回弹模量试验、渗透试验、固结试验、黄土湿陷试验、三轴压缩试验、无侧限抗压强度试验、直接剪切试验、反复直剪强度试验、土的动力特性试验、自由膨胀率试验、膨胀力试验、收缩试验、冻土密度试验、冻土温度试验、未冻土含水量试验、冻土导热系数试验、冻胀量试验和冻土融化压缩试验等。

(2)岩土的物理力学指标室内试验主要有含水量试验、颗粒密度试验、块体密度试验、吸水试验、渗透性试验、膨胀性试验、耐崩解性试验、冻融试验、岩土断裂韧度测试试验、单轴压缩强度和变形试验、三轴压缩强度和变形试验、抗拉强度试验、点荷载强度试验等。

(3)岩土工程模型试验主要是利用相似理论,用与岩土工程原型力学性质相似的材料按照几何常数缩制成室内模型,在模型上模拟各种加荷和开挖过程,研究岩土工程的变形和破坏等力学现象。模型试验种类繁多,主要有岩土工程开挖施工过程围岩破坏规律试验、岩土工程加固机制研究、地下工程开挖引起的地表损害规律研究、岩爆机制研究、地下硐室群支护设计优化分析、离心模型试验等。

(4)数值仿真试验。利用计算机进行岩土工程问题的研究,具有可以模拟大型岩土工程、模拟复杂边界条件、成本低、精度高等特点。岩土工程数值仿真试验常用的数值方法有有限元法、离散元法、边界元法、有限差分法、不连续变形法、颗粒流法、无单元法等。

二、原位测试技术

原位测试可以在最大限度上减少试验前对岩土体的扰动,避免这些扰动对试验结果的影响。原位测试结果可以直接反映原位测试体的物理力学状态,更接近工程实践的实际情况。同时,对于某些难以采样进行室内测试的岩土体(如承受较大固结压力的砂层),原位测试是必需的。在原位测试方面,地基中的位移场、应力场测试,地下结构表面的土压力测试,地基土的强度特性及变形特性测试等是研究的重点。原位测试技术可以分为土体的原位测试试验和岩体的原位测试试验两大类。

(1)土体的原位测试试验主要内容有静载荷试验、静力触探试验、标准贯入试验、轻便触探试验、十字板剪切试验、现场直剪试验、地基土动力特性原位测试试验、场地土波速测试、场地微震观测、循环荷载板试验、地基土刚度系数测试、振动衰减测试、旁压试验等。

（2）岩体的原位测试试验内容主要有地应力测试、弹性波测试、回弹试验、岩体变形试验、岩体强度试验等。需要指出的是，地应力是存在于地层中的未受工程扰动的天然应力，也称原岩应力，它是引起地下工程开挖变形和破坏的根本作用力。地应力测试的结果对地下工程硐室和巷道的合理布置、地下硐室围岩稳定性数值分析和地下工程支护设计方案的优化设计具有重要意义，在工程分析中应引起重视。

三、现场监测技术

现场监测技术是随着大型复杂岩土工程的出现而逐渐发展起来的。在水电工程大型地下厂房群、城市地铁建设中的车站及区间隧道、大型城市地下空间、复杂条件下矿山巷道、大断面隧道、高陡边坡加固等工程施工中，由于信息法施工的普及，现场监测已成为保证上述工程安全施工的重要手段。

（1）岩土工程现场监测涉及的领域众多，主要有水利电力工程、铁路、公路交通、矿山、城市建设、国防建设、港口建设、地下空间开发与利用等。

（2）岩土工程现场监测的分类。按开展监测的时间，岩土工程现场监测可分为施工期监测和运营期监测。按监测的建筑物类型，岩土工程现场监测可分为大坝监测、地下硐室监测、隧道监测、地铁监测、基坑监测、边坡监测、支挡结构监测等。按影响因素，岩土工程现场监测可分为对人类工程活动进行的监测、自然地质灾害监测。按监测物理量的类型，岩土工程现场监测一般可以分为变形监测、应力（压力）应变监测、渗流监测、温度监测和动态监测等。按监测变量，岩土工程现场监测可分为原因量监测和效应量监测，原因量即环境参量，它们的变化将引起建筑物性态的变化；效应量是建筑物对原因量变化而产生的响应。

第二章　测试技术基础知识

第一节　测试的基本概念

一、测试系统组成

测试系统是将传感器与测量仪表、变换装置、显示或存储装置等有机组合在一起,实现对被测物理量的量取,并得到具体数据。测试系统的基本构成如图2-1所示。

图2-1　测试系统的基本构成

系统中各个环节的具体功能如下:

(1)传感器是感受被测量的大小并输出相应信号的器件或装置,它是整个测试系统中的感知元件,也是测试系统的核心环节。

(2)数据传输是用来传输数据的。当传感器测量得到被测对象的物理量时,数据有时需要传输到另一个环节进行处理或显示,数据传输环节就是完成这种传输功能的。当然,目前也有许多传感器本身自带存储功能,这时候数据传输仅仅完成传感器与另外存储设备的数据交换或导入。

(3)数据处理是将传感器输出信号进行处理和变换,如对信号进行放大、运算、线性化、数－模或模－数转换,变成另一种参数的信号或某种标准化的统一信号等,使其输出信号便于显示、记录,同时得到最终需要的测量数据。特别是一些模拟信号的传感器,必须经过模－数转换,才能进行存储或数字化显示。例如,加速度传感器测得的原始信号往往是模拟的电压信号,首先需要经过模－数转换,转换成数字信号,然后经过灵敏度参数的转换,使电压信号变成加速度信号。目前,有的传感器自带微型处理器,可直接输出数字信号;有的传感器将处理功能集成一体,直接得到被测物理量。

(4)数据显示(存储)是将被测量信息变成人感官能接受的形式,以达到监视、控制或分析的目的。测量结果可以采用模拟显示,也可以采用数字显示,还可以由记录装置进行自动记录并存储,或由打印机将数据打印出来。当然,数据显示功能还有一定的不足,因为所有测量数据均希望得到永久保存,所以实时的数据存储也是必要的。

二、测试系统分类

测试系统通常可以分为开环测试系统与闭环测试系统。

（一）开环测试系统

开环测试系统全部信息变换只沿着一个方向进行，如图2-2所示。

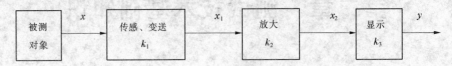

图2-2　开环测试系统框图

其中，x 为输入量，y 为输出量，k_1、k_2、k_3 为各个环节的传递系数。输入输出关系为各个环节的传递系数的函数。

$$y = f(k_1, k_2, k_3, x) \tag{2-1}$$

采用开环方式构成的测试系统，结构较简单，但各环节特性的变化都会造成测量误差，有的误差甚至是线性或几何放大。

（二）闭环测试系统

闭环测试系统有两个通道：一为正向通道，二为反馈通道。闭环测试系统结构框图如图2-3所示。其中 Δx 为正向通道的输入量，β 为反馈环节的传递系数，正向通道的总传递系数 $k = k_2 k_3$。

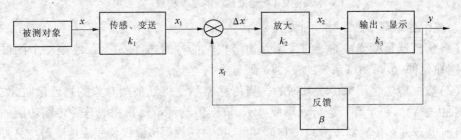

图2-3　闭环测试系统结构框图

由图2-3可知：

$$\Delta x = x_1 - x_f; \quad x_f = \beta y; \quad y = k \Delta x = k(x_1 - x_f) = kx_1 - k\beta y; \quad y = \frac{k}{1 + k\beta} x_1 = \frac{1}{\frac{1}{k} + \beta} x_1$$

当 $k \gg 1$ 时，则

$$y \approx \frac{1}{\beta} x_1 \tag{2-2}$$

因为

$$x_1 = k_1 x, \quad y = \frac{k}{1 + k\beta} x_1$$

所以，系统的输入输出关系为

$$y = \frac{kk_1}{1 + k\beta} x \approx \frac{k_1}{\beta} x \tag{2-3}$$

显然，这时整个系统的输入输出关系由反馈环节的特性决定，放大器等环节特性的变化不会造成测量误差，或者说造成的误差很小。但是系统设计较复杂，成本相对要高。

根据以上分析可知，在构成测试系统时，应将开环测试系统与闭环测试系统巧妙地组合在一起加以应用，才能达到所期望的目的。特别是目前应用相当广泛的伺服类传感器就是采用了反馈回路的闭环测量。

第二节　传感器基本原理

一、传感器的基本概念

根据 GB 7665—87,传感器的定义为:"能感受规定的被测量并按照一定规律转换成可用输出信号的器件或装置。"这一定义所表述的传感器的主要内涵包括:

(1)从传感器的输入来看,一个指定的传感器只能感受规定的被测量,即传感器对规定的物理量具有最大的灵敏度和最好的选择性。

(2)从传感器的输出来看,传感器的输出信号为"可用信号",即指便于处理、传输的信号,如常见的电信号、光信号等。当然或许是更先进、更实用的其他信号形式。

(3)从输入与输出的关系来看,输入与输出之间的关系应具有"一定规律",即传感器的输入与输出不仅是相关的,而且可以用确定的数学模型来描述,也就是它有确定规律的静态特性和动态特性。

二、传感器的分类

传感器的种类繁多,因此有许多种分类方法。常用的分类方法如下。

(一)按被测量分类

(1)机械量:位移、力、速度、加速度等。

(2)热工量:温度、热量、流量(速)、压力(差)、液位等。

(3)物性参量:浓度、黏度、比重、酸碱度等。

(4)状态参量:裂纹、缺陷、泄漏、磨损等。

这种分类方法是按用途进行分类的,给使用者提供了方便,容易根据测量对象来选择传感器。

(二)按测量原理分类

按测量原理传感器可分为电阻式、电感式、电容式、压电式、光电式、光纤、磁敏式、激光、超声波等。现有传感器的测量原理都是基于物理、化学与生物等各种效应和定律,这种分类方法便于从原理上认识输入与输出之间的变换关系,有利于专业人员从原理、设计及应用上作归纳性的分析与研究。

(三)按信号变换特征分类

(1)结构型:主要通过传感器结构参量的变化实现信号变换。例如,电容式传感器依靠极板间距离的变化引起电容量的改变。

(2)物性型:利用敏感元件材料本身物理属性的变化来实现信号变换。例如,水银温度计利用水银的热胀冷缩现象测量温度,压电式传感器利用石英晶体的压电效应实现测量等。

(四)按能量关系分类

(1)能量转换型:传感器直接由被测对象输入能量使其工作。例如热电偶、光电池等,这种类型的传感器也称为有源传感器。

（2）能量控制型：传感器从外部获得能量使其工作，由被测量的变化控制外部供给能量的变化，例如电阻式、电感式等传感器。这种类型的传感器必须由外部提供激励源（电源等），因此也称无源传感器。

传感器按能量关系分类如表 2-1 所示。

表 2-1　传感器按能量关系分类

能量转换型	能量控制型
压电效应（压电式）	应变效应（应变片）
压磁效应（压磁式）	压阻效应（应变片）
热点效应（热电偶）	热阻效应（热电阻、热敏电阻）
电磁效应（磁电式）	磁阻效应（磁敏电阻）
光电伏特效应（光电池）	内光电效应（光敏电阻）
热磁效应	霍尔效应（霍尔元件）
热电磁效应	电容（电容式）
静电式	电感（电感式）

除以上分类方法外，按照输出量传感器可分为模拟式传感器和数字式传感器，按照测量方式传感器可分为接触式传感器和非接触式传感器等。

三、常用技术性能指标

一般传感器常用的技术性能指标如下：

（1）输入量的性能指标：量程或测量范围、过载能力等。

（2）静态特性指标：线性度、迟滞、重复性、精度、灵敏度、分辨率、稳定性和漂移等。

（3）动态特性指标：固有频率、阻尼比、频率特性、时间常数、上升时间、响应时间、超调量、稳态误差等。

（4）可靠性指标：工作寿命、平均无故障时间、故障率、疲劳性能、绝缘、耐压、耐温等。

（5）对环境要求的指标：工作温度范围、温度漂移、灵敏度漂移系数、抗潮湿、抗介质腐蚀、抗电磁场干扰能力、抗冲振要求等。

（6）使用及配接要求：供电方式（直流、交流、频率、波形等）、电压幅度与稳定度、功耗、安装方式（外形尺寸、重量、结构特点等）、输入阻抗（对被测对象影响）、输出阻抗（对配接电路要求）等。

第三节　电阻应变式传感器

电阻应变式传感器是应用最广泛的传感器之一，它可用于不同的弹性敏感元件形式，构成测量位移、加速度、压力等各种参数的电阻应变式传感器。虽然新型传感器不断出现，为测试技术开拓了新的领域，但是，由于电阻应变测试技术具有其独特的优点，因此它仍然是目前非常重要的检测手段之一。其他类型的传感器可以参阅相关的书籍，电阻应变式传感器的主要优点是：

（1）由于电阻应变片尺寸小、重量轻，具有良好的动态特性，应变片粘贴在试件上对其工作状态和应力分布基本上没有影响，适用于静态和动态测量。

（2）测量应变的灵敏度和精度高，可测量 $1 \sim 2 \ \mu m$ 应变，误差小于 $1\% \sim 2\%$。

（3）测量范围上，既可测量弹性变形，也可测量塑性变形，变形范围为 $1\% \sim 20\%$。

（4）能适应各种环境，可在高（低）温、超低压、高压、水下、强磁场以及辐射和化学腐蚀等恶劣环境中使用。

电阻应变式传感器的缺点是输出信号微弱，在大应变状态下具有较明显的非线性等。

一、电阻应变片的工作原理

电阻应变式传感器由弹性敏感元件和电阻应变片组成。当弹性敏感元件受到被测量作用时，将产生位移、应力和应变，则粘贴在弹性敏感元件上的电阻应变片将应变转换成电阻的变化。这样，通过测量电阻应变片的电阻值变化，从而确定被测量的大小。

电阻应变片的工作原理是基于导体和半导体材料的电阻应变效应和压阻效应。电阻应变效应是指电阻材料的电阻值随机械变形而变化的物理现象；压阻效应是指电阻材料受到载荷作用而产生应力时，其电阻率发生变化的物理现象。

下面以单根电阻丝为例说明电阻应变片的工作原理。设电阻丝的长度为 L，截面面积为 A，电阻率为 ρ，其初始电阻值为

$$R = \rho \frac{L}{A} \tag{2-4}$$

当电阻丝受到拉伸或压缩时，其几何尺寸和电阻值同时发生变化，对式（2-4）两边同时取对数后再微分，即可求得电阻的相对变化为

$$\frac{\mathrm{d}R}{R} = \frac{\mathrm{d}L}{L} - \frac{\mathrm{d}A}{A} + \frac{\mathrm{d}\rho}{\rho} \tag{2-5}$$

式中　$\dfrac{\mathrm{d}L}{L} = \varepsilon_{\mathrm{x}}$——电阻丝的纵向应变；

$\dfrac{\mathrm{d}A}{A}$——截面面积的相对变化（若取 $A = \pi r^2$（ r 为电阻丝的半径），则 $\dfrac{\mathrm{d}A}{A} = 2 \dfrac{\mathrm{d}r}{r}$ ）；

$\dfrac{\mathrm{d}r}{r} = \varepsilon_{\mathrm{v}}$——电阻丝的横向应变，且 $\varepsilon_{\mathrm{v}} = -\mu \varepsilon_{\mathrm{x}}$，$\mu$ 为电阻丝材料的泊松系数。

于是，式（2-5）可写为

$$\frac{\mathrm{d}R}{R} = (1 + 2\mu) \varepsilon_{\mathrm{x}} + \frac{\mathrm{d}\rho}{\rho} \tag{2-6}$$

由此可知，电阻丝电阻的相对变化是由两部分引起的：$(1 + 2\mu) \varepsilon_{\mathrm{x}}$ 是由电阻丝几何尺寸变化引起的电阻变化，即电阻应变效应；$\dfrac{\mathrm{d}\rho}{\rho}$ 是电阻丝受到应力作用而引起的电阻率的变化，即压阻效应。

对于金属材料，电阻应变效应是主要的，电阻率的变化可忽略不计，所以有

$$\frac{\mathrm{d}R}{R} = (1 + 2\mu) \varepsilon_{\mathrm{x}} \tag{2-7}$$

对于半导体材料,压阻效应是主要的,有

$$\frac{\mathrm{d}R}{R} = \frac{\mathrm{d}\rho}{\rho} \qquad (2\text{-}8)$$

由于电阻率的相对变化量$\dfrac{\mathrm{d}\rho}{\rho}$与电阻丝轴向应力$\sigma(\sigma = E\varepsilon_{\mathrm{x}})$有关,即

$$\frac{\mathrm{d}\rho}{\rho} = \pi_{\mathrm{L}}\sigma = \pi_{\mathrm{L}}E\varepsilon_{\mathrm{x}} \qquad (2\text{-}9)$$

式中　π_{L}——压阻系数,与半导体材料的材质有关;

　　　E——电阻丝材料的弹性模量。

于是,对于半导体材料有

$$\frac{\mathrm{d}R}{R} = \pi_{\mathrm{L}}E\varepsilon_{\mathrm{x}} \qquad (2\text{-}10)$$

定义电阻丝的灵敏度系数为

$$S_0 = \frac{\mathrm{d}R/R}{\varepsilon_{\mathrm{x}}} \qquad (2\text{-}11)$$

灵敏度系数的物理意义为单位应变所引起的电阻相对变化。显然,对于金属材料,$S_0 = 1 + 2\mu$,通常为 $1.8 \sim 3.6$;对于半导体材料,$S_0 = \pi_{\mathrm{L}}E$,通常在 100 以上。可见,半导体材料的灵敏度远远高于金属材料的灵敏度。

应该指出,电阻丝的灵敏度系数 S_0 与同一材料制成的电阻应变片的灵敏度系数 S 是不同的,因为结构因素会影响电阻应变片灵敏度系数,只能由试验测定。试验表明,电阻应变片的电阻相对变化$\dfrac{\mathrm{d}R}{R}$与 ε_{x} 的关系在很大范围内仍然具有很好的线性关系,即

$$\frac{\mathrm{d}R}{R} = S\varepsilon_{\mathrm{x}} \text{ 或 } S = \frac{\mathrm{d}R/R}{\varepsilon_{\mathrm{x}}} \qquad (2\text{-}12)$$

由于电阻应变片粘贴到试件上后不能取下再用,所以制造厂只能在每批产品中提取一定比例(一般为 5%)的应变片,测定灵敏度系数 S 值,然后取其平均值作为这批产品的灵敏度系数,这就是产品包装盒上注明的标称灵敏度系数。

二、电阻应变片的横向效应

将直的电阻丝绕成栅状以后,即使在长度相同、应变状态也相同的条件下,由于栅状电阻丝的横向绕制部分能感受被测点的横向应变,因此电阻丝总的电阻变化将会受到横向变形的影响,这种现象称为应变片的横向效应。

考虑横向效应后,应变片的电阻变化可以写为

$$\frac{\Delta R}{R} = S_{\mathrm{x}}\varepsilon_{\mathrm{x}} + S_{\mathrm{y}}\varepsilon_{\mathrm{v}} \qquad (2\text{-}13)$$

式中　S_{x}——应变片对纵向应变的灵敏度系数,它代表 $\varepsilon_{\mathrm{v}} = 0$ 时,其电阻相对变化与纵向应变 ε_{x} 之比;

　　　S_{y}——应变片对横向应变的灵敏度系数,它代表 $\varepsilon_{\mathrm{x}} = 0$ 时,其电阻相对变化与横向应变 ε_{v} 之比;

ε_x、ε_v——纵向应变和横向应变。

令 $C = \dfrac{S_y}{S_x}$，称为横向效应系数，则

$$\frac{\Delta R}{R} = S_x(\varepsilon_x + C\varepsilon_v) \tag{2-14}$$

式（2-14）为应变片的一般形式。

在应变片纵向单向应力作用下，材料的泊松系数为 μ_0，式（2-14）可写为

$$\frac{\Delta R}{R} = S_x(1 - C\mu_0)\varepsilon_x = S\varepsilon_x \tag{2-15}$$

式（2-15）表明由于横向效应系数 C 的作用，在测量纵向应变时，圆弧部分产生了一个负的电阻变化，从而降低了应变片的灵敏度系数。

第四节　测量误差与数据处理

一、测量误差

测量的目的是希望通过测量获取被测量的真实值。但因为种种因素，例如，传感器本身性能不十分优良，测量方法不十分完善，外界干扰的影响等，都会造成被测参数的测量值与真实值不一致，两者不一致程度用测量误差表示。测量误差就是测量值与真实值之间的差值。它的大小反映了测量质量的好坏。

（一）测量误差的表示方法

测量误差的表示方法有多种，含义各异。

1. 绝对误差

绝对误差可用下式定义

$$\Delta = x - L \tag{2-16}$$

式中　Δ——绝对误差；

　　　x——测量值；

　　　L——真实值。

对测量值进行修正时，要用到绝对误差。修正值是与绝对误差大小相等、符号相反的值，实际值等于测量值加上修正值。

采用绝对误差表示测量误差，不能很好地说明测量质量的好坏，因此测试对象和范围的要求不同，相同的绝对误差有不同的精度结果。例如，在温度测量时，绝对误差 $\Delta = 1\ ℃$，对体温测量来说是不允许的，而对测量钢水温度来说却是一个极好的测量结果。

2. 相对误差

相对误差的定义由下式给出

$$\delta = \frac{\Delta}{L} \times 100\% \tag{2-17}$$

式中　δ——相对误差，一般用百分数表示；

　　　Δ——绝对误差；

L——真实值。

由于被测量的真实值 L 无法知道,实际测量时用测量值 x 代替真实值 L 进行计算,这个相对误差称为标称相对误差,即

$$\delta = \frac{\Delta}{x} \times 100\% \tag{2-18}$$

3. 引用误差

引用误差是仪表中通用的一种误差表示方法。它是相对仪表满量程的一种误差,一般也用百分数表示,即

$$\gamma = \frac{\Delta}{测量范围上限 - 测量范围下限} \times 100\% \tag{2-19}$$

式中　γ——引用误差;

Δ——绝对误差。

仪表精度等级是根据引用误差来确定的。例如,0.5 级表的引用误差的最大值不超过 $\pm0.5\%$,1.0 级表的引用误差的最大值不超过 $\pm1\%$。

4. 基本误差

基本误差是指仪表在规定的标准条件下所具有的误差。例如,仪表是在电源电压 (220 ± 5)V、电网频率 (50 ± 2)Hz、环境温度 (20 ± 5)℃、湿度 $65\% \pm 5\%$ 的条件下标定的。如果这台仪表在这个条件下工作,则仪表所具有的误差为基本误差。测量仪表的精度等级就是由基本误差决定的。

5. 附加误差

附加误差是指当仪表的使用条件偏离额定条件时出现的误差。例如,温度附加误差、频率附加误差、电源电压波动附加误差等。

(二)误差的性质

根据测量数据中的误差所呈现的规律,误差可分为三种,即系统误差、随机误差和粗大误差。这种分类方法便于测量数据处理。

1. 系统误差

对同一被测量进行多次重复测量时,如果误差按照一定的规律出现,则把这种误差称为系统误差。例如,标准量值的不准确及仪表刻度的不准确而引起的误差则属于系统误差。

2. 随机误差

对同一被测量进行多次重复测量时,绝对值和符号不可预知地随机变化,但就误差的总体而言,具有一定的统计规律性的误差称为随机误差。

引起随机误差的原因是很多难以掌握或暂时未能掌握的微小因素,一般无法控制。对于随机误差,不能用简单的修正值来修正,只能用概率和数理统计的方法去计算它出现的可能性的大小。

3. 粗大误差

明显偏离测量结果的误差称为粗大误差,又称疏忽误差。这类误差是由测量者疏忽大意或环境条件的突然变化而引起的。

二、测量数据的估计和处理

从工程测量实践可知,测量数据中含有系统误差和随机误差,有时还会含有粗大误差。它们的性质不同,对测量结果的影响及处理方法也不同。在测量中,对测量数据进行处理时,首先判断测量数据中是否含有粗大误差,如有,则必须加以剔除;其次看数据中是否存在系统误差,对系统误差可设法消除或加以修正。对排除了系统误差和粗大误差的测量数据,则利用随机误差性质进行处理。总之,对于不同情况的测量数据,先要加以分析研究,判断情况,分别处理,再经综合整理以得出合乎科学的结果。

在测量中,当系统误差已设法消除或减小到可以忽略的程度,如测量数据仍有不稳定的现象,则说明存在随机误差。

在等精度测量情况下,得 n 个测量值 $x_1,x_2,\cdots,x_n$,设只含有随机误差 $\delta_1,\delta_2,\cdots,\delta_n$。这组测量值或随机误差都是随机事件,可以用概率数理统计的方法来研究。随机误差的处理任务是:从随机数据中求出最接近真值的值(或称真值的最佳估计值),对数据精密度的高低(或称可信赖的程度)进行评定并给出测量结果。

(一)随机误差的正态分布曲线

在大多数情况下,当测量次数足够多时,测量过程中产生的误差服从正态分布规律。分布密度函数为

$$y = f(x) = \frac{1}{\sigma\sqrt{2\pi}} e^{-\frac{x^2}{2\sigma^2}} \tag{2-20}$$

和

$$y = f(\delta) = \frac{1}{\sigma\sqrt{2\pi}} e^{-\frac{(x-L)^2}{2\sigma^2}} \tag{2-21}$$

式中　y——概率密度;

x——测量值(随机变量);

σ——均方根偏差(标准误差);

L——真值(随机变量 x 的数学期望);

δ——随机误差(随机变量),$\delta = x - L$。

正态分布方程式的关系曲线为一条钟形的曲线(见图2-4),说明随机变量在 $x = L$ 或 $\delta = 0$ 处具有最大概率。

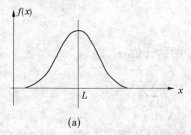
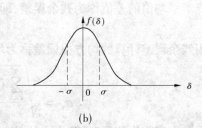

图 2-4　正态分布曲线

（二）正态分布的随机误差的数字特征

在实际测量时,真值 L 不可能得到。但若随机误差服从正态分布,则算术平均值处随机误差的概率密度最大。对被测量进行等精度的 n 次测量,得 n 个测量值 $x_1, x_2, \cdots, x_n$,它们的算术平均值为

$$\bar{x} = \frac{1}{n}(x_1 + x_2 + \cdots + x_n) = \frac{1}{n}\sum_{i=1}^{n} x_i \tag{2-22}$$

算术平均值是测量值中最可信赖的,它可以作为等精度多次测量的结果。

上述的算术平均值反映随机误差的分布中心,而均方根偏差则反映随机误差的分布范围。均方根偏差愈大,测量数据的分布范围就愈大,所以均方根偏差 σ 可以描述测量数据和测量结果的精度。图 2-5 为不同 σ 下正态分布曲线。由图可见,σ 愈小,分布曲线愈陡峭,说明随机变量的分散性愈小,则其精度就高;反之,σ 愈大,分布曲线愈平坦,随机变量的分散性愈大,则其精度就低。

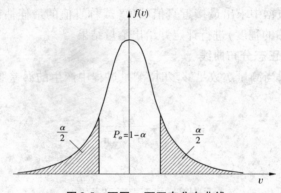

图 2-5　不同 σ 下正态分布曲线

均方根偏差 σ 可由下式求取

$$\sigma = \sqrt{\frac{\sum_{i=1}^{n}(x_i - L)^2}{n}} = \sqrt{\frac{\sum_{i=1}^{n}\delta_i^2}{n}} \tag{2-23}$$

式中　n——测量次数;

　　　x_i——第 i 次测量值。

在实际测量时,由于真值 L 无法确切知道,用测量值的算术平均值 $\bar{x}$ 代替它,各测量值与算术平均值的差值称为残余误差,即

$$v_i = x_i - \bar{x} \tag{2-24}$$

用残余误差计算的均方根偏差称为均方根偏差的估计值 σ_s,即

$$\sigma_s = \sqrt{\frac{\sum_{i=1}^{n}(x_i - \bar{x})^2}{n-1}} = \sqrt{\frac{\sum_{i=1}^{n} v_i^2}{n-1}} \tag{2-25}$$

通常在有限次测量时,算术平均值不可能等于被测量的真值 L,它也是随机变动的。设对被测量值进行 m 组的"多次测量",各组所得的算术平均值 $\bar{x}_1, \bar{x}_2, \cdots, \bar{x}_m$ 围绕真值 L 有一定的分散性,也是随机变量。算术平均值 $\bar{x}$ 的精度可由算术平均值的均方根偏差 $\sigma_{\bar{x}}$

来评定,它与 σ_s 的关系如下

$$\sigma_{\bar{x}} = \frac{\sigma_s}{\sqrt{n}} \tag{2-26}$$

人们利用分布曲线进行测量数据处理的目的是求取测量的结果,确定相应的误差限以及分析测量的可靠性等。为此,需要计算正态分布在不同区间的概率。分布曲线下的全部面积应等于总概率。由残余误差表示的正态分布密度函数为

$$y = f(v) = \frac{1}{\sigma\sqrt{2\pi}}e^{-\frac{v^2}{2\sigma^2}} \tag{2-27}$$

故

$$\int_{-\infty}^{+\infty} y\,dv = 100\% = 1 \tag{2-28}$$

在任意误差区间 $[a,b)$ 出现的概率为

$$P(a \leqslant v < b) = \frac{1}{\sigma\sqrt{2\pi}}\int_a^b e^{-\frac{v^2}{2\sigma^2}}dv \tag{2-29}$$

σ 是正态分布的特征参数,误差区间通常表示成 σ 的倍数,如 $t\sigma$。由于随机误差分布对称性的特点,常取对称的区间,即

$$P_\alpha = P(-t\sigma \leqslant v \leqslant +t\sigma) = \frac{1}{\sigma\sqrt{2\pi}}\int_{-\infty}^{+\infty} e^{-\frac{v^2}{2\sigma^2}}dv \tag{2-30}$$

式中　t——置信系数;

P_α——置信概率;

$\pm t\sigma$——误差限。

表 2-2 给出了几个典型的 t 值及其相应的概率。

表 2-2　t 值及其相应的概率

t	0.674	1	1.96	2	2.58	3	4
P	0.5	0.682 7	0.95	0.954 5	0.99	0.997 3	0.999 4

随机误差在 $\pm t\sigma$ 的范围内出现的概率为 P_α,则超出的概率称为显著度,用 α 表示

$$\alpha = 1 - P_\alpha \tag{2-31}$$

P_α 与 α 的关系见图 2-5。

从表 2-2 可知,当 $t=1$ 时,$P=0.682\,7$,即测量结果中随机误差出现在 $-\sigma \sim +\sigma$ 范围内的概率为 68.27%,而 $|v|>\sigma$ 的概率为 31.73%。出现在 $-3\sigma \sim +3\sigma$ 范围内的概率是 99.73%,因此可以认为绝对值大于 3σ 的误差是不可能出现的,通常把这个误差称为极限误差 $\sigma_{\lim}$。按照上面分析,测量结果可表示为

$$x = \bar{x} \pm v_x \quad (P_\alpha = 0.682\,7) \quad 或 \quad x = \bar{x} \pm 3\sigma_z \quad (P_\alpha = 0.997\,3) \tag{2-32}$$

第五节　系统误差的通用处理方法

一、系统误差的根源

系统误差是在一定的测量条件下,测量值中含有固定不变或按一定规律变化的误差。系统误差不具有抵偿性,重复测量也难以发现,在工程测量中应特别注意该项误差。

系统误差由于其特殊性,在处理方法上与随机误差完全不同。减小或消除系统误差的关键是如何查找误差根源,这就需要对测量设备、测量对象和测量系统作全面分析,明确其中有无产生明显系统误差的因素,并采取相应措施予以修正或消除。一般可以从以下几个方面进行分析考虑:

(1)所用传感器、测量仪表或组成元件是否准确可靠。如传感器或仪表灵敏度不足,仪表刻度不准确,变换器、放大器等性能不太优良,由这些引起的误差是常见的误差。

(2)测量方法是否完善。如用电压表测量电压,电压表的内阻对测量结果有影响。

(3)传感器或仪表安装、调整或放置是否正确合理。如没有调好仪表水平位置,安装时仪表指针偏心等都会引起误差。

(4)传感器或仪表工作场所的环境条件是否符合规定条件。如环境、温度、湿度、气压等的变化也会引起误差。

(5)测量者的操作是否正确。如读数时的视差、视力疲劳等都会引起系统误差。

二、系统误差的发现

发现系统误差一般比较困难,下面介绍几种发现系统误差的方法。

(一)试验对比法

这种方法是通过改变产生系统误差的条件从而进行不同条件的测量,以发现系统误差。这种方法适用于发现固定的系统误差。例如,一台测量仪表本身存在固定的系统误差,即使进行多次测量也不能发现,只有用精度更高的测量仪表测量,才能发现这台测量仪表的系统误差。

(二)残余误差观察法

这种方法是根据测量值的残余误差的大小和符号的变化规律,直接由误差数据或误差曲线图形判断有无变化的系统误差。图 2-6 中把残余误差按测量值先后顺序排列,图(a)的残余误差排列后有递减的变值系统误差,图(b)则可能有周期性系统误差。

(三)准则检查法

已有多种准则供人们检验测量数据中是否含有系统误差。不过这些准则都有一定的适用范围。如马利科夫判据是将残余误差前后各半分两组,若"$\sum v_i$ 前"与"$\sum v_i$ 后"之差明显不为零,则可能含有线性系统误差。阿贝检验法则检查残余误差是否偏离正态分布,若偏离,则可能存在变化的系统误差。将测量值的残余误差按测量顺序排列,且设 $A = v_1^2 + v_2^2 + \cdots + v_n^2$,$B = (v_1 - v_2)^2 + (v_2 - v_3)^2 + \cdots + (v_{n-1} - v_n)^2 + (v_n - v_1)^2$。若 $\left| \dfrac{B}{2A} - 1 \right| >$

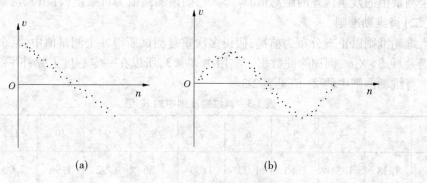

图 2-6　残余误差变化规律

$\dfrac{1}{\sqrt{n}}$，则可能含有变化的系统误差。

三、系统误差的消除

（一）在测量结果中进行修正

对于已知的系统误差，可以用修正值对测量结果进行修正；对于 E 值系统误差，没法找出误差的变化规律，用修正公式或修正曲线对测量结果进行修正；对于未知系统误差，则按随机误差进行处理。

（二）消除系统误差的根源

在测量之前，仔细检查仪表，正确调整和安装；防止外界干扰影响；选好观测位置消除视差；选择环境条件比较稳定时进行读数等。

（三）在测量系统中采取补偿措施

找出系统误差的规律，在测量过程中自动消除系统误差。如用热电偶测量温度时，热电偶参考端温度变化会引起系统误差，消除此误差的办法之一是在热电偶回路中加一个冷端补偿器，从而进行自动补偿。

（四）实时反馈修正

由于自动化测量技术及计算机的应用，可用实时反馈修正的办法来消除复杂的变化系统误差。当查明某种误差因素的变化对测量结果有明显的复杂影响时，应尽可能找出其影响测量结果的函数关系或近似的函数关系。

四、粗大误差

如前所述，在对重复测量所得一组测量值进行数据处理之前，首先应将具有粗大误差的可疑数据找出来加以剔除。人们绝对不能凭主观意愿对数据任意进行取舍，而是要有一定的根据。原则就是要看这个可疑值的误差是否仍处于随机误差的范围之内，是则留，不是则弃。因此，要对测量数据进行必要的检验。

下面就常用的几种准则介绍如下。

（一）3σ 准则

前面已讲到，通常把等于 3σ 的误差称为极限误差，3σ 准则就是如果一组测量数据

中某个测量值的残余误差的绝对值$|v_i|>3\sigma$,则该测量值为可疑值(坏值),应剔除。

(二)肖维勒准则

肖维勒准则以正态分布为前提,假设多次重复测试所得 n 个测量值中,某个测量值的残余误差$|v_i|>Z_c\sigma$,则剔除此数据。实用中 $Z_c<3$,所以在一定程度上弥补了 3σ 准则的不足。肖维勒准则中的 Z_c 值见表2-3。

表2-3　肖维勒准则中的 Z_c 值

n	3	4	5	6	7	8	9	10	11	12
Z_c	1.38	1.54	1.65	1.73	1.80	1.86	1.92	1.96	2.00	2.03
n	13	14	15	16	18	20	25	30	40	50
Z_c	2.07	2.10	2.13	2.15	2.20	2.24	2.33	2.39	2.49	2.58

(三)格拉布斯准则

某个测量值的残余误差的绝对值$|v_i|>G\sigma$,则判断此值中含有粗大误差,应予剔除。此即格拉布斯准则。G 值与测量次数 n 和置信概率 P_x 有关,见表2-4。

表2-4　格拉布斯准则中的 G 值

测量次数 n	置信概率 P_x		测量次数 n	置信概率 P_x	
	0.99	0.95		0.99	0.95
3	1.16	1.15	11	2.48	2.23
4	1.49	1.46	12	2.55	2.28
5	1.75	1.67	13	2.61	2.33
6	1.94	1.82	14	2.66	2.37
7	2.10	1.94	15	2.70	2.41
8	2.22	2.03	16	2.74	2.44
9	2.32	2.11	17	2.82	2.50
10	2.41	2.18	18	2.88	2.56

以上准则是以数据按正态分布为前提的,当数据偏离正态分布,特别是测量次数很少时,则判断的可靠性就差。因此,对粗大误差除用剔除准则外,更重要的是,要提高工作人员的技术水平和工作责任心。另外,要保证测量条件稳定,防止因环境条件剧烈变化而产生突变影响。

五、不等精度测量的权与误差

前面讲述的内容是等精度测量的问题,即多次重复测量所得的各个测量值具有相同的精度,可用同一个均方根偏差 σ 值来表征,或者说具有相同的可信赖程度。严格地说,绝对的等精度测量是很难保证的,但对条件差别不大的测量,一般都当做等精度测量对待,某些条件的变化,如测量时温度的波动等,只作为误差来考虑。因此,一般测量实践基本上都属等精度测量。

但在科学试验或高精度测量中,为了提高测量的可靠性和精度,往往在不同的测量条件下,用不同的测量仪表、不同的测量方法、不同的测量次数以及不同的测量者进行测量与对比,认为它们是不等精度的测量。

(一)权的概念

在不等精度测量时,对同一被测量进行 m 组测量,得到 m 组测量列(进行多次测量的一组数据称为一测量列)的测量结果及其误差,它们不能同等看待。精度高的测量列具有较高的可靠性,将这种可靠性的大小称为权。

权可理解为各组测量结果相对的可信赖程度。测量次数多,测量方法完善,测量仪表精度高,测量的环境条件好,测量人员的水平高,则测量结果可靠,其权也大。权是相比较而存在的。权用符号 p 表示,有两种计算方法。

(1)用各组测量列的测量次数 n 的比值表示,并取测量次数较小的测量列的权为 1,则有

$$p_1 : p_2 : \cdots : p_m = n_1 : n_2 : \cdots : n_m \tag{2-33}$$

(2)用各组测量列的误差平方的倒数的比值表示,并取误差较大的测量列的权为 1,则有

$$p_1 : p_2 : \cdots : p_m = \left(\frac{1}{\sigma_1}\right)^2 : \left(\frac{1}{\sigma_2}\right)^2 : \cdots : \left(\frac{1}{\sigma_m}\right)^2 \tag{2-34}$$

(二)加权算术平均值

加权算术平均值不同于一般的算术平均值,应考虑各测量列的权的情况。若对同一被测量进行 m 组不等精度测量,得到 m 个测量列的算术平均值 $\bar{x}_1, \bar{x}_2, \cdots, \bar{x}_m$,相应各组的权分别为 $p_1, p_2, \cdots, p_m$,则加权平均值可用下式表示

$$\bar{x}_p = \frac{\bar{x}_1 p_1 + \bar{x}_2 p_2 + \cdots + \bar{x}_m p_m}{p_1 + p_2 + \cdots + p_m} = \frac{\sum\limits_{i=1}^{m} \bar{x}_i p_i}{\sum\limits_{i=1}^{m} p_i} \tag{2-35}$$

(三)加权算术平均值 $\bar{x}_p$ 的标准误差 $\sigma_{\bar{x}_p}$

当进一步计算加权算术平均值的标准误差时,也要考虑各测量列的权的情况,标准误差 $\sigma_{\bar{x}_p}$ 可由下式计算

$$\sigma_{\bar{x}_p} = \sqrt{\frac{\sum\limits_{i=1}^{m} p_i v_i^2}{(m-1) \sum\limits_{i=1}^{m} p_i}} \tag{2-36}$$

式中　v_i——各测量列的算术平均值 $\bar{x}_i$ 与加权算术平均值 $\bar{x}_p$ 的差值。

第六节　测量数据处理中的几个问题

一、测量误差的合成

一个测量系统或一个传感器是由若干环节组成的,设各环节为$\overline{x}_1, \overline{x}_2, \cdots, \overline{x}_n$,系统总的输入输出关系为$y = f(\overline{x}_1, \overline{x}_2, \cdots, \overline{x}_n)$,而各环节又都存在测量误差。各局部误差对整个测量系统或传感器测量误差的影响就是误差的合成问题。若已知各环节的误差而求总的误差,叫做误差的合成;反之,总的误差确定后,要确定各环节具有多大误差才能保证总的误差值不超过规定值,这一过程叫做误差的分配。

由于随机误差与系统误差的规律和特点不同,误差的合成与分配的处理方法也不同,下面分别介绍。

(一)系统误差的合成

由前面可知,系统总的输入输出的函数关系为

$$y = f(x_1, x_2, \cdots, x_n)$$

各部分定值系统误差分别为$\Delta x_1, \Delta x_2, \cdots, \Delta x_n$,因为系统误差一般很小,其误差可用微分来表示,故其合成表达式为

$$\mathrm{d}y = \frac{\partial f}{\partial x_1}\mathrm{d}x_1 + \frac{\partial f}{\partial x_2}\mathrm{d}x_2 + \cdots + \frac{\partial f}{\partial x_n}\mathrm{d}x_n \tag{2-37}$$

实际计算误差时,是以各环节的定值系统误差$\Delta x_1, \Delta x_2, \cdots, \Delta x_n$代替式(2-37)中的$\mathrm{d}x_1, \mathrm{d}x_2, \cdots, \mathrm{d}x_n$,即

$$\Delta y = \frac{\partial f}{\partial x_1}\Delta x_1 + \frac{\partial f}{\partial x_2}\Delta x_2 + \cdots + \frac{\partial f}{\partial x_n}\Delta x_n \tag{2-38}$$

式中　Δy——合成后的总的定值系统误差。

(二)随机误差的合成

设测量系统或传感器由n个环节组成,各部分的均方根偏差为$\partial x_1, \partial x_2, \cdots, \partial x_n$,则随机误差的合成表达式为

$$\sigma_y = \sqrt{\left(\frac{\partial f}{\partial x_1}\right)^2 \sigma_{x1}^2 + \left(\frac{\partial f}{\partial x_2}\right)^2 \sigma_{x2}^2 + \cdots + \left(\frac{\partial f}{\partial x_n}\right)^2 \sigma_{xn}^2} \tag{2-39}$$

若$y = f(x_1, x_2, \cdots, x_n)$为线性函数,则

$$y = a_1 x_1 + a_2 x_2 + \cdots + a_n x_n$$

$$\sigma_y = \sqrt{a_1^2 x_1^2 + a_2^2 x_2^2 + \cdots + a_n^2 x_n^2} \tag{2-40}$$

如果$a_1 = a_2 = \cdots = a_n = 1$,则

$$\sigma_y = \sqrt{\sigma_{x1}^2 + \sigma_{x2}^2 + \cdots + \sigma_{xn}^2} \tag{2-41}$$

(三)总合成误差

设测量系统和传感器的系统误差及随机误差均为相互独立的,则总的合成误差ε表示为

$$\varepsilon = \Delta y \pm \sigma_y \tag{2-42}$$

二、最小二乘法的应用

最小二乘法原理是一个数学原理,它在误差数据处理中作为一种数据处理手段。最小二乘法原理就是要获得最可信赖的测量结果,使各测量值的残余误差平方和为最小。在等精度测量和不等精度测量中,用算术平均值或加权算术平均值作为多次测量的结果,因为它们符合最小二乘法原理。最小二乘法在组合测量的数据处理、试验曲线的拟合及其他多种学科等方面,均获得了广泛的应用。下面举个组合测量的例子。

铂电阻电阻值 R 与温度 t 之间的函数关系式为

$$R_t = R_0(1 + \alpha t + \beta t^2)$$

式中 R_0、R_t——铂电阻分别在 0 ℃和 t ℃时的电阻值;

α、β——电阻温度系数。

若在不同温度 t 条件下测得一系列电阻值 R,求电阻温度系数 α 和 β。由于在测量中不可避免地引入误差,如何求得一组最佳的或最恰当的解,使 $R_t = R_0(1 + \alpha t + \beta t^2)$ 具有最小的误差呢? 通常的做法是使测量次数 n 大于所求未知量个数 $m(n > m)$,采用最小二乘法原理进行计算。

为了讨论方便起见,我们用线性函数通式表示。设 $X_1,X_2,\cdots,X_m$ 为待求量,$Y_1,Y_2,\cdots,Y_n$ 为直接测量值,它们相应的函数关系为

$$\left.\begin{aligned} Y_1 &= a_{11}X_1 + a_{12}X_2 + \cdots + a_{1m}X_m \\ Y_2 &= a_{21}X_1 + a_{22}X_2 + \cdots + a_{2m}X_m \\ &\vdots \\ Y_n &= a_{n1}X_1 + a_{n2}X_2 + \cdots + a_{nm}X_m \end{aligned}\right\} \tag{2-43}$$

若 $x_1,x_2,\cdots,x_m$ 是待求量,$X_1,X_2,\cdots,X_m$ 为最可信赖的值,又称最佳估计值,则相应的估计值亦有下列函数关系

$$\left.\begin{aligned} y_1 &= a_{11}x_1 + a_{12}x_2 + \cdots + a_{1m}x_m \\ y_2 &= a_{21}x_1 + a_{22}x_2 + \cdots + a_{2m}x_m \\ &\vdots \\ y_n &= a_{n1}x_1 + a_{n2}x_2 + \cdots + a_{nm}x_m \end{aligned}\right\} \tag{2-44}$$

相应的误差方程为

$$\left.\begin{aligned} l_1 - y_1 &= l_1 - (a_{11}x_1 + a_{12}x_2 + \cdots + a_{1m}x_m) \\ l_2 - y_2 &= l_2 - (a_{21}x_1 + a_{22}x_2 + \cdots + a_{2m}x_m) \\ &\vdots \\ l_n - y_n &= l_n - (a_{n1}x_1 + a_{n2}x_2 + \cdots + a_{nm}x_m) \end{aligned}\right\} \tag{2-45}$$

式中 $l_1,l_2,\cdots,l_n$——带有误差的实际测量值。

按最小二乘法原理,要获取最可信赖的结果 $X_1,X_2,\cdots,X_m$,应使上述方程组的残余误差平方和最小,即

$$v_1^2 + v_2^2 + \cdots + v_n^2 = \sum v_i^2 = [v^2] = \min \tag{2-46}$$

根据求极值条件,应使

$$\left.\begin{array}{l} \dfrac{\partial[v^2]}{\partial x_1} = 0 \\[2mm] \dfrac{\partial[v^2]}{\partial x_2} = 0 \\[2mm] \vdots \\[2mm] \dfrac{\partial[v^2]}{\partial x_m} = 0 \end{array}\right\} \tag{2-47}$$

将上述偏微分方程式整理,最后可写成

$$\left.\begin{array}{l} [a_1a_1]x_1 + [a_1a_2]x_2 + \cdots + [a_1a_m]x_m = [a_1l] \\ [a_2a_1]x_1 + [a_2a_2]x_2 + \cdots + [a_2a_m]x_m = [a_2l] \\ \vdots \\ [a_ma_1]x_1 + [a_ma_2]x_2 + \cdots + [a_ma_m]x_m = [a_ml] \end{array}\right\} \tag{2-48}$$

式(2-48)即为等精度测量的线性函数最小二乘估计的正规方程。式中

$$\left.\begin{array}{l} [a_1a_1] = a_{11}a_{11} + a_{21}a_{21} + \cdots + a_{n1}a_{n1} \\ [a_1a_2] = a_{11}a_{12} + a_{21}a_{22} + \cdots + a_{n1}a_{n2} \\ \vdots \\ [a_1a_m] = a_{11}a_{1m} + a_{21}a_{2m} + \cdots + a_{n1}a_{nm} \end{array}\right\} \tag{2-49}$$

$$[a_1l] = a_{11}l_1 + a_{21}l_2 + \cdots + a_{n1}l_n \tag{2-50}$$

正规方程是一个 m 元线性方程组,当其系数行列式不为零时,有唯一确定的解,由此可解得欲求的估计值 $x_1, x_2, \cdots, x_m$ 即为符合最小二乘原理的最佳解。

线性函数的最小二乘法处理应用矩阵这一工具进行讨论有许多便利之处。将误差方程式(2-45)用矩阵表示

$$L - AX = V \tag{2-51}$$

式中

系数矩阵 $A = \begin{pmatrix} a_{11} & a_{12} & \cdots & a_{1m} \\ a_{21} & a_{22} & \cdots & a_{2m} \\ \vdots & \vdots & & \vdots \\ a_{n1} & a_{n2} & \cdots & a_{nm} \end{pmatrix}$,估计值矩阵 $\hat{X} = \begin{pmatrix} x_1 \\ x_2 \\ \vdots \\ x_m \end{pmatrix}$,实际测量值矩阵 $L = \begin{pmatrix} l_1 \\ l_2 \\ \vdots \\ l_n \end{pmatrix}$,残余误差矩阵 $V = \begin{pmatrix} v_1 \\ v_2 \\ \vdots \\ v_n \end{pmatrix}$。

残余误差平方和最小这一条件的矩阵形式为

$$(v_1, v_2, \cdots, v_n) \begin{pmatrix} v_1 \\ v_2 \\ \vdots \\ v_n \end{pmatrix} = \min$$

即　　　　　　　　　　　　$$V'V = \min$$

或　　　　　　　　　　$$(L - AV)'(L - AX) = \min$$

将上述线性函数的正规方程式(2-48)用残余误差表示,可改写成

$$\left. \begin{aligned} a_{11}v_1 + a_{21}v_2 + \cdots + a_{n1}v_n &= 0 \\ a_{12}v_1 + a_{22}v_2 + \cdots + a_{n2}v_n &= 0 \\ &\vdots \\ a_{1m}v_1 + a_{2m}v_2 + \cdots + a_{nm}v_n &= 0 \end{aligned} \right\} \tag{2-52}$$

写成矩阵形式为

$$\begin{pmatrix} a_{11} & a_{21} & \cdots & a_{n1} \\ a_{12} & a_{22} & \cdots & a_{n2} \\ \vdots & \vdots & & \vdots \\ a_{1m} & a_{2m} & \cdots & a_{nm} \end{pmatrix} \begin{pmatrix} v_1 \\ v_2 \\ \vdots \\ v_n \end{pmatrix} = 0$$

即

$$A'V = 0 \tag{2-53}$$

由式(2-51),有

$$\begin{aligned} A'(L - AX) &= 0 \\ (A'A)X &= A'L \\ X &= (A'A)^{-1}A'L \end{aligned} \tag{2-54}$$

式(2-54)即为最小二乘估计的矩阵解。

【例2-1】　铜的电阻值 R 与温度 t 之间的关系为 $R_i = R_0(1 + \alpha t)$,在不同温度下,测定铜的电阻值如表2-5所示。试估计 0 ℃时铜的电阻值 R_0 和铜的电阻温度系数 α。

表2-5　不同温度下铜的电阻值

$t_i(℃)$	19.1	25.0	30.1	36.0	40.0	45.1	50.0
$R_i(\Omega)$	76.30	77.80	79.75	80.80	82.35	83.90	85.10

解:列出误差方程

$$R_{t_i} - R_0(1 + \alpha t_i) = V_i \quad (i = 1, 2, 3, \cdots, 7)$$

其中 R_{t_i} 是在温度 t_i 下测得的铜的电阻值。

令 $x = R_0, y = \alpha R_0$,则误差方程可写为

$$76.30 - (x + 19.1y) = v_1$$
$$77.80 - (x + 25.0y) = v_2$$
$$79.75 - (x + 30.1y) = v_3$$
$$80.80 - (x + 36.0y) = v_4$$
$$82.35 - (x + 40.0y) = v_5$$
$$83.90 - (x + 45.1y) = v_6$$
$$85.10 - (x + 50.0y) = v_7$$

其正规方程按式(2-48)为

$$[a_1a_1]x + [a_1a_2]y = [a_1l]$$
$$[a_2a_1]x + [a_2a_2]y = [a_2l]$$

于是有

$$\sum_{i=1}^{7} t_i^2 x + \sum_{i=1}^{7} t_i y = \sum_{i=1}^{7} t_i$$
$$\sum_{i=1}^{7} t_i x + \sum_{i=1}^{7} t_i^2 y = \sum_{i=1}^{7} R_{t_i} t_i$$

将各值代入上式,得到

$$7x + 245.3y = 566$$
$$245.3x + 9\,325.83y = 20\,044.5$$

解得

$$x = 70.8 \ \Omega$$
$$y = 0.288 \ \Omega/℃$$

即

$$R_0 = 70.8 \ \Omega$$

$$\alpha = \frac{y}{R_0} = \frac{0.288}{70.8} = 4.07 \times 10^{-3}(℃^{-1})$$

用矩阵求解,则有

$$A'A = \begin{pmatrix} 1 & 1 & 1 & 1 & 1 & 1 & 1 \\ 19.1 & 25.0 & 30.1 & 36.0 & 40.0 & 45.1 & 50.0 \end{pmatrix} \begin{pmatrix} 1 & 19.1 \\ 1 & 25.0 \\ 1 & 30.1 \\ 1 & 36.0 \\ 1 & 40.0 \\ 1 & 45.1 \\ 1 & 50.0 \end{pmatrix} = \begin{pmatrix} 7 & 245.3 \\ 245.3 & 9\,325.83 \end{pmatrix}$$

$$|A'A| = \begin{vmatrix} 7 & 245.3 \\ 245.3 & 9\,325.83 \end{vmatrix} = 5\,108.72 \neq 0(有解)$$

$$(A'A)^{-1} = \frac{1}{|A'A|} \begin{pmatrix} A_{11} & A_{12} \\ A_{21} & A_{22} \end{pmatrix} = \frac{1}{5\,108.72} \begin{pmatrix} 9\,325.83 & -245.3 \\ -245.3 & 7 \end{pmatrix}$$

$$A'L = \begin{pmatrix} 1 & 1 & 1 & 1 & 1 & 1 & 1 \\ 19.1 & 25.0 & 30.1 & 36.0 & 40.0 & 45.1 & 50.0 \end{pmatrix} \begin{pmatrix} 76.30 \\ 77.80 \\ 79.75 \\ 80.80 \\ 82.35 \\ 83.90 \\ 85.10 \end{pmatrix} = \begin{pmatrix} 566 \\ 20\,044.5 \end{pmatrix}$$

$$\hat{X} = \begin{pmatrix} x \\ y \end{pmatrix} = (A'A)^{-1}A'L = \frac{1}{5\,108.72}\begin{pmatrix} 9\,325.83 & -245.3 \\ -245.3 & 7 \end{pmatrix}\begin{pmatrix} 566 \\ 20\,044.5 \end{pmatrix} = \begin{pmatrix} 70.8 \\ 0.288 \end{pmatrix}$$

所以

$$R_0 = x = 70.8\ \Omega$$

$$\alpha = \frac{y}{R_0} = \frac{0.288}{70.8} = 4.07 \times 10^{-3}\,(^\circ\!C^{-1})$$

三、用经验公式拟合试验数据回归分析

在工程实践和科学试验中,经常遇到对于一批试验数据,需要把它们进一步整理成曲线图或经验公式。用经验公式拟合试验数据,工程上把这种方法称为回归分析。回归分析就是应用数理统计的方法,对试验数据进行分析和处理,从而得出反映变量间相互关系的经验公式,也称回归方程。

当经验公式为线性函数时,例如

$$y = b_0 + b_1 x_1 + b_2 x_2 + \cdots + b_n x_n \tag{2-55}$$

称这种回归分析为线性回归分析,它在工程中的应用价值较高。

在线性回归分析中,当独立变量只有一个时,函数关系为

$$y = b_0 + bx \tag{2-56}$$

这种回归分析称为一元线性回归分析,这就是工程上和科研中常遇到的直线拟合问题。

设有 n 对测量数据 (x_i, y_i),用一元线性回归方程 $y = b_0 + bx$ 拟合,根据测量数据值,求方程中系数 b_0、b 的最佳估计值。可应用最小二乘法原理,使各测量数据点与回归直线的偏差平方和为最小,见图2-7。

误差方程组为

$$\left. \begin{aligned} y_1 - \hat{y}_1 &= y_1 - (b_0 + bx_1) = v_1 \\ y_2 - \hat{y}_2 &= y_2 - (b_0 + bx_2) = v_2 \\ &\vdots \\ y_n - \hat{y}_n &= y_n - (b_0 + bx_n) = v_n \end{aligned} \right\} \tag{2-57}$$

式中 $\hat{y}_1, \hat{y}_2, \cdots, \hat{y}_n$ 在 $x_1, x_2, \cdots, x_n$ 点上步长的估计值。

用最小二乘法求系数 b_0、b 同上,这里不再叙述。

在求经验公式时,有时用图解法分析显得更方便、直观。将测量数据值 (x_i, y_i) 绘制在坐标纸上,把这些测量点直接连接起来,根据曲线(包括直线)的形状、特征以及变化趋

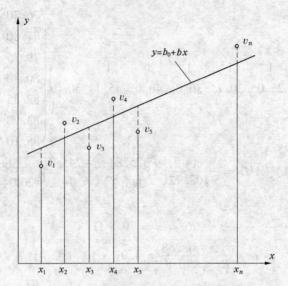

图 2-7 用最小二乘法求回归直线

势,可以设法给出它们的数学模型(即经验公式)。这不仅可把一条形象化的曲线与各种分析方法联系起来,而且在相当程度上扩大了原有曲线的应用范围。

第三章　土的物理力学性质测试

第一节　概　述

　　土是由岩石经过物理风化与化学风化作用后生成的产物,是由大小不同的土粒按不同的比例组成的各种矿物颗粒集合体,土粒之间的孔隙中包含着水和气体,因此土为固相、气相和液相组成的三相体系。由于气体易被压缩,水能从土体流出或流进,土的三相的相对比例会随时间和荷载条件的改变而改变,土的一系列性质也随之而改变。从物理的观点,定量地描述土的物理特性、土的物理状态以及土的三相比例关系,即构成土的物理性质指标,包括土的三相比例指标、界限含水量、压缩性指标及强度指标等。利用这些指标,可对土进行鉴别和分类,判定土的物理状态和评价土的力学性质。

第二节　土的物理性质测试

　　土的物理性质常用土的物理性质指标和物理状态指标来描述,这些指标有多个,它们可以从不同的侧面反映土的性质。本节主要介绍含水量试验和密度试验。

一、含水量试验

　　土的含水量是指土在 105 ~ 110 ℃的温度下烘至恒重时所失去的水分质量和达恒重后干土质量的比值,以百分数表示。

　　含水量是土的基本物理性质指标之一,它反映了土的干湿状态。含水量的变化将使土的物理力学性质发生一系列的变化,它可使土变成半固体状态、可塑状态或流动状态,可使土变成稍湿状态、很湿状态和饱和状态,也可造成土的压缩性和稳定性上的差异。含水量还是计算土的干密度、孔隙比、饱和度、液性指数等项指标不可缺少的依据,也是建筑物地基、路堤、土坝等施工质量控制的重要指标。土的含水量试验有烘干法、酒精燃烧法及碳化钙气压法等。

(一)烘干法

烘干法是测定含水量的标准方法,适用于黏质土、粉质土、砂类土和有机质土。

1. 仪器设备

(1)烘箱:可采用电热烘箱或温度能保持 105 ~ 110 ℃的其他能源烘箱,也可用红外线烘箱。

(2)天平:感量 0.01 g。

(3)其他:干燥器、称量盒等。

2. 试验步骤

(1)取一个称量盒并记录盒号,然后用天平称取盒的质量 m_0。

(2)取具有代表性的试样,细粒土 15 ~ 30 g,砂类土、有机土为 50 g,放入称量盒内,立即盖好盒盖,称盒加湿土质量 m_1。

(3)打开盒盖,将试样盒连同试样一起放入烘箱内,在 105 ~ 110 ℃ 下烘干。烘干时间对细粒土不得少于 8 h,对砂类土不得少于 6 h。对含有机质超过 5% 的土,应将温度控制在 65 ~ 70 ℃ 的恒温下烘干。

(4)按规定时间烘干后,取出试样盒,立即盖好盒盖,置于干燥器内冷却至室温后,称取盒和干土的质量 m_2。

(5)本试验称量应准确至 0.01 g。

3. 结果整理

按下式计算试样的含水量(精确至 0.1%)

$$\omega = \frac{m_1 - m_2}{m_2 - m_0} \times 100\% \tag{3-1}$$

式中　ω——含水量(%),准确至 0.1%;

　　m_1——称量盒与湿土质量,g;

　　m_2——称量盒与干土质量,g;

　　m_0——称量盒质量,g。

本试验需进行两次平行测定,并取两个含水量测值的算术平均值,允许平行差值应符合表 3-1 规定。

表 3-1　允许平行差值

含水量(%)	小于 10	10 ~ 40	大于 40
允许平行差值(%)	0.5	1.0	2.0

(二)酒精燃烧法

在土样中加入酒精,酒精能在土上燃烧,使土中水分蒸发,将土样烘干。一般应烧三次,本法是快速测定法中较准确的一种,现场测试中用得较多。

1. 仪器设备

(1)称量盒。

(2)天平:感量 0.01 g。

(3)酒精:纯度 95%。

(4)滴管、火柴、调土刀等。

2. 试验步骤

(1)取代表性试样(黏质土 5 ~ 10 g,砂类土 20 ~ 30 g)放入称量盒内,称湿土质量。

(2)用滴管将酒精注入放有试样的称量盒中,直至盒中出现自由液面。为使酒精在试样中充分混合均匀,可将盒底在桌面上轻轻敲击。

(3)点燃盒中酒精,燃至火焰熄灭。

(4)将试样冷却数分钟,按第(2)、(3)步的方法重新燃烧两次。

（5）待第三次火焰熄灭后，盖好盒盖，立即称干土质量。

3. 结果整理

结果整理同烘干法。

（三）含水量的其他测定方法

1. 红外线照射法

红外线照射法是将土样置于红外线灯光下烘干。标准烘干法和非标准烘干法的区别在于烘干方式不同。试验证明，用此法所得结果比用烘干法所得含水量大 1% 左右。

2. 炒干法

炒干法是指用锅将试样炒干，适用于砂土及含砾较多的土。

3. 微波加热法

微波加热器可用商业产品家用微波炉，一批土样一般几分钟就可烘干。经试验对比，多数土的测试结果与标准烘干法相对误差小于 1.5%。但对一些含金属矿物质的土不适用，因为一些金属物质本身在微波作用下发热，其温度会超过 100 ℃，从而损坏微波炉。

4. 碳化钙气压法

碳化钙气压法是公路上快速简易测定土的含水量的方法，其原理是将试样中的水分与碳化钙吸水剂发生化学反应，产生乙炔气体，乙炔气体所产生的压力强度与土中水分的质量成正比，通过测定乙炔气体的压力强度，并与烘干法进行对比，从而得出试样的含水量。

美国 1967 年就将此法列入公路规程，我国现行《公路土工试验规程》（JTG E40—2007）也列入了此法。此法的缺点是需要一种性能稳定的电石粉。

二、密度试验

土的密度是土质量密度的简称，指单位体积土的质量，即土的总质量与其体积之比，是土的基本物理性质指标，常用字母 ρ 表示，单位为 g/cm³ 或 t/m³。土的密度反映了土体结构的松密程度，是计算土的自重应力、干密度、孔隙比等指标的主要依据，也是挡土墙土压力计算、土坡稳定性验算、地基承载力和沉降量估算以及路基路面施工填土压实度控制的主要指标之一。

由土的质量产生的单位体积的重力称为土的重力密度，简称重度，常用字母 γ 表示，单位是 kN/m³。重度由密度乘以重力加速度求得，即 $\gamma = \rho g$。

土的密度一般情况下是指土的湿密度，相应的重度称为湿重度，此外还有土的干密度 ρ_d、饱和密度 ρ_{sat} 以及有效密度 ρ'，相应的有干重度 γ_d、饱和重度 γ_{sat} 和有效重度 γ'。

土的密度试验有环刀法、蜡封法、灌水法和灌砂法等。

（一）环刀法

环刀法就是采用一定容积的环刀切取土样并称土样质量的方法，环刀内土的质量与环刀容积之比即为土的密度。环刀法操作简便且准确，在室内和野外均普遍采用，但环刀法仅适用于测定不含砾石颗粒的细粒土的密度。

1. 仪器设备

（1）环刀：内径为 61.8 mm（面积 30 cm²）或 79.8 mm（面积 50 cm²），高度为 20 mm，

壁厚 1.5 mm。

（2）天平：称量 200 g，感量 0.1 g。

（3）其他：切土刀、钢丝锯、凡士林等。

2．操作步骤

（1）首先取一个环刀并记录环刀上的编号，再把环刀放在天平上称取它的质量 m_1。

（2）根据工程需要取原状土或所需湿度、密度的扰动土样，其直径和高度应大于环刀的尺寸。切取原状土样时，应保持原来结构并使试样保持与天然土层受荷方向一致。

（3）先削平土样两端，然后在环刀内壁涂一薄层凡士林油，刀口向下放在土样上，用切土刀将土样削成略大于环刀直径的土柱，然后将环刀下压，边压边削，直至土样伸出环刀。

（4）根据试样的软硬程度，采用钢丝锯或切土刀将两端余土削去修平，并及时在两端盖上圆玻璃片，以免水分蒸发。注意修平土样时，不得用刮刀往复涂抹土样，以免土面孔隙堵塞。

（5）擦净环刀外壁，称环刀和土的质量 m_2，精确至 0.1 g。

3．成果整理

按下式分别计算土的湿密度和干密度

$$\rho = \frac{m}{V} = \frac{m_2 - m_1}{V} \tag{3-2}$$

$$\rho_d = \frac{\rho}{1 + 0.01\omega} \tag{3-3}$$

式中　　ρ——湿密度，g/cm^3，精确至 0.01 g/cm^3；

　　　　ρ_d——干密度，g/cm^3，精确至 0.01 g/cm^3；

　　　　m——湿土质量，g；

　　　　m_1——环刀质量，g；

　　　　m_2——环刀质量加湿土质量，g；

　　　　V——环刀容积，cm^3；

　　　　ω——含水量。

本试验应进行两次平行测定，两次测定的密度差值不得大于 0.03 g/cm^3，并取两次测值的算术平均值。

（二）其他方法

1．蜡封法

蜡封法也称浮称法，依据阿基米德原理，即物体在水中失去的质量等于排开同体积水的质量，来测出土的体积。为考虑土体浸水后崩解、吸水等问题，在土体外涂一层蜡。此法特别适用于易破裂土和形状不规则的坚硬黏性土。

2．灌水法

灌水法是在现场挖坑后灌水，由水的体积来量测试坑容积，从而测定土的密度的方法。该方法适用于现场测定粗粒土和巨粒土的密度，特别是巨粒土的密度，从而为粗粒土和巨粒土提供施工现场检验密实度的手段。

3. 灌砂法

灌砂法是首先在现场挖一个坑,然后向试坑中灌入粒径为 0.25 ~ 0.50 mm 的标准砂,由标准砂的质量和密度来测量试坑的容积,从而测定土的密度的方法,该方法主要用于现场测定粗粒土的密度。

第三节　液、塑限试验

黏性土的物理状态随着含水量的变化而变化,当含水量不同时,黏性土可分别处于流动状态、可塑状态、半固体状态和固体状态。黏性土从一种状态转到另一种状态的分界含水量称为界限含水量。土从可塑状态转到流动状态的界限含水量称为液限 ω_L;土从可塑状态转到半固体状态的界限含水量称为塑限 ω_P;土从半固体状态不断蒸发水分,则体积逐渐缩小,小到体积不再缩小时的界限含水量称为缩限 ω_S。

土的塑性指数 I_P 是指液限与塑限的差值,由于塑性指数在一定程度上综合反映了影响黏性土特征的各种重要因素,因此黏性土常按塑性指数进行分类。土的液性指数 I_L 是指黏性土的天然含水量和塑限的差值与塑性指数之比,液性指数可被用来表示黏性土的软硬状态,所以土的界限含水量是计算土的塑性指数和液性指数不可缺少的指标,还是估算地基土承载力的一个重要依据。

界限含水量试验要求土的颗粒粒径小于 0.5 mm,有机质含量不超过 5%,且宜采用天然含水量的试样,但也可采用风干试样;当试样中含有大于 0.5 mm 的土粒或杂质时,应过 0.5 mm 的筛。

一、试验方法及原理

(一)液限试验

1. 圆锥仪法

圆锥仪液限试验就是将质量为 76 g、锥角为 30°且带有平衡装置的圆锥仪,轻放在调配好的试样表面,使其在自重的作用下沉入土中,若圆锥体经过 5 s 恰好沉入土中 10 mm 深度,此时试样的含水量就是液限。

2. 碟式仪法

碟式仪液限试验就是将调配好的土膏放入土碟中,用开槽器分成两半,以 2 次/s 的速率将土碟由 100 mm 高度下落,当土碟下落击数为 25 次时,两半土膏在碟底的合拢长度恰好达到 13 mm,此时试样的含水量即为液限。

3. 液、塑限联合测定法

液、塑限联合测定是根据圆锥仪的圆锥入土深度与其相应的含水量在双对数坐标上具有线性关系这一特性来进行的。利用圆锥质量为 76 g 的液、塑限联合测定仪(见图 3-1)测得土在不同含水量时的圆锥入土深度,并绘制圆锥入土深度与含水量的关系直线图,在图上查得圆锥下沉深度为 10 mm(17 mm)时所对应的含水量即为土样的液限,查得圆锥下沉深度为 2 mm 时所对应的含水量即为土样的塑限。

(二)塑限试验

1. 滚搓法

滚搓法塑限试验就是用手在毛玻璃板上滚搓土条,当土条直径搓成 3 mm 时产生裂缝并开始断裂,此时试样的含水量即为塑限。

2. 液、塑限联合测定法

液、塑限联合测定法试验原理同上。

这里只介绍液、塑限联合测定法。

二、仪器设备

(1)液、塑限联合测定仪:如图 3-1 所示,包括带标尺的圆锥仪、电磁铁、显示屏、控制开关、升降座和试样杯。圆锥质量为 76 g,锥角为 30°;读数显示为光电式;试样杯内径为 40 ~ 50 mm,高度为 30 ~ 40 mm。

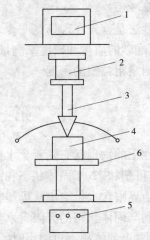

1—显示屏;2—电磁铁;3—带标尺的圆锥仪;
4—试样杯;5—控制开关;6—升降座

图 3-1　液、塑限联合测定仪示意图

(2)天平:称量 200 g,感量 0.01 g。

(3)烘箱、干燥器。

(4)铝盒、调土刀、孔径 0.5 mm 的筛、研钵、凡士林等。

三、操作步骤

(1)原则上采用天然含水量试样,但也允许采用风干土样,当试样中含有大于0.5 mm的土粒和杂物时应过 0.5 mm 筛。

(2)当采用天然含水量土样时,取代表性土样 250 g;采用风干土样时,取过 0.5 mm筛的代表性试样 250 g,放入盛土皿中,用纯水调制成均匀膏状,然后放入密封的保湿缸中,静置 24 h。

(3)将制备好的土膏用调土刀充分调拌均匀,分层密实地填入试样杯中,注意土中不能留有空隙,装满试杯后刮去余土使土样与杯口齐平,并将试样杯放在联合测定仪的升降座上。

(4)将圆锥仪擦拭干净,并在锥体上抹一薄层凡士林,然后接通电源,使电磁铁吸稳圆锥。

(5)调节屏幕准线,使初始读数为零,然后转动升降座,使试样杯徐徐上升,当圆锥尖刚好接触试样表面时,指示灯亮,圆锥在自重下沉入试样内,经 5 s 后立即测读显示在屏幕上的圆锥下沉深度。

(6)取下试样杯,挖出锥尖入土处的凡士林,取锥体附近不少于 10 g 的试样,放入称量盒内,测定含水量。

(7)将剩余试样从试杯中全部挖出,再加水或吹干并调匀,重复以上试验步骤,分别测定试样在不同含水量下的圆锥下沉深度和其相应的含水量。液、塑限联合测定至少在三点以上,其圆锥入土深度宜分别控制在 3 ~ 4 mm、7 ~ 9 mm 和 15 ~ 17 mm。

四、成果整理

(一)计算含水量
按式(3-1)计算含水量。

(二)确定液、塑限
以含水量为横坐标,以圆锥下沉深度为纵坐标,在双对数坐标纸上绘制含水量与圆锥下沉深度关系曲线,如图3-2所示。三点应在一条直线上,如图3-2中的A线。当三点不在一条直线上时,应通过高含水量的一点分别与其余两点连成两条直线,在圆锥下沉深度为2 mm处分别查得相应的两个含水量,当两个含水量的差值小于2%,应以该两点含水量的平均值(仍在圆锥下沉深度2 mm处)与高含水量的点再连一直线,如图3-2中的B线。若两个含水量的差值大于或等于2%,应重做试验。

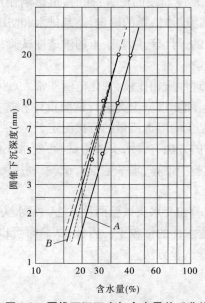

图 3-2 圆锥下沉深度与含水量关系曲线

在圆锥下沉深度 h 与含水量 ω 关系图上,查得圆锥下沉深度为17 mm所对应的含水量为17 mm液限;查得圆锥下沉深度为10 mm所对应的含水量为10 mm液限;查得下沉深度为2 mm所对应的含水量为塑限,取值以百分数表示,精确至0.1%。

(三)计算塑性指数
按下式计算塑性指数

$$I_P = \omega_L - \omega_P \tag{3-4}$$

式中　I_P——塑性指数,精确至0.1%;

　　　ω_L——液限(%);

　　　ω_P——塑限(%)。

(四)计算液性指数
按下式计算液性指数

$$I_{\mathrm{L}} = \frac{\omega - \omega_{\mathrm{P}}}{I_{\mathrm{P}}} \tag{3-5}$$

式中　I_{L}——液性指数,精确至 0.01;

　　　ω——天然含水量(%)。

第四节　土体渗透性试验

土的渗透性,即自由水在介质中的流动过程及其规律性,是土的主要工程性质之一。这种性质与土的强度和变形由有效应力原理统一于完整的理论体系中。因为土的强度和变形主要取决于有效应力,而有效应力的增加与孔隙水压力的消散是耦合的,土体孔隙水压力的变化与其渗透性和排水条件有关。从岩土工程方面来看,土的渗透性影响土石坝、河堤等堤坝和地基的渗流量及浸润线的位置;同时,也影响作用于建筑物基础上的扬压力,灌溉渠系的渗漏,地基和边坡渗流量的确定,路基排水和防冻工程设计,基坑开挖时排水方法的选择和抽水泵容量的设计等。因此,土的渗透性试验,即渗透系数大小的测定是土工试验中的重要项目之一。

土的渗透性与其他的物理性质相比较,变化范围非常大。因此,测定土的渗透系数就不可能只是一两种常规方法,而要根据土类进行试验设计和选择试验方法。土的渗透系数测定一般分为两种:一种是土的渗透流量的直接测定,另一种是从其他试验资料或从土的其他指标推算。直接测定的方法有常水头渗透试验,变水头渗透试验,现场抽、注水试验。间接的方法有从固结试验中推算,水平毛细管试验,利用海森(Hazen)公式从颗粒大小来推算。

本节主要介绍常水头试验和变水头试验两种方法。常水头试验适用于强透水性的粗粒土;变水头试验适用于弱透水性的细粒土。因此,试验时可以先进行颗粒大小分析,估计渗透系数的大致范围,选择试验方法。

一、常水头渗透试验

常水头渗透试验适用于强透水性的粗粒土($k > 10^{-3}$ cm/s)。本试验采用纯水,应在试验前用抽气法或煮沸法脱气,以排除气泡的影响。试验时的水温宜高于实验室温度 3 ~ 4 ℃。

(一)试验步骤

(1)按图 3-3 安装好仪器,并检查各管路接头处是否漏水。将调节管与供水管连通,由仪器底部充水至水位略高于金属孔板,关止水夹。

(2)取具有代表性的风干试样 3 ~ 4 kg,称量准确至 1.0 g,并测定试样的风干含水量。

(3)将试样分层装入圆筒,每层厚 2 ~ 3 cm,用木锤轻轻击实到一定厚度,以控制其孔隙比。若试样含黏粒较多,应在金属孔板上加铺厚约 2 cm 的粗砂过渡层,防止试验时细料流失,测量出过渡层厚度。

(4)每层试样装好后,连接供水管和调节管。由调节管中进水,微开止水夹,使试样逐渐饱和。当水面与试样顶面齐平,关止水夹。饱和时水流不应过急,以免冲动试样。

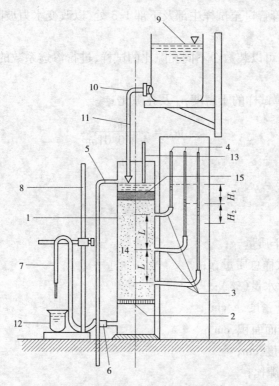

1—封底金属圆筒;2—金属孔板;3—测压孔;4—玻璃测压管;5—溢水孔;6—渗水孔;

7—调节管;8—滑动支架;9—容量为 5 000 mL 的供水瓶;10—供水管;11—止水夹;

12—容量为 500 mL 的量筒;13—温度计;14—试样;15—砾石层

图 3-3　常水头渗透试验装置

(5)依上述步骤逐层装试样,至试样高出上测压孔 3~4 cm 止。在试样上端铺厚约 2 cm 的砾石作缓冲层。待最后一层试样饱和后,继续使水位缓缓上升至溢水孔。当有水溢出时,关止水夹。

(6)试样装好后测量试样顶部至仪器上口的剩余高度,计算试样净高。称量剩余试样质量(准确至 1.0 g),计算装入试样总质量。

(7)静置数分钟后,检查各测压管水位是否与溢水孔齐平。若不齐平,说明试样中或测压管接头处有集气阻隔,用吸水球进行吸水排气处理。

(8)提高调节管使其高于溢水孔,然后将调节管与供水管分开,并将供水管置于金属圆筒内。开止水夹,使水由上部注入金属圆筒内。

(9)降低调节管口,使它位于试样上部 1/3 处,造成水位差,水即渗过试样,经调节管流出。在渗透过程中应调节供水管夹,使供水管流量略多于溢出水量。溢水孔应始终有余水溢出,以保持常水位。

(10)待测压管水位稳定后,记录测压管水位,计算各测压管之间的水位差。

(11)开动秒表,同时用量筒接取经一定时间的渗透水量,并重复 1 次。接取渗透水量时,调节管口不可没入水中。

(12)测记进水处与出水处的水温,取平均值。

（13）降低调节管管口至试样中部及下部 1/3 处,以改变水力坡降,按以上(9)~(12)规定重复进行测定。

（14）根据需要,可以装数个不同孔隙比的试样,进行渗透系数的测定。

（二）计算结果

按下列公式计算试样的干密度 ρ_d 及孔隙比 e

$$m_d = \frac{m}{1 + 0.01\omega} \tag{3-6}$$

$$\rho_d = \frac{m_d}{Ah} \tag{3-7}$$

$$e = \frac{\rho_w G_s}{\rho_d} - 1 \tag{3-8}$$

式中　　m_d——试样干质量,g;

　　　　m——风干试样总质量,g;

　　　　ω——风干含水量(%);

　　　　ρ_d——试样干密度,g/cm^3;

　　　　A——试样断面面积,cm^2;

　　　　h——试样高度,cm;

　　　　e——试样孔隙比;

　　　　ρ_w——水的密度,g/cm^3;

　　　　G_s——土粒比重。

按下列公式计算渗透系数 k_T 及 k_{20}

$$k_T = \frac{QL}{AHt} \tag{3-9}$$

$$k_{20} = k_T \frac{\eta_T}{\eta_{20}} \tag{3-10}$$

式中　　k_T——水温 T 时试样的渗透系数,cm/s;

　　　　Q——时间 t 内的渗透水量,cm^3;

　　　　L——两测压孔中心间的试样高度,10 cm;

　　　　H——平均水位差,cm,$H = \dfrac{H_1 + H_2}{2}$,其中 H_1,H_2 如图 3-3 所示;

　　　　t——时间,s;

　　　　k_{20}——标准温度(20 ℃)时试样的渗透系数,cm/s;

　　　　η_T——T 温度时水的动力黏滞系数,kPa·s;

　　　　η_{20}——20 ℃时水的动力黏滞系数,kPa·s。

二、变水头渗透试验

变水头渗透试验确切地说是降水头试验,适宜于弱透水性的细粒土($k < 10^{-3}$ cm/s)。试验前土样必须完全饱和,以排除气泡的影响。

变水头渗透试验是试验过程中水头差一直随时间而变化,即测计 dt 时间段内的水位落差 dh,建立瞬时达西定律,从而推导出渗透系数的表达式。

(一)试验步骤

(1)根据需要用环刀在垂直或平行土样层面切取原状试样或扰动土制备成给定密度的试样,并进行充分饱和。切土时,应尽量避免结构扰动,并禁止用削土刀反复涂抹试样表面。

(2)将容器套筒内壁涂一薄层凡士林,然后将盛有试样的环刀推入套筒,并压入止水垫圈。把挤出的多余凡士林小心刮净。装好带有透水板的上、下盖,并用螺丝拧紧,不得漏气、漏水。

(3)把装好试样的渗透容器与水头装置连通,如图 3-4 所示。利用供水瓶中的水充满进水管,并注入渗透容器。开排气阀,将容器侧立,排除渗透容器底部的空气,直至溢出水中无气泡。关排气阀,放平渗透容器。

(4)在一定水头作用下静置一段时间,待出水管 7 管口有水溢出时,再开始进行试验测定。

(5)将水头管充水至需要高度后,关进水管夹,开动秒表,同时测计起始水头 h_1。经过时间 t 后,再测计终水头 h_2。如此连续测计 2~3 次后,使水头管水位回升至需要高度,再连续测计数次(需 6 次以上),试验终止,同时测计试验开始时与终止时的水温。

(二)计算结果

(1)按下式计算渗透系数

$$k_T = 2.3 \frac{aL}{At} \lg \frac{h_1}{h_2} \qquad (3\text{-}11)$$

式中 a——变水头管截面面积,cm^2;

        L——渗径,等于试样高度,cm;

        h_1——开始时水头,cm;

        h_2——终止时水头,cm;

        其余符号意义同前。

(2)按式(3-10)计算标准温度下的渗透系数。

实验室内测定渗透系数的优点是设备简单,费用较省。但是,由于土的渗透性与土的结构有很大的关系,地层中水平方向和垂直方向的渗透性往往不一样;再加之取样时土的扰动,不易取得具有代表性的原状土样,特别是砂土。因此,室内试验测出的 k 值往往不能很好地反映现场土的实际渗透性质,为了测量地基土层的实际渗透系数,可以直接在现场进行 k 值的原位测定。

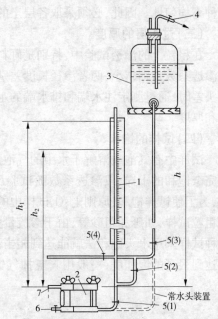

1—变水头管;2—渗透容器;3—供水瓶;
4—接水源管;5—进水管夹;6—排水管;7—出水管

图 3-4 变水头渗透装置

三、影响土的渗透性的因素

由于渗透系数 k 综合反映了水在土孔隙中运动的难易程度,因而其值必然要受到土的性质和水的性质的影响。

土的许多性质对 k 值有很大的影响。其中主要有下列五个方面:粒径大小与级配、孔隙比、矿物成分、结构、饱和度。水的性质对渗透系数 k 值的影响主要是黏滞度的不同而引起的。温度高时,水的黏滞性降低,k 值变大,反之 k 值变小。

四、试验中的注意事项

(一)试样容器尺寸

试样容器的内径应大于试样中最大粒径的 10 倍,若试样最大粒径比较大,由于沿试样容器周围部分试样的孔隙变大,周围部分流量就可能变大。若试样容器直径对最大粒径之比在 10 倍以下,除上述原因外,还有减小有效面积、减短渗径等。因此,美国标准(ASTM)要求试样的最大粒径为试样容器的 $1/12 \sim 1/8$ 以下。

(二)试样的代表性

室内渗透试验的任务是根据采用的土样进行试验,推导地基的渗透系数,因此试样必须能代表地基土的性质。但是,由于地基土一般是不均匀的,采用小的试样一般很难代表这种不均匀性。因此,必须采取各层土的代表试样进行室内试验,求得平均的渗透系数。

(三)过滤层的厚度

在粗粒土的渗透试验中,特别是砾料土,往往需要铺设滤层。滤层的渗透系数与试样的渗透系数差别越小,两者渗径长度差别越小,则产生的误差越大。所以,在用量管测定水头差时,通过测定注水端和排水端的水位差来推导渗透系数时,要特别注意滤层的透水性和厚度。

(四)试样的饱和

试样中有气泡或溶解于水中的气泡再分离出来,堵塞土的孔隙,使测定的渗透系数小于完全饱和的土样,或渗透系数随试验历时逐渐减小,这是渗透试验中的主要问题。所以,为了使试样饱和,原则上:①试样中的气泡预先用水置换清除;②试验时用元气水。对于粗粒试样,如砾和粗砂等,由于渗流量大,若残存小量气泡,对试验结果影响不是很大。这种试样采用水头饱和法就能达到相当高的饱和度。对于细砂和粉土,用水头饱和法不能达到很高的饱和度,一般用真空抽气饱和法。对于黏土,采用反压力饱和是最有效的方法。

第五节　土体变形测试

土在外荷载的作用下,其孔隙间的水和空气逐渐被挤出,土的骨架颗粒之间相互挤紧,封闭气泡的体积也将缩小,从而引起土层的压缩变形,土在外力作用下体积缩小的这种特性,称为土的压缩性。

目前,常用的测定土的压缩性的室内试验方法是侧限压缩试验,亦称固结试验。固结试验按加荷方式及加荷时间的不同,可分为以下三种。

（1）标准固结试验。

标准固结试验就是将天然状态下的原状土或人工制备的扰动土,制备成一定规格的土样,然后在侧限与轴向排水条件下测定土在不同荷载下的压缩变形,且试样在每级压力下的固结稳定时间均为 24 h。

（2）快速固结试验。

快速固结试验规定试样在各级压力下的固结时间为 1 h,仅在最后一级压力下除测记1 h 的量表读数外,还应测读达到压缩稳定时的量表读数。

（3）应变控制连续加荷固结试验。

应变控制连续加荷固结试验是试样在侧限和轴向排水条件下,采用应变速率控制方法在试样上连续加荷,并测定试样的固结量和固结速率以及底部孔隙水压力。

本节只介绍标准固结试验。

一、仪器设备

（1）固结仪:如图 3-5 所示,包括固结容器和设备两大部分。

（2）变形测量设备:量程 10 mm,精度 0.01 mm 的百分表或准确度为全量程 0.2% 的位移传感器。

（3）天平:称量 200 g,感量 0.01 g。

（4）其他:秒表、环刀、切土刀、钢丝锯、烘干箱、铝盒、滤纸、圆玻璃片等。

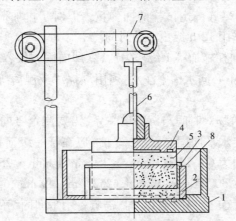

1—水槽;2—护环;3—环刀;4—加压上盖;5—透水石;
6—位移计导杆;7—位移计架;8—试样

图 3-5　固结仪示意图

二、操作步骤

（1）根据工程需要,选择面积为 30 cm² 或 50 cm² 的环刀,切取原状土试样或制备给定密度与含水量的扰动土样。切土的方法同密度试验,注意切取原状土样时,切土的方向应和天然状态时垂直方向一致。

（2）测定试样的密度并在余土中取代表性土样测定其含水量。对于需要饱和的试样,应按规范规定的方法将试样进行抽气饱和。

（3）在固结容器内依次放置透水石、护环、薄滤纸,将带有试样的环刀(刀口向下)小心装入护环内,然后在环刀上放置导环,在试样上放薄滤纸、透水石和加压盖板以及定向钢珠。

（4）将装有土样的固结容器置于加压框架下,对准加压框架的正中,安装竖向变形量表,量表的位置应和定向钢珠上下对齐。

（5）施加 1 kPa 的预压力,使试样与仪器上下各部分之间接触良好,然后调整量表或位移传感器,使读数为零或记录初始读数。

（6）根据工程需要确定加压等级、测定项目以及试验方法。加压等级一般为 12.5 kPa、25 kPa、50 kPa、100 kPa、200 kPa、400 kPa、800 kPa、1 600 kPa、3 200 kPa。第一级压力的大小视土的软硬程度,分别采用 12.5 kPa、25 kPa 或 50 kPa;最后一级压力应大于土层的自重应力与附加应力之和,或大于上覆土层的计算压力 100 ~ 200 kPa,但最大压力不应小于 400 kPa。

（7）当需要测定原状土的先期固结压力时,初始段的荷重度应小于 1,可采用 0.5 或 0.25,最后一级压力应使测得的 $e \sim \lg p$ 曲线下段出现直线段。对于超固结土,应采用卸压再加压的方法来评价其再压缩特性。

（8）当需要做回弹试验时,回弹荷重可由超过自重应力或超过先期固结压力的下一级荷重依次卸压至 25 kPa,然后依次加荷,一直加到最后一级荷重。卸压后的回弹稳定与加压相同,即每次卸压后 24 h 测定试样的回弹量。但对于再加荷时间,因考虑到固结已完成,稳定较快,因此可采用 12 h 或更短的时间。

（9）如是饱和试样,则在施加第 1 级压力后,立即向固结仪容器的水槽中注水浸没试样。如是非饱和试样,则不必向水槽中注水,须用湿棉纱或湿海绵围住加压盖板四周,避免水分蒸发。

（10）当需要预估建筑物对时间与沉降的关系,需要测定竖向固结系数 C_V,或对于层理构造明显的软土需测定水平向固结系数 C_H 时,应在某一级荷重下测定时间与试样高度的变化关系。读数时间为 6 s,15 s,1 min,2.25 min,4 min,6.25 min,9 min,12.25 min,16 min,20.25 min,25 min,30.25 min,36 min,42.25 min,49 min,64 min,100 min,200 min,400 min,23 h,24 h,直至稳定。当测定 C_H 时,需具备水平向固结的径向多孔环,环的内壁与土样之间应贴有滤纸。

（11）当不需要测定沉降速率时,则施加每级压力后 24 h 测定试样高度变化作为稳定标准。只需测定压缩系数的试样,以试样每小时变形小于 0.01 mm 为稳定标准,测记稳定读数后,再施加第 2 级压力。依次逐级加压至试验结束。

（12）试验结束后,应先排除固结容器内的水,迅速拆除仪器部件,取出带环刀的试样(如是饱和试样,则用干滤纸吸去试样两端表面上的水),测定试验后的密度和含水量。

三、成果整理

（1）按下式计算试样的初始孔隙比

$$e_0 = \frac{\rho_w G_s(1 + 0.01\omega_0)}{\rho_0} - 1 \tag{3-12}$$

式中　e_0——试样初始孔隙比;

　　　ω_0——试样的初始含水量(%);

　　　ρ_0——试样初始密度,g/cm³;

　　　G_s——土粒比重;

　　　ρ_w——水的密度,g/cm³。

(2)按下式计算各级压力下固结稳定后的孔隙比

$$e_i = e_0 - \frac{\sum \Delta h_i}{h_0}(1 + e_0) \tag{3-13}$$

式中　e_i——某级压力下的孔隙比;

　　　$\sum \Delta h_i$——某级压力下试样高度变化,即总变形量减去仪器变形量,mm;

　　　h_0——试样初始高度,mm;

　　　e_0——试样初始孔隙比。

(3)绘制 $e \sim p$ 的关系曲线。

以孔隙比 e 为纵坐标,以压力 p 为横坐标,绘制孔隙比与压力的关系曲线,如图3-6(a)所示。

(4)绘制 $e \sim \lg p$ 的关系曲线。

以孔隙比 e 为纵坐标,以压力的对数 $\lg p$ 为横坐标,绘制孔隙比与压力的对数关系曲线,如图3-6(b)所示。

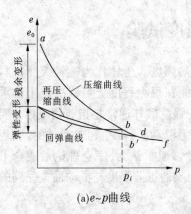
(a)$e \sim p$曲线

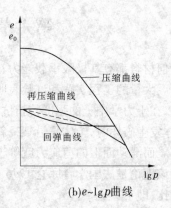
(b)$e \sim \lg p$曲线

图3-6　土的压缩曲线

(5)按下式计算某一级压力范围内的压缩系数、压缩模量和体积压缩系数

$$a = \frac{e_i - e_{i+1}}{p_{i+1} - p_i} \times 1\,000 \tag{3-14}$$

$$E_s = \frac{1 + e_i}{a} \tag{3-15}$$

$$m_V = \frac{1}{E_s} = \frac{a}{1 + e_i} \tag{3-16}$$

式中　a——某一压力范围内的压缩系数,MPa^{-1};

　　　p_i——某级压力,kPa;

　　　E_s——某一压力范围内的压缩模量,MPa;

　　　m_V——体积压缩系数,MPa^{-1}。

(6)按下式计算压缩指数和回弹指数

$$C_s \text{ 或 } C_c = \frac{e_1 - e_2}{\lg p_2 - \lg p_1} = \frac{e_1 - e_2}{\lg \dfrac{p_2}{p_1}} \tag{3-17}$$

式中　C_s——回弹指数;

　　　C_c——压缩指数;

　　　其余符号意义同前。

四、试验注意事项

(1)固结试验的成果对土样是否扰动是非常敏感的,因此原状土样在切削过程中必须仔细耐心,尽可能使土样的原有结构不受破坏。但试样的切削工作也应尽快完成,以免水分蒸发。

(2)必须注意仪器的调整工作,在进行试验前必须重点检查仪器的加压设备,加压框架的横梁必须水平,竖杆必须垂直,各部位必须转动灵活自由。仪器一般每年须校正一次。

(3)加荷卸荷时务必轻取轻放,以免冲击振动影响测试结果。

第六节　土体强度试验

任何材料都有其极限承载能力,通常称为材料的强度。土体作为一种天然材料也有其强度。大量的工程实践和试验表明,土的抗剪性能在很大程度上可以决定土体承载能力,所以在土力学中土的强度特指抗剪强度,土体的强度破坏通常是指剪切破坏。实践表明,土体发生破坏时,土体是沿某一斜面或曲面(称为滑动面)产生相对滑动的,表现为剪切破坏。而滑动面上的剪应力就等于土的抗剪强度。通常认为,库仑理论最适合土体的情况。该理论是法国学者库仑 1776 年提出的,认为土的抗剪强度与滑动面上受到的正应力成正比,即

$$\tau_f = c + \sigma \tan\varphi \tag{3-18}$$

式中　τ_f——剪切破坏面上的剪应力,即土的抗剪强度;

　　　σ——破坏面上的法向应力;

　　　c——土的黏聚力,kPa;

　　　φ——土的内摩擦角,(°)。

可以看出,黏聚力 c 和内摩擦角 φ 是决定土的抗剪强度的两个指标,称为土的抗剪强度指标。这两个指标可在实验室内测定,也可在室外进行现场测定。室内测定土的抗剪强度的常用方法有直接剪切试验、三轴压缩试验、无侧限抗压强度试验,而室外一般用十

字板剪切试验等。本节将室内试验常用的方法分述如下。

一、直接剪切试验

直接剪切试验是最早测定土的抗剪强度的试验方法,也是最简单的方法,所以在世界各国广泛应用。直接剪切试验的主要仪器为直剪仪,按照加荷方式的不同分应力控制式与应变控制式两种。两者的区别在于施加水平剪切荷载的方式不同:应力控制式采用砝码与杠杆分级加荷;应变控制式采用手轮连续加荷,后者优于前者。我国目前普遍采用的是应变控制式直剪仪。

(一)试验装置

应变控制式直剪仪的主要部分包括剪切盒(包括固定的上盒与活动的下盒)、垂直加荷设备、剪切传动装置、测力计、位移量测系统,如图3-7所示。

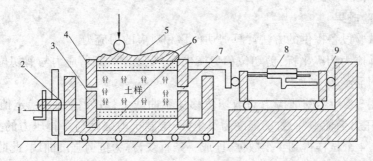

1—手轮;2—螺杆;3—下盒;4—上盒;5—传压板;6—透水石;7—开缝;8—位移量测系统;9—测力计

图3-7　应变控制式直剪仪

(二)试验方法

试验时首先通过加荷架对试样施加竖向应力 p,然后以规定的速率对下盒施加水平剪力,并逐渐加大,直至试件沿上、下盒的交界面剪坏。在剪应力施加过程中,记录下盒的位移及所加水平剪力的大小,绘制该竖向应力 p 作用下的剪应力 τ 与剪切位移 Δl 的关系曲线。硬黏土和密实砂土的 $\tau \sim \Delta l$ 曲线可能出现剪应力的峰值,该峰值可作为试样在该竖向应力 p 作用下的抗剪强度。峰后强度随剪切位移增大而降低,称应变软化特征。软黏土和松砂的 $\tau \sim \Delta l$ 曲线则往往不出现峰值,强度随剪切位移增加而缓慢增大,称应变硬化特征,此时应以某一剪切位移值作为控制破坏的标准,一般取相应于 4 mm 剪切位移量的剪应力作为土的抗剪强度。

为了确定土的抗剪强度指标,取 4 组相同的试样,对各个试样施加不同的竖向应力 p_1、p_2、p_3 和 p_4,然后进行剪切,得到相应的抗剪强度 τ_{f1}、τ_{f2}、τ_{f3} 和 τ_{f4}。把试验结果绘在以竖向应力 p 为横坐标、以抗剪强度 τ_f 为纵坐标的平面图上。通过各试验点绘一直线,即抗剪强度线。抗剪强度线与水平线的夹角为试样的内摩擦角 φ,在纵轴的截距为试样土的黏聚力 c。自接剪切试验按加荷速率的不同,分为快剪、固结快剪和慢剪三种,具体做法如下:

(1)快剪。竖向应力施加后,立即进行剪切,剪切速率要快。如《土工试验规程》(SL

237—1999)规定:要使试样在 3~5 min 内剪坏。

(2)固结快剪。竖向应力施加后,让试件充分固结,固结完成后,再进行快速剪切,其剪切的速率与快剪相同。

(3)慢剪。竖向应力施加后,允许试样排水固结。待固结完成后,施加水平剪应力,剪切速率放慢,使试件在剪切过程中有充分的时间产生体积变形和排水(对剪胀性土则为吸水)。

对无黏性土,因其渗透性好,即使快剪也能使其排水固结,因此《土工试验规程》(SL 237—1999)规定:对无黏性土,一律采用第一种加荷速率进行。

对正常固结的黏性土(通常为软土),在竖向应力和剪应力作用下,土样都被压缩,所以通常在一定应力范围内,快剪的抗剪强度 τ_q 最小,固结快剪的抗剪强度 τ_{cq} 有所增大,而慢剪抗剪强度 τ_s 最大。

(三)试验成果

(1)按试验设备提供的方法计算剪切位移和对应的剪应力。

(2)以剪应力为纵坐标,剪切位移为横坐标,按比例绘制剪应力与剪切位移的关系曲线,如图 3-8 所示。

(3)在图 3-8 所示的剪应力与剪切位移关系曲线上,取峰值点或稳定值作为抗剪强度。以垂直压力为横坐标,抗剪强度为纵坐标,绘制抗剪强度与垂直压力的关系曲线,如图 3-9 所示。4 个试样得到 4 个数据,连成一条直线,称为抗剪强度曲线,此曲线与纵坐标的截距 c 即为黏聚力,与横坐标的夹角 φ 称为内摩擦角。需要强调的是,由于土样和试验条件的限制,试验结果会有一定的离散性,也就是说,各土样的结果不可能恰好位于一条直线上,而是分布在一条直线附近,一般可用线性回归的方法确定。

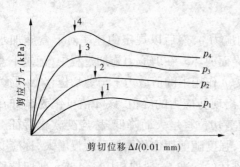

图 3-8　剪应力与剪切位移关系曲线

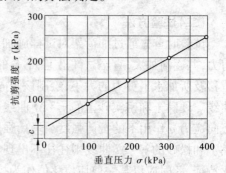

图 3-9　抗剪强度与垂直压力关系曲线

二、三轴压缩试验

三轴压缩试验的目的也是确定土的抗剪强度。采用这种试验方法,土样的受力状态以及孔隙水的影响比直剪试验更能接近实际情况,试验结果更为可靠,是测定抗剪强度的一种较为完善的方法。所以,《建筑地基基础设计规范》(GB 50007—2011)规定,地基基础设计等级为甲级的建筑物应采用三轴压缩试验测定地基的抗剪强度指标。

(一)试验装置

三轴压缩试验所使用的仪器是三轴压缩仪(也称三轴剪切仪),分应力控制式和应变控制式两种。应变控制式三轴压缩仪的构造示意图如图3-10所示,主要由如下几部分组成:主机、周围压力系统、孔隙水压力系统以及反压力系统,各系统之间用管路和各种阀门开关连接。

主机部分包括压力室、轴向加压系统等。压力室是三轴压缩仪的主要组成部分,受测土试样存放在其中。它是一个由金属上盖、底座以及透明有机玻璃圆筒组成的密闭容器,压力室底座通常由3个小孔分别与稳压系统以及体积变形和孔隙水压力量测系统相连。轴向加压系统是由加压框架、量力环通过活塞杆作用在土样的顶端。

周围压力系统是用氮气瓶作为压力源对水进行加压,压力水通过压力室底部的注水孔进入压力室作用在土样周围。通过调压阀和压力表对水压的大小进行控制,如保持恒压或变化压力等。

孔隙水压力系统是用来量测土样在三轴压缩试验时土样中的孔隙水压力的变化情况。土样的孔隙水通过底座预制孔进入孔隙水压力系统,孔隙水压力通过孔压传感器或者零位指示器和孔隙水压力表测量。

反压力系统是用来提高试样饱和度的装置。

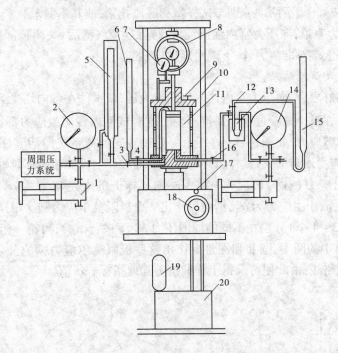

1—调压筒;2—周围压力表;3—周围压力阀;4—排水阀;5—体变管;6—排水管;
7—变形量表;8—量力环;9—排气孔;10—轴向加压设备;11—压力室;12—量管阀;
13—零位指示器;14—孔隙压力表;15—量管;16—孔隙压力阀;17—离合器;18—手轮;19—马达;20 变速箱

图3-10 应变控制式三轴压缩仪

(二)试验步骤

1. 试样制备

试样的形状为圆柱体,要求表面规整,两端平行且垂直于轴线。其尺寸为:最小直径 d 为 35 mm,最大直径 d 为 101 mm;高度为 $(2.0 \sim 2.5)d$;试样最大颗粒 $d_{max} < (1/10 \sim 1/5)d$。由库仑公式可知,理论上仅需 2 个试样即可确定土样的抗剪性能,考虑到试验数据的离散性,同一种土需要制备 3~4 个试样,分别在不同围压下进行试验。

原状试样制备:先用分样器将圆筒形土样竖向分成 3 个扇形土样,再用切土盘将每个土样仔细切成标准圆柱形试样,取余土测定试样的含水量。

扰动试样制备:根据预定的干密度和含水量,称取风干过筛的土样,平铺于搪瓷盘内,将计算所需加水量用小喷壶均匀喷洒于土样上,充分拌匀,装入容器盖紧,防止水分蒸发。润湿一昼夜后,在击实器内分层击实(粉质土宜为 3~5 层,黏质土宜为 5~8 层)。各层土料质量应相等,各层接触面应刨毛。

对于饱和试样,应在试样制备、安装在底座上之后,选用抽气饱和、水头饱和或反压饱和的方法排出试样中的气体。

2. 试样安装

(1)在压力室底座上,依次放上透水石、试样、滤纸、透水石及试样帽,将橡皮膜套在试样外,并将橡皮膜上、下两端分别与试样帽和底座扎紧,使其不漏水。

(2)装上压力室罩,向压力室内注满纯水,排除残留气泡后,关闭顶部排气阀,再将压力室顶部的活塞上端对准测力计,下端对准试样顶部。

3. 施加压力及试验结果

在试样安装好之后,向压力室内注入气压或液压,使试件在各向均受到周围压力 σ_3,并使该周围压力在整个试验过程中保持不变。这时试件内各向主应力都相等,因此在试件内不产生任何剪应力,如图 3-11(a)所示。通过轴向加荷系统即活塞杆对试样加竖向应力,随着竖向应力逐渐增大,试样最终将因受剪而破坏。设剪切破坏时轴向加荷系统加在试样上的竖向应力(称为偏应力)为 $\Delta\sigma$,则试样上的大主应力为 $\sigma_1 = \sigma_3 + \Delta\sigma$,如图 3-11(b)所示,而小主应力为 σ_3,据此可作出一个极限莫尔应力圆。用同一种土样的若干个试件(一般 3~4 个)分别在不同的周围压力 σ_3 下进行试验,可得一组极限莫尔应力圆,如图 3-11(c)中的圆 I、圆 II 和圆 III。作出这些极限莫尔应力圆的公切线,即为该土样的抗剪强度包络线,由此便可求得土样的抗剪强度指标 c、φ 值。

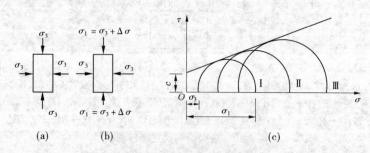

图 3-11　土样的抗剪强度包络线

4. 测量破坏试样

关闭周围压力阀,打开压力室顶部的排气阀。排除压力室内的水,可用虹吸管快速排水。拆除试样,描述试样破坏形状。通常试样破坏形状分两种:若试样为砂土或硬塑状态的粉性土与粉土,破坏面呈斜向直线剪切面;若试样为饱和状态软土,则无明显剪切面,而在试样中段向外鼓起,直径变大。称试样的质量,并测定含水量。

(三)三种试验方法

土中的水及孔隙水压力对土的抗剪强度的影响十分明显,土体在实际工程的排水条件不同,其力学性能也不一样,所以三轴压缩试验也应模拟实际情况。根据试验过程中试样的固结条件与孔隙水压力是否消散,三轴压缩试验可分为以下三种试验方法。对同一种试样,试验方法不同,试验结果所得到的抗剪强度指标 c 与 φ 值一般也不相同,下面分别进行阐述。

1. 不固结不排水剪切试验(UU 试验)

在整个试验过程中将试样密封起来,自始至终关闭排水阀门,试样在施加周围压力和随后施加竖向压力直至剪切破坏的过程中都不允许土中水排出,土中的含水量保持不变,土中的孔隙水压力也会随着土样外部压力的改变而改变。显然,这种试验方式试样中的孔隙水压力和土粒一起承担了外部荷载。其工程背景是饱和软黏土中快速加荷载时的应力状态,得到的抗剪强度指标用 c_u、φ_u 表示。

UU 试验一般可用于测定饱和黏土不排水抗剪强度 c_u。鉴于多数工程施工速度快,较接近不固结不排水剪切条件,一般应采用 UU 试验,而且用 UU 试验成果计算一般比较安全。

2. 固结不排水剪切试验(CU 试验)

在施加周围压力的过程中,打开排水阀门,允许土样排水固结,待土样的排水固结完成后再关闭排水阀门,施加竖向压力,直至试样在不排水条件下发生剪切破坏,试验方法如下:

试样安装在压力室底座上的透水板与滤纸上,使试样底部与孔隙水压力量测系统相通,然后施加周围压力 σ_3,打开孔隙水压力阀,测定孔隙水压力 u,再打开排水阀,使试样中的孔隙水压力消散,直至孔隙水压力消散 95% 以上。待固结稳定后关闭排水阀,测记排水管读数和孔隙水压力读数,然后使试样在不排水的条件下剪切破坏。在剪切过程中土样基本没有体积变化。

CU 试验得到的抗剪强度指标用 c_{cu}、φ_{cu} 表示。它适用的工程条件为一般正常固结土层在竣工后或在使用阶段受到大量、快速的活荷载或新增荷载作用下的受力情况,在实际工程中经常采用这种方法。对于经过预压固结的地基,也可采用 CU 试验。

3. 固结排水剪切试验(CD 试验)

试样在施加周围压力时允许土样排水固结,待土样固结稳定后,再在排水条件下缓慢施加竖向压力(在施加轴向压力的过程中孔隙水压力始终保持为零),直至试件剪切破坏,因而剪切速率应尽可能缓慢。CD 试验模拟的是地基土体充分固结后开始缓慢施加荷载的情况,工程上很少采用。

(四)三轴压缩试验的成果整理

从三种试验方法可知,同一土样由于试验方法不同,所得到的试验结果也不会相同,其原因是土的固结历史和排水条件不同。为了更清楚地说明水的影响,需要用有效应力原理来讨论。有效应力原理指出:土中某一点的总应力 σ 等于有效应力 σ' 和孔隙水压力 u 之和,即 $\sigma = \sigma' + u$,因此在试验中测得土样的孔隙水压力后,就可以求得有效应力的值。由此可以得到两种库仑公式:一种是用总应力表示,即式(3-18),一般称 c、φ 为总应力抗剪强度指标;另一种是用有效应力表示,即

$$\tau_f = c' + \sigma' \tan\varphi' \tag{3-19a}$$

或

$$\tau_f = c' + (\sigma - u)\tan\varphi' \tag{3-19b}$$

其中,c'、φ' 分别为有效黏聚力和有效内摩擦角,统称为有效应力抗剪强度指标。

利用上述结论可以绘出饱和黏土 UU 试验所对应的莫尔应力圆,进而求出 c_u、φ_u。假定土样发生破坏时对应的应力状态为 σ_1、σ_3,以 $\sigma_1 - \sigma_3$ 为直径,以 $((\sigma_1 + \sigma_3)/2, 0)$ 为圆心可绘出对应的总莫尔应力圆 I(见图 3-12),若破坏时土样中的孔隙水压力为 u,则破坏时的 $\sigma_1' - \sigma_3' = \sigma_1 - \sigma_3$,显然,有效莫尔应力圆和总莫尔应力圆的大小完全相同,只是位置不同,图 3-12 中虚线表示有效莫尔应力圆。试验表明,当改变周围压力 σ_3 时,破坏时对应的 σ_1 也会增加,但 $\sigma_1 - \sigma_3$ 几乎保持不变。这样通过 UU 试验仅能绘出一系列大小相同的总莫尔应力圆或一个有效莫尔应力圆。其强度包络线是一条近乎水平的直线,根据库仑公式

$$\varphi_u = 0 \tag{3-20}$$

$$c_u = \frac{1}{2}(\sigma_1 + \sigma_3) \tag{3-21}$$

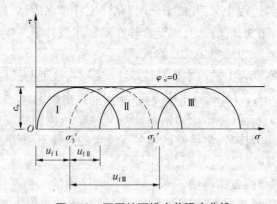

图 3-12　不固结不排水剪强度曲线

对这种情况的解释为,当 σ_3 变为 $\sigma_3 + \Delta$ 时,则土样破坏时对应的 σ_1 为 $\sigma_1 + \Delta$,同时孔隙水压力也增加到 $u + \Delta$,显然压力增加前后的有效应力不变,分别为 $\sigma_1' = \sigma_1 - u$、$\sigma_3' = \sigma_3 - u$。应力状态的改变仅影响到孔隙水压力,换句话说,外力增加的部分基本是由孔隙水压力的增加来平衡,对土样中的有效应力几乎没有影响。几个土样的不固结不排水三轴剪切试验破坏时有效莫尔应力圆只有一个,所以不能由 UU 试验测定相应的有效应力强度指标 c'、φ'。

对于固结不排水剪切试验,其破坏时的有效应力状态会随着总应力状态的改变而改变,根据试验结果得到各个土样破坏时的莫尔应力圆,然后作对应莫尔应力圆的公切线,即可得到总应力强度指标 c_{cu}、φ_{cu} 和有效应力强度指标 c'、φ',如图 3-13 所示。

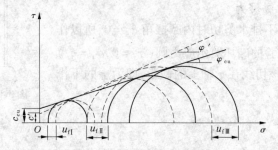

图 3-13　固结不排水剪强度曲线

对于固结排水剪切试验,由于试验过程充分排水,破坏时的孔隙水压力可以忽略不计,所以最后得到的仅有一组总莫尔应力圆,如图 3-14 所示,相应的总应力强度指标为 c_d、φ_d。

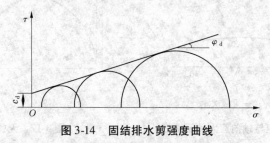

图 3-14　固结排水剪强度曲线

三轴压缩仪的突出优点是能较为严格地控制排水条件以及可以测量试件中孔隙水压力的变化,而且试件中的应力状态比较明确,也不像直接剪切试验那样限定剪切面。一般说来,三轴压缩剪切试验的结果比较可靠。对那些重要的工程项目,必须用三轴剪切试验测定土的强度指标。三轴压缩仪还用于测定土的其他力学性质,因此它是土工试验不可缺少的设备。目前,通用的三轴压缩仪的缺点是试件的第二主应力和第三主应力相等,即 $\sigma_2 = \sigma_3$,而实际土体的受力状态未必都属于这类轴对称情况。另外,三轴压缩试验也存在试样制备和试验操作比较复杂,试样中的应力与应变仍然不够均匀的缺点。由于试样上、下端的侧向变形分别受到刚性试样帽和底座的限制,而在试样的中间部分却不受约束,因此当试样接近破坏时,试样常被挤压成腰鼓形。

三、无侧限抗压强度试验

(一)试验原理

无侧限抗压强度试验是三轴压缩试验中的周围压力 $\sigma_3 = 0$ 时的不排水剪切试验,一般用于饱和黏性土,所以又称单轴试验。无侧限抗压强度试验所使用的无侧限抗压仪,其结构如图 3-15 所示。本试验完全可以利用三轴仪进行,试验所用试样直径为 35 ~ 50 mm,高度与直径之比宜采用 2.0 ~ 2.5。

(二)抗压强度 q_u

取直角坐标系,以轴向应变 ε 为横坐标、轴向应力 σ 为纵坐标,绘制轴向应变与轴向应力关系曲线。取 $\varepsilon \sim \sigma$ 曲线上峰值 σ_{max} 为无侧限抗压强度 q_u。如 $\varepsilon \sim \sigma$ 曲线上峰值不明显,应取轴向应变 $\varepsilon = 15\%$ 处的轴向应力为 q_u,如图 3-16 所示。

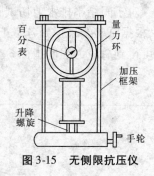

图 3-15　无侧限抗压仪

(三)土的不排水黏聚力

由于饱和黏性土不排水剪切时内摩擦角 $\varphi_u = 0$,所以作出无侧限抗压强度试验的破坏莫尔应力圆($\sigma_3 = 0$,$\sigma_1 = q_u$)平行于 σ 轴的切线,该切线在 τ 轴上的截距,即为土的不排水黏聚力(见图 3-17)

$$c_u = \frac{q_u}{2} \tag{3-22}$$

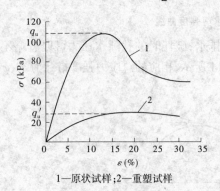

1—原状试样;2—重塑试样

图 3-16　轴向应变与轴向应力关系曲线

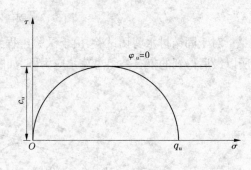

图 3-17　无侧限抗压强度

第四章　岩体物理力学性质测试

第一节　概　述

一、岩石、岩块和岩体的基本概念

岩石、岩块和岩体是岩体力学的直接研究对象。要学习和研究岩体力学,首先要建立岩石、岩块和岩体的基本概念。

岩石是组成地壳的基本物质,是在一定的生成条件下,具有一定的矿物成分和一定的结构、构造特征的材料或物质。按照成因,岩石可分为三大类:岩浆岩、沉积岩和变质岩。

岩石的物理力学性质指标是在实验室内用一定规格的试件进行试验测定的。这种岩石试件是由钻孔中获取的岩芯,或在工程范围内用爆破或其他方法获得的岩石碎块经加工制成的,这样采集的标本或岩芯仅仅是在自然地质体中的岩石小块,称为岩块。我们平时所称的岩石,在一定程度上都是指岩块。因为岩块是不包含显著软弱面的、较均质的岩石块体,所以通常把它作为连续介质及均质体来看待。

岩体是在这些不连续结构面的切割下,形成一定的岩体结构,并赋存于一定的地质环境中的地质体,它经历了漫长的自然历史过程,经受了各种地质作用,并在地应力的长期作用下,在其内部保留了各种永久变形和各种各样的地质构造形迹,例如不整合、褶皱、断层、层理、节理、劈理等不连续面(又称结构面)。

岩石和岩体的重要区别就是岩体包含着断层、节理和层面等各种不连续面。由于结构面的存在,岩体的强度远低于岩石强度。因而,岩体就是岩石和这些不连续面的统一体。岩石和岩体是既有区别又互相联系的两个概念。岩石是岩体的组成物质,岩体是岩石和结构面的统一体。

二、岩体的结构特征

结构面是岩体的重要组成单元,岩体的质量与结构面的性质密切相关。结构体就是被结构面所包围的完整岩石,或隐蔽裂隙的岩石,结构体也是岩体的重要组成部分。在研究结构体时,首先要弄清结构体的岩石类型及其物理力学属性,然后根据结构面的组合确定结构体的几何形态和大小,以及结构体之间的镶嵌组合关系等。结构体的不同形态称为结构体的形式。常见的单元结构体有块状体、柱状体、板状体,以及菱形体、楔形体、锥形体等。

另外,各种岩体的空隙特征千差万别,其主要决定因素是岩体空隙的成因。空隙根据成因可分为孔隙、裂隙和溶隙三种,并将岩体相应划分为孔隙岩体(松散堆积体)、裂隙岩体和可溶岩体。

(一) 孔隙

松散堆积体中孔隙大小首先与其颗粒大小及其组合有关。由大颗粒组成的松散堆积体，其孔隙往往较大。因此，按水文地质要求，根据粒组含量土可以分成砾石土、砂土和黏土等几类。在以砾、卵石为主的松散堆积体中，孔隙的直径可达几十毫米，而黏土中的孔隙，只有在显微镜下才能看到。其次，孔隙大小还与土的固结作用和胶结作用有关。压力越大，作用时间越长，胶结越紧密，堆积体中的孔隙就越小。因此，老堆积体中的孔隙比新堆积体要小一些。

除了孔隙大小，决定堆积体孔隙性质的还有孔隙的多少。孔隙的多少取决于沉积物的颗粒排列方式、颗粒级配和颗粒形状。根据几何学原理，当等粒体呈立方体排列时，物体的结构最为疏松，孔隙最多；当等粒体呈四面体排列时，结构最为稳定，孔隙最少。颗粒级配好的土层，中粗颗粒间的大孔隙被细小颗粒所充填，因而孔隙较少。另外，颗粒的形状对孔隙的多少也有影响，棱角状沉积物在压密作用下排列一般较紧密，因此孔隙变小。

表征岩体孔隙含量的物理性质指标为孔隙率。所谓孔隙率，就是指沉积物中孔隙体积与岩体总体积之比，即

$$n = \frac{V_v}{V} \times 100\% \tag{4-1}$$

式中　n——岩体孔隙率；

　　　V_v——岩体中的孔隙体积；

　　　V——岩体总体积。

(二) 裂隙

基岩中裂隙是在岩体形成过程中或形成以后漫长的地质历史时期中产生的。因此，岩石裂隙按其成因可分为成岩裂隙、构造裂隙和风化裂隙三大类。

1. 成岩裂隙

成岩裂隙是岩石在成岩过程中由于冷凝、固结等因素引起岩石体积收缩所产生的裂隙。例如，沉积岩的层理、层面及沉积间断面都属于成岩裂隙；而喷发岩的成岩裂隙是在熔岩冷凝过程中在张应力作用下形成的。

2. 构造裂隙

在地壳运动引起的内应力作用下，岩石发生的各种破裂错位现象，如节理、劈理、断层和层间剪切带，在水文地质学中统称为构造裂隙。节理与劈理，它们的延伸长度和发育宽度都有限，但分布均匀、密集，通常构成一个统一的裂隙体系，故称为区域构造裂隙。而断层的延伸长度和发育宽度往往都很大，在局部地段呈带状定向分布，故又称它们为局部构造裂隙。不论是区域构造裂隙，还是局部构造裂隙，它们的几何特征千差万别，然而它们的空间分布仍有一定的规律性，主要与其力学性质、岩性、构造期次、岩层厚度及岩层组合等影响因素有关。

断层根据其受力性质可分为张性断层、压性断层和扭性断层三种。

张性断层常形成较宽的开放性构造带和伴生张节理，如多数的正断层。此类断层比较疏松，透水性好。特别是多组断层的交会地带，往往赋存丰富的地下水。

压性断层是在压应力作用下产生的断裂，如大部分逆断层和逆掩断层。压性断层的

断层带平直且比较致密,透水性弱,常赋存不透水或弱透水的糜棱岩、断层泥以及胶结紧密的断层角砾岩,附近常发育牵引褶皱和伴生剪节理。

扭性断层是在扭应力作用下形成的断裂,如大部分的平移断层。此类断层的断面可曲可直,但一般光滑,常伴生致密性构造岩,含水性能介于上述二类断层之间。

3. 风化裂隙

风化裂隙是岩石受风化作用后形成的裂隙。此类裂隙一般赋存于地表浅层露头发育处,在剖面上呈现明显的分带特征。如豫西新安矿区,基岩表层风化裂隙带厚度一般大于30 m,剖面最上部的松散覆盖层岩石严重破坏、化学风化剧烈,大量次生黏土矿物充填裂隙,几乎不含水。剖面中部以物理风化为主,裂隙比较发育,由抽水试验成果(见表 4-1)知,该裂隙带中砂岩的渗透系数在 0.227 0 ~ 0.724 0 m/d,具有透水性;剖面最下部的岩石破坏程度低,裂隙闭合稀少,砂岩的渗透系数为 0.067 1 m/d,具有相对隔水性。因此,在一个保存完整的风化带里,通常以半风化的中段剖面含水性最好。

表 4-1　豫西新安矿区风化裂隙带含水砂岩层抽水试验成果

含水层	剖面位置	孔号	试验孔段		含水层总厚 (m)	渗透系数 (m/d)
			起始深度(m)	段长(m)		
风化裂隙带中砂岩	中部	41	10.31 ~ 37.00	26.69	26.69	0.227 0
		1001	11.01 ~ 68.23	57.22	35.42	0.724 0
	下部	注 2501	13.48 ~ 74.23	60.75	26.25	0.067 1

此外,风化裂隙还大量分布于基岩的隐伏露头附近。所谓隐伏露头即基岩与上覆第四系松散土层底面的接触部分。赋存于这种古风化壳内的地下水往往与第四系土壤水有着很强的水力联系,有着统一的水头分布特征。

岩体中裂隙的多少采用裂隙率来衡量。它的物理性质含义与孔隙度相当,即岩体中裂隙体积和岩体总体积的比值。在实际工作中,如果裂隙发育具有强烈的方向性,则经常测定的是线裂隙率或面裂隙率的数值。

$$n_x = \frac{\sum b}{L} \times 100\% \qquad (4-2)$$

式中　n_x——岩体线裂隙率;

　　　b——岩体中各个裂隙的单个宽度;

　　　L——测定总长度。

$$n_m = \frac{\sum (lb)}{F} \times 100\% \qquad (4-3)$$

式中　n_m——岩体面裂隙率;

　　　l——岩体中各个裂隙的单个长度;

　　　b——岩体中各个裂隙的单个宽度;

　　　F——测定总面积。

(三) 溶隙

岩溶是侵蚀性地下水对碳酸岩、石膏、岩盐等可溶性岩石以化学溶蚀为主的一种地质作用及其形成的各种地质现象。在南斯拉夫的喀斯特地区,岩溶十分发育,因此岩溶又称为喀斯特。可溶性岩石在岩溶作用下形成的各种空隙称为溶隙。溶隙的形态多种多样,常见的有溶孔、溶蚀裂隙、溶洞、落水洞、漏斗、地下暗河、地下湖等。

岩溶发育规模自地表向深部逐渐减弱,在一定条件下呈垂直分带特征。按其空间形态和分布特征大致可以分为四个带:垂直岩溶发育带、水平和垂直岩溶交替发育带、水平岩溶发育带及深部岩溶发育带(见图 4-1)。

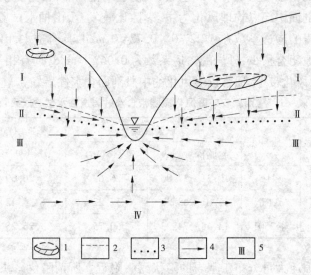

1—上层滞水;2—最高水位线;3—最低水位线;4—地下水流向;5—分带编号

图 4-1　岩溶垂直分带示意图

(1)垂直岩溶发育带(包气带)。此带距地表较近,地下水接受大气降水补给,并沿着溶洞、裂隙作垂直的渗透运动。

(2)水平和垂直岩溶交替发育带(地下水季节变化带)。分布在喀斯特水最高水位与最低水位之间,主要接受第一带所渗入的地下水的补给。在高水位期间喀斯特水向排泄区作近于水平方向的运动,在低水位期间则以自上而下的垂直方向运动为主。

(3)水平岩溶发育带(饱和带)。位于第二带以下,地下水的运动受上部水平循环带的静水压力作用影响,并接受来自上部的水补给。地下水呈饱和状态充满在裂隙及溶洞中,向排泄区作水平方向运动。有时,在河谷底部也有地下水自下而上的垂直方向的运动。

(4)深部岩溶发育带。此带地下水不受排泄区直接泄水作用的影响,它的运动基本上取决于深部的地质构造特征。

岩溶分布不仅表现在垂直方向的变化,而且在平面上分布也是不均匀的,在不同地区或者同一地区不同地段、不同深度,岩溶发育状况往往可以变化很大,这主要与岩性、构造、地貌、气候、地壳运动等因素综合作用有关。一般情况下,岩溶发育程度以溶隙率表示,所谓溶隙率,就是指可溶性岩体中岩溶体积与岩体总体积之比,即

$$n_{r} = \frac{\sum v}{V} \times 100\% \qquad (4\text{-}4)$$

式中　n_r——岩体溶隙率；

　　　v——岩体中岩溶体积；

　　　V——岩体总体积。

第二节　岩体的物理性能与地球物理探测

一、岩体物理性能基本概念

岩体的物理力学性质是岩体最基本、最重要的性质之一，也是岩体力学学科中研究最早、最完善的内容之一。

（一）岩体的质量指标

1. 岩体的密度

单位体积内岩体的质量称为岩体的密度，通常情况下岩体含固相、液相、气相三相，三相比例不同而岩体的密度不同。根据岩体试样的含水情况不同，岩体的密度又可分为天然密度 ρ、饱和密度 ρ_{sat} 和干密度 ρ_d。

（1）天然密度：自然状态下单位体积的质量。

$$\rho = m/V \qquad (4\text{-}5)$$

式中　m——岩体总质量；

　　　V——总体积。

（2）饱和密度：岩体中的孔隙被水充填时的单位体积质量（水中浸48 h）。

$$\rho_{sat} = \frac{m_s + V_v\rho_w}{V} \qquad (4\text{-}6)$$

式中　V_v——孔隙体积。

（3）干密度：岩体中的孔隙水全部蒸发后的单位体积质量（108 ℃烘24 h）。

$$\rho_d = m_s/V \qquad (4\text{-}7)$$

式中　m_s——岩体固体的质量。

2. 岩体的比重

岩体的比重指岩体固体质量与同体积水在4 ℃时的质量比。

$$G_s = m_s/(V_s\rho_w) \qquad (4\text{-}8)$$

式中　G_s——岩体的比重；

　　　V_s——岩体固体体积；

　　　ρ_w——水的比重。

3. 岩体的孔隙性

岩体的孔隙性是反映裂隙发育程度的指标。

（1）孔隙比：孔隙的体积 V_v 与固体的体积 V_s 的比值，可用下式表示

$$e = V_v/V_s \qquad (4\text{-}9)$$

式中　e——孔隙比；

　　　V_v——孔隙体积；

　　　其余符号意义同前。

（2）孔隙率：岩体试样中孔隙体积与岩体试样总体积的百分比，可用下式表示

$$n = V_v/V \tag{4-10}$$

$$V = V_s + V_v \tag{4-11}$$

根据岩样中三相体的相互关系，孔隙比 e 与孔隙率 n 存在着如下关系

$$e = \frac{V_v}{V_s} = \frac{V_v/V}{V_s/V} = \frac{\dfrac{V_v}{V}}{\dfrac{V - V_v}{V}} = \frac{n}{1-n} \tag{4-12}$$

$$n = 1 - \gamma_d/(G_s \gamma_w) \tag{4-13}$$

式中　n——孔隙率；

　　　γ_d——岩体的干重度；

　　　γ_w——水的重度。

（二）岩体的水理指标

1. 含水性

（1）含水量：岩体孔隙中含水重量 G_w 与固体重量 G_s 之比的百分数，可用下式表示

$$W = G_w/G_s \times 100\% \tag{4-14}$$

（2）吸水率：岩体吸入水的质量与固体质量之比。它是一个间接反映岩石内孔隙多少的指标。

$$W_d = (\gamma_d - \gamma)/\gamma_s \times 100\% \tag{4-15}$$

2. 渗透性

渗透性是指在一定的水压作用下，水穿透岩体的能力。它反映了岩体中裂隙间相互连通的程度，渗透性可用达西定律描述：

$$q_x = k \frac{\mathrm{d}h}{\mathrm{d}x} A \tag{4-16}$$

式中　q_x——沿 x 方向水的流量；

　　　$\dfrac{\mathrm{d}h}{\mathrm{d}x}$——水头变化率；

　　　h——水头高度；

　　　A——垂直 x 方向的截面面积；

　　　k——渗透系数。

（三）岩体的抗风化指标

1. 软化系数

软化系数是表示抗风化能力的指标，即

$$\eta = R_{cc}/R_{cd} \tag{4-17}$$

式中　η——软化系数；

R_{cc}——干燥单轴抗压强度；

R_{cd}——饱和单轴抗压强度。

$\eta(\eta \leqslant 1)$越小，表示岩石受水的影响越大。

2. 耐崩解性指数

耐崩解性指数是通过对岩体试件进行烘干、浸水循环试验所得的指标。试验时，将约500 g 烘干的试块分成 10 份，放入带有筛孔的圆筒内，使圆筒在水槽中以 20 r/s 的速度连续转 10 min，然后将留在圆筒内的石块取出烘干称重。如此反复进行两次，按下式计算耐崩解性指数

$$I_{d2} = m_r/m_s \times 100\% \tag{4-18}$$

式中　I_{d2}——耐崩解性指数；

m_r——试验前的试件烘干质量；

m_s——残留在筒内的试件烘干质量。

二、地球物理探测基本原理

地球物理探测又称物探，是利用地球物理的原理，根据各种岩体之间的密度、磁性、电性、弹性、放射性等物理性质的差异，选用不同的物理方法和物探仪器，测量工程区的地球物理场的变化，以了解其水文地质和工程地质条件的勘探与测试方法。它主要运用物理学的原理和方法，对地球的各种物理场分布及其变化进行观测，探索地球本体及近地空间的介质结构、物质组成、形成和演化，研究与其相关的各种自然现象及其变化规律，在此基础上为探测地球内部结构与构造、寻找能源和资源、环境监测提供理论、方法和技术，为工程灾害预报提供重要依据。物探具有速度快、成本低、设备简便、资料全面等特点，主要分为电法勘探和地震波法勘探。

（一）电法勘探

1. 基本概念

电法勘探是根据地壳中各类岩石或矿体的电磁学性质和电化学特性的差异，通过对人工电场或天然电场、电磁场或电化学场的空间分布规律和时间特性的观测与研究，寻找不同类型有用矿床和查明地质构造及解决地质问题的地球物理勘探方法。它主要用于寻找金属、非金属矿床，确定含水层埋藏深度、厚度，断层破碎带，岩溶发育带，古河床，勘察地下水资源和能源，解决某些工程地质及深部地质问题。

2. 电法勘探的基本原理

电法勘探是根据岩石和矿石电学性质（如导电性、电化学活动性、电磁感应特性和介电性，即所谓"电性差异"）来找矿和研究地质构造的一种地球物理勘探方法。它是通过仪器观测人工的、天然的电场或交变电磁场，分析、解释这些场的特点和规律达到找矿勘探的目的。与地层的物理性质、力学性质与电学性质等紧密相关。

对于均质地层，有

$$\rho = k\Delta U/I \tag{4-19}$$

式中　ρ——地层的电阻率；

k——装置系数，与电极 A、B 有关；

ΔU——电压；

I——电流。

对于非均质地层,有

$$\rho_s = k\Delta U / I \tag{4-20}$$

式中　ρ_s——视电阻率,某个深度(取决于电极距 AB)以上所有地层电性的综合反映。

3. 电法勘探的分类

电法勘探又可分为电测深法和电剖面法。

电测深法包括电阻率测深和激发极化测深。它是在地面的一个测深点上(即 MN 极的中点),通过逐次加大供电电极 AB 极距的大小,测量同一点的、不同 AB 极距的视电阻率 ρ_s 值,研究这个测深点下不同深度的地质断面情况。电测深法多采用对称四极排列,称为对称四极测深法。在 AB 极距离小时,电流分布浅,ρ_s 曲线主要反映浅层情况;AB 极距大时,电流分布深,ρ_s 曲线主要反映深部地层的影响。ρ_s 曲线是绘在以 AB/2 和 ρ_s 为坐标的双对数坐标纸上的。当地下岩层界面平缓不超过 20°时,应用电测深量板进行定量解释,推断各层的厚度、深度较为可靠。电测深法在水文地质、工程地质和煤田地质工作中应用较多。除对称四极测深法外,还可以应用三极测深、偶极测深和环形测深等方法。

电剖面法是指供电和测量电极间的距离经选定后保持不变,且同时沿一定剖面方向逐点进行观测,借以研究沿剖面方向地下一定深度范围内岩、矿石电阻率和极化率变化的一组方法。当单独观测视电阻率时,称为电阻率剖面法。当以观测视极化率 η 为主,同时观测 ρ 时,则称为激发极化剖面法。根据电极排列方式的不同,又可分二极剖面法、对称剖面法、联合剖面法、偶极剖面法等。中间梯度法亦属于剖面法。

(二)地震波法勘探

1. 基本概念

地震波法勘探是利用地下介质弹性和密度的差异,通过观测和分析大地对人工激发地震波的响应,推断地下岩层的性质和形态的地球物理勘探方法。按震动特点,地震波可分为纵波、横波;按介质,地震波可分为体波、面波。

2. 地震勘探原理

在地表以人工方法激发地震波,在向地下传播时,遇有介质性质不同的岩层分界面,地震波将发生反射与折射,在地表或井中用检波器接收这种地震波。收到的地震波信号与震源特性、检波点的位置、地震波经过的地下岩层的性质和结构有关。通过对地震波记录进行处理和解释,可以推断地下岩层的性质和形态。地震勘探在分层的详细程度和勘察的精度上,地震波法都优于其他地球物理勘探方法。地震波法勘探的深度一般从数十米到数十千米。地震波法勘探的难题是分辨率的提高,高分辨率有助于对地下进行精细的构造研究,从而更详细了解地层的构造与分布。

3. 弹性波运动方程

弹性波运动方程为

$$\mu\Delta^2 u + (\lambda + \mu)\frac{\partial \theta}{\partial x} = \rho\frac{\partial^2 u}{\partial t^2} \tag{4-21}$$

$$\mu\Delta^2 v + (\lambda + \mu)\frac{\partial \theta}{\partial y} = \rho\frac{\partial^2 v}{\partial t^2} \tag{4-22}$$

$$\mu\Delta^2 w + (\lambda + \mu)\frac{\partial\theta}{\partial z} = \rho\frac{\partial^2 w}{\partial t^2} \tag{4-23}$$

$$\Delta^2 = \frac{\partial^2}{\partial x^2} + \frac{\partial^2}{\partial y^2} + \frac{\partial^2}{\partial z^2}$$

$$\theta = \frac{\partial u}{\partial x} + \frac{\partial v}{\partial y} + \frac{\partial w}{\partial z}$$

式中　u、v、w——位移分量；

　　　λ、μ——拉梅系数；

　　　ρ——介质密度；

　　　θ——拉普拉斯算符。

三、地球物理探测应用实例

(一)可控源音频大地电磁法

CSAMT 法源于大地电磁法(MT)和音频大地电磁法(AMT)。它是针对大地电磁法在音频频段信号微弱和信号具有极大的随机性问题,经改进采用人工可以控制的场源来加强地层的反射信号。又因使用的频率属音频段频率,所以把它称做可控源音频大地电磁法。

1. 原理

CSAMT 法是基于电场在大地中电磁场传播过程中存在的电磁波传导规律,即趋肤效应,亦即高频电流主要集中在近地表流动,并随着频率的降低,电流就越趋于往深处流。对于这一物理过程,通常使用下式计算它们不同频率的视电阻率

$$\rho = \frac{1}{5f} \times \frac{|\text{Ex}|^2}{|\text{Hy}|^2} \tag{4-24}$$

利用下式求取它们相对应频率的穿透深度

$$h = 503\sqrt{\rho/f} \tag{4-25}$$

在勘察工作中,通常采用标量测量装置,即用 1 个发射源和在勘察线上,用 1 组与供电电场平行的接收电极(Ex)接收电信号,1 个与电场正交的磁探头(Hy)接收磁信号。CSAMT 观测装置示意图见图 4-2。

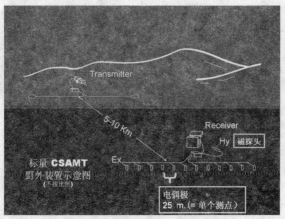

图 4-2　CSAMT 观测装置示意图

2. 方法

一般条件下,接收—发射距离要求大于探测深度的 4 倍。为了获取较大的探测深度,本次探测时采用的接收—发射距离为 7 500 m,可实现对 3 000 m 左右深度地层的控制。测线布置则随需控制范围而定,如测点间距为 20 m,测试深度为 2 800 m(见图 4-3)。

接收系统或发射系统之间为无线连接,参考站的局域网之间为无线或有线通信,发射机和局域网均通过石英钟实现同步。该系统施工灵活,基本不受地形条件限制,发射功率大,适合探测从地表到地下 3 km 范围。

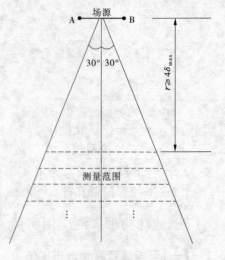

图 4-3　旁侧排列装置示意图

湖北省孝感华庆置业有限公司拟建的酒店综合园区,位于孝感市孝南区东南部,北临槐荫大道,占地面积 8.86 hm²。为满足综合园区未来功能用水的需要,华庆置业拟在综合园区内开凿深层地热井。为此,河南省煤田地质局资源环境调查中心实地进行了地面物探勘察工作,由北向南依次布置了四条东西向勘探线,分别为 1120、1080、1040 及 1000 号线,以了解该综合园区地层结构、地质构造、地下水异常等地质条件,最终确定地下热水的空间配置及平面位置。视电阻率拟断面对比图见图 4-4。

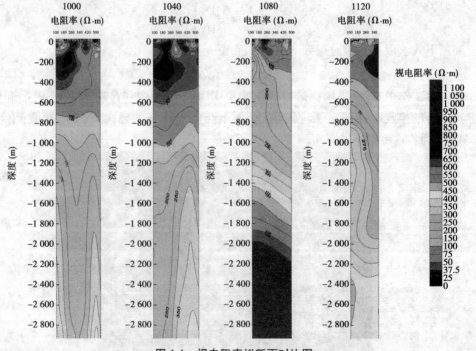

图 4-4　视电阻率拟断面对比图

3.结果分析

从各断面图视电阻率变化情况看(见图4-4),由西向东,同一水平地层视电阻率呈递增趋势,而同一视电阻率趋势线由西向东呈由深变浅的趋势,这通常反应某一地层的埋藏深度变化情况——地层总体为向东抬升,或者说是由东向西地层呈倾伏之态。

从1040号线与1080号线2 000 m左右深度视电阻率对比情况看,1080号线视电阻率在600 Ω·m,而1040号线在400 Ω·m左右,两线间存在较大的视电阻率差异。造成短距离内视电阻率出现较大差异的原因,通常是岩性发生突然变化。导致岩性突然变化的因素往往是有断裂构造或裂隙发育带存在。结合相邻视电阻率断面图分析,从1040号线100点附近向南西方向存在一个低阻异常带,该异常经1000号线320点附近延伸出控制范围。从该低阻异常带分布情况及数值看,为构造裂隙水的可能性较大,而且温度较高。

(二)弹性波地震探测法

弹性介质因局部受力产生的形变和转动像声波一样随时间向远方传播,这些在弹性介质中传播的形变和转动就是弹性波。在介质体内传播的波叫体波,按振动状态又分为纵波和横波;集中在界面附近并在一定范围内传播的叫面波,面波按极化方向又分为瑞利波和拉夫波。弹性波在介质中传播遵循波动方程,当初始条件(如震源和初始位移)、边界条件(如边界和界面)已知时,给定不同弹性介质参数,各种弹性波的解即可求得。依此所作各种地震数学模型,称正演。在地震勘探实践中,震源产生的弹性波(即输入)通过地层介质("黑盒子")的作用和传播,被仪器所接收并记录下来(即输出),当输入和输出已知时,即可推断"黑盒子"的内容,该过程叫反演。地震探测的目的就是通过激发接收弹性波来推断"黑盒子"内容、分析解释地质体构造性质,从而查出地质异常或有用矿床。根据激发、接收弹性波的类型、震源和接收点的几何位置,探测地质异常可用纵波法、横波法、面波法(瑞利法)或槽波法,既可在地面、矿井下或钻孔中进行,也可多波型、多方位联合进行。

地下工程施工中常常可能遇到地质异常引起的生产中断或灾害。因此,针对上述三个阶段,我们常用三种波型的弹性波地震探测技术,即地面高分辨率地震(纵波地震)、瑞利波地震和槽波地震。下面主要介绍后两种。

1.瑞利波地震

1)原理

瑞利波地震法主要用于巷道掘进面或采煤工作面的水文地质问题探测。瑞利波地震探测方法是基于不同振动频率的瑞利波沿深度方向衰减的差异,通过测量不同频率成分(反映不同深度)瑞利波的传播速度来探测地质异常体的。它的物理前提是基于地质异常体的密度和杨氏模量等物理参数的不同而导致的瑞利波传播速度的差别。瑞利波速度可通过 $v_R = 2\pi fr/\varphi$ 求取。

因速度 v_R 的变化反映着岩性的改变,根据公式 $v_R = fL_R$,在计算出速度后,即可求得瑞利波的波长 $L_R = v_R/f$。根据波长 L_R,即可确定岩性变化的深度,从而求得地层或地质异常的位置。

瑞利波探测方法有两种:一种是稳态激励法,即每次向地下激发单频率稳态正弦波,靠手动改变频率逐次测试;另一种是瞬态激励法,利用锤击或小炸药量激发频谱宽的脉冲波,利用在工作面布置的两个接收检波器一次接收瑞利波信号,然后作频谱分析,计算不同频率成分的波速和波长,从而得出地质体的埋深和产状。

由于稳态法仪器结构复杂、笨重、不易防爆,因此煤炭科学研究总院西安分院在 20 世纪 90 年代初研制了一种轻便、防爆、频带宽、动态大的瞬态法瑞利波探测仪,通过在肥城、焦作等矿务局几个煤矿的掘进巷道探测试验,取得了较满意的效果。

2) 应用

某矿西副巷掘进过程中,据地质资料估计前方有两个导水断层 F_1 和 F_2,因具体位置不清而停工待查。同时,前方由于有一层硬质岩层影响钻进而放弃钻探探查。于是利用瑞利波物探法向前探测,在独头向前布置两个测点:一点布置在粉砂岩上向前方探测,在 7 m 和 21 m 两处获得明显界面;另一点布置在灰岩上向前方探测,在 8 m 和 9 m 处有明显界面,所测两个界面推断为两条小断层,后经掘进证实,F_1 和 F_2 断层位置在前方分别为 8 m 和 20 m 处。瑞利波地震探测技术的应用,解决了煤矿预测掘进前方地质异常的难题。

2. 槽波地震

1) 原理

槽波是在煤层中激发,通过同一煤层传播、衰减或反射并在同一煤层中被接收的地震波。由于煤的密度和传播波的速度基本上小于围岩的一半,因而煤层内震源激发的弹性波能量大部分集中在煤层内传播,并遵守惠更斯原理、费马原理、斯奈尔定律和视速度定理。因此,槽波可用来探测煤层的不连续性,如小断层、陷落柱、冲蚀带、火成岩侵入等,为综采提供可靠的地质保证。

槽波实际上是煤层和顶底板中纵波与横波的合成波,根据极化方向,槽波可分为拉夫型槽波和瑞利型槽波,由于拉夫型槽波比瑞利型槽波容易形成,故在实际中主要运用拉夫型槽波。由于槽波的频散作用,其波速随频率而变化,波列随传播距离的加大而拉长,因此它的到达时间很难精确确定,也很难把它从噪声中分辨出来。为此,科研人员研究了提取埃里相位的方法。因为埃里相位处的槽波不仅频率高,而且能量强,衰减小,通过求取埃里相位频率和速度,就容易利用槽波研究煤层中的地质异常。

槽波地震根据其震源和接收点在工作面布置的相对位置不同分为透射法和反射法。当震源和接收点布置在工作面同一侧进行探测时,称为反射法;当震源和接收点不在工作面同一侧,而接收透射波时,称为透射法。当工作面内煤层连续性较好、构造简单时,一般仅用透射法;当构造复杂时,既用透射法也用反射法。

槽波地震技术的关键是要有高性能的数字记录仪器和数据处理软件以及高质量的现场数据采集。1986 年煤炭科学研究总院西安分院从德国引进一套 SEAMEX - 85 防爆槽波数字地震仪和相应的槽波数据处理软件。1990 年又研制了一台性能与 SEAMEX - 85 相当的国产防爆槽波数字地震仪。通过在涟邵、大同、开滦等矿务局几十个煤矿的探测试验,证明槽波地震是进行煤层工作面探测的先进技术。

2) 应用

某矿 208 盘区槽波地震探测。探测目的是查出盘区内的断层和陷落柱。因盘区走向长 980 m,倾向长 660 m,超过一般工作面巷道槽波探测距离,于是采用了巷道—钻孔、巷道—巷道和钻孔—钻孔几种槽波透射联合探测。图 4-5 为第一探测区综合平面图,钻孔沿 2174 运道布置,垂深 30 m,共打了 15 个孔,选用 58 个地震道布设了 9 个爆炸点,位置号为 7~35,共 29 个探测点,有效探测工程量为 1 740 道炮,所覆盖的探测面积为 1—5—6—7—35—44—36—1 这样一个多边形面积。

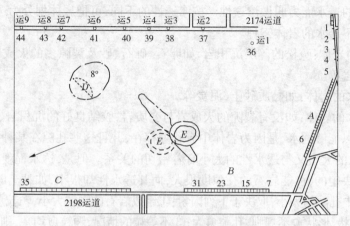

图 4-5　第一探测区综合平面图

所获槽波记录数据经格式转换、极化归位、能量均衡、滤波、初至拾取等处理,然后用 CT 软件中的"代数再现法"成像技术成图,其结果如图 4-6 所示。

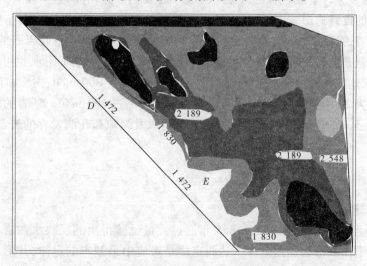

图 4-6　探测区槽波 CT 灰度平面图

图中两块低速异常区 D 和 E,速度值仅为 1 472 m/s。D 异常和 2167 工作面揭露的 8 号陷落柱位置对应。E 异常的球部形态解释为陷落柱,其东西南边界成像场很清晰。E 陷落柱的存在及其位置已用其他方法证实。由丁水的速度是 1 400 m/s,而测得 E 陷落柱速度是 1 472 m/s,故推断 E 陷落柱内的充填物胶结性不好、松散、富含水,采掘时应注意。该资料提供给煤矿,避免了灾害的发生。

第三节 岩体的渗透性与现场抽水试验

一、岩体的渗透性

岩体本身的透水能力叫做渗透性。按渗透性的不同,可把岩体划分为透水的岩体、半透水的岩体和不透水的岩体三种。

(1)透水的岩体:疏松的碎层沉积岩,如卵石、砾石、砂及裂隙多的火成岩、变质岩、喀斯特化的石灰岩等。

(2)半透水的岩体:如黏质砂土、泥炭等。

(3)不透水的岩体:如没有裂隙的火成岩与变质岩,胶结良好的沉积岩、黏土等。

岩体之所以能够透水,是因为岩体中有孔隙存在,并且这些孔隙在某种程度上是互相连通的,而孔隙的大小又与透水性的大小有着密切的关系。但是,透水程度并不是由孔隙的绝对数值来决定的,可能岩石的孔隙度很大,而其透水性却很小,如黏土即是一个例子。

松散岩石中孔隙的大小,取决于下列因素:①组成岩石的颗粒大小,颗粒愈大,其孔隙愈大;②颗粒的形状,形状愈不规则,孔隙愈大;③不等粒的情况,颗粒愈均一,则颗粒间所形成的孔隙愈大。所以,在其他条件相同时,粗粒的松散岩石,比细粒的松散岩石透水性大。

对于坚硬的岩石,如火成岩、变质岩、胶结良好的沉积岩来说,其孔隙表现为各种形式、各种大小的裂隙。坚硬岩石常常被不同成因的裂隙贯穿,有时甚至发育为大的孔洞,而成为地下水的良好通道。

表征岩体渗透性能大小的水文地质指标叫做渗透系数(k)。不同岩石的渗透系数,可以相差很大就是同类岩石,由于颗粒成分、胶结程度、孔隙和裂隙不同,也可以有很大不同。例如,北京地区靠近西山部分的砾石层,渗透系数大于 300 m/d;内蒙古呼和浩特的砂砾石一般仅为 20～50 m/d,以碎石及卵石为主时也不过 100 m/d。基岩的渗透系数往往很小,不足 1 m/d,但有些胶结较差的砂岩、砾岩以及裂隙和孔洞发育的岩石,其渗透系数也可以很大。

二、岩体渗透性的室内测试

(一)达西定律

由法国水力学家达西在 1852～1855 年通过大量试验得出的反映水在岩土孔隙中渗流规律的试验定律被称为达西定律。达西定律是渗流中最基本的定律,其形式简洁($v = kJ$),最早是由试验证实的。它清楚地表明了渗流速度 v 与水力坡降 J 成正比。这里只是笼统地用 k 体现不同材料的渗透性。

渗透性的原始定义是给定面积内液体流过孔隙介质的一种度量。渗透是固体本身所固有的性质,渗透系数 k 可以直接由达西定律来定义

$$k = -\frac{Q}{A}\frac{\mu}{\rho g}\left(\frac{\partial h}{\partial s}\right)^{-1} \tag{4-26}$$

式中 Q——单位时间内液体通过横截面面积为 A 的流量;

μ——流体的黏度；

ρ——流体密度；

g——重力加速度；

$\partial h/\partial s$——在流动方向 s 上的水力梯度。

（二）试验设备与方法

为了研究岩石渗透性与岩石力学性质的关系，在实验室内进行岩石渗透性试验。研究的主要内容有：

（1）岩石在全应力—应变过程中渗透系数的变化规律。

（2）不同侧压下岩石渗透系数的变化规律。

岩石在全应力—应变过程中渗透系数的变化规律试验采用三轴岩石力学试验系统进行。该系统为当今世界上最先进的室内岩石力学性质试验设备。它具有单轴压缩、三轴压缩、孔隙水压试验、水渗透试验等功能。

水渗透试验原理如图 4-7 所示。

图中 p_2 为围压，p_1 为轴向压力，p_3 为试件上端水压，p_4 为试件下端水压，Δp 为两端压差（$\Delta p = p_3 - p_4$）。

根据试验过程中计算机自动采集的数据，可按下式计算岩石渗透率的值

$$k = \frac{1}{5A} \sum_{i=1}^{A} 526 \times 10^{-6} \times \lg(\Delta p_{i-1}/\Delta p_i) \quad (4\text{-}27)$$

式中　A——数据采集行数；

Δp_{i-1}——第 $i-1$ 行渗透压差值；

Δp_i——第 i 行渗透压差值。

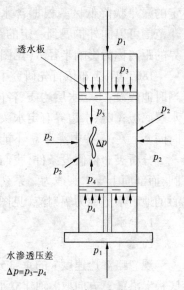

图 4-7　水渗透试验原理

在进行渗透试验前必须预先使试件充分饱和。试件不饱和或饱和程度不够完全，会造成渗流过程不畅，渗透压差有时不是单调减少（有局部升高现象）。

岩石试件形状为圆柱形，试验时密封良好，确保油不能从防护套和试件间隙渗漏，然后置于加荷架上进行试验。

试验前，将加工好的试件塑封，平稳地放入压力仓；试验时，先按照三轴试验的操作程序，对压力仓注油、密封，再对试件施加拟定的静水压力。

试验过程中，每隔 20 s 测量一次应力、应变和渗透系数。岩石渗透试验从静水压力状态开始加荷到结束，试件先后经历了弹性变形、塑性变形、达到峰值强度后产生破坏，到完全进入残余强度阶段。相应的岩体渗透性能试验结果如图 4-8 所示。

三、岩体渗透性能的现场测试——抽水试验

在选定的钻孔中或竖井中，对选定含水层（组）抽取地下水，形成人工降深场，利用涌水量与水位下降的历时变化关系，测定含水层（组）富水程度和水文地质参数的试验称为抽水试验。抽水试验按孔数可分为单孔抽水试验、多孔抽水试验、群孔干扰抽水试验；按

水位稳定性可分为稳定流抽水试验和非稳定流抽水试验;按抽水孔类型又可分为完整井和非完整井。

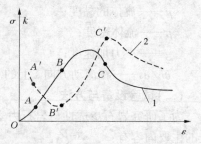

抽水试验的类型、下降次数及延续时间应按照《供水水文地质勘察规范》(GB 50027—2001)及《城市供水水文地质勘察规范》(CJJ 16—88)中有关规定执行。

1—岩石全应力—应变曲线;2—渗透率—应变曲线
图 4-8 岩石在全应力—应变过程中的
渗透系数曲线

(一)稳定完整井流公式——裴布依公式

在钻孔或水井中进行长时间的定流量抽水,会使钻孔周围的地下水位下降,形成有规则的稳定的漏斗状降低区。根据含水层性质的不同,漏斗范围可以向外扩展到一定的距离,这就是抽水所形成的影响范围,从钻孔轴线至影响边界的距离称为影响半径 R(见图 4-9(a))。

1863 年,裴布依首先研究了地下水流向完整井的计算公式。在达西公式的基础上,当时他假设:①含水层均质、各向同性且原始水位水平;②隔水层水平、抽水井垂直揭穿含水层底板;③供水边界有定水头水平补给源,而无垂向补给;④流量 Q、任意一点水位 h 与时间 t 无关;⑤井中降深 s_0 不能太大,有一个稳定和规则的降落漏斗。

分析裴布依假设条件,我们不难发现,降落漏斗内的等水头线在平面上是一系列同心圆,而剖面上等水头线为一系列近似平行的垂直线。我们把流线在平面上沿半径指向圆心的地下水流称为辐射流(见图 4-9(a))。

1. 潜水井

1)基本原理

现忽略渗透速度 v 的垂直分量并将基准面取在隔水底板上。取井轴为 h 轴,在隔水底板上沿任意方向取 r 轴建立平面坐标系(见图 4-9(b))。

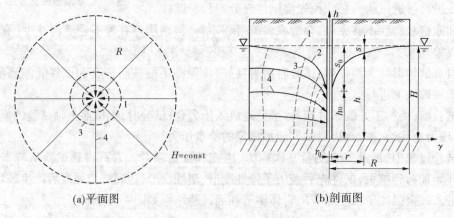

(a)平面图　　　　　　　　(b)剖面图

1—天然潜水面;2—降落漏斗;3—等水头线;4—流线
图 4-9 潜水井抽水示意图

由达西定律

$$Q = kIW = \frac{2\pi rhk\mathrm{d}h}{\mathrm{d}r} \tag{4-28}$$

分离变量并进行定积分,即可得出潜水井流量方程式

$$\int_{r_0}^{R} Q \frac{\mathrm{d}r}{r} = k\pi \int_{h_0}^{H} 2h\mathrm{d}h \tag{4-29}$$

将公式中的自然对数换成常用对数,并将 $H-h=s$ 代入,即求得计算潜水完整井涌水量常用的裴布依方程式

$$Q = \pi k \frac{H^2 - h_0^{\,2}}{\ln \frac{R}{r_0}} = 1.366k \frac{(2H - s_0)s_0}{\lg \frac{R}{r_0}} = 1.366k \frac{(2H - s)s}{\lg \frac{R}{r}} \tag{4-30}$$

式中　　H——潜水层原始水位;

h_0——井中水位;

r_0——井的半径;

s_0——井中降深;

s——任意点水位降深;

R——补给半径;

r、h——任意点的坐标。

2)数据处理

由式(4-30)可知,潜水井涌水量与任意点水位降深 s 的二次方成正比,这就表明了 Q 与 s 之间的抛物线关系。变换式(4-30)可求渗透系数 k

$$k = 0.732 \frac{Q \lg R/r_0}{H^2 - h_0^2} = 0.732 \frac{Q \lg R/r_0}{(2H - s_0)s_0} \tag{4-31}$$

若有一观察孔,则改变积分下(或上)限,即

$$k = 0.732 \frac{Q \lg r_1/r_0}{h_1^2 - h_0^2} = 0.732 \frac{Q \lg r_1/r_0}{(2H - s_0 - s_1)(s_0 - s_1)} \tag{4-32}$$

若有二观察孔,则

$$k = 0.732 \frac{Q \lg r_2/r_1}{h_2^2 - h_1^2} = 0.732 \frac{Q \lg r_2/r_1}{(2H - s_1 - s_2)(s_1 - s_2)} \tag{4-33}$$

在抽水试验现场实测获取相应的若干参数流量 Q,观察孔距离 r_1、r_2,井半径 r_0,井中降深 s_0,观测井降深 s_1、s_2。根据式(4-31)、式(4-32)、式(4-33),换算出岩体的渗透系数 k。

2. 承压井

1)基本原理

在承压含水层中抽水时,降落漏斗一般在含水层以上的压力水头带内形成。下降水位的大小,在一定的限度内,似乎对含水层的影响不大。在完整井条件下,水将均匀地从四周流向钻孔,流线呈直线平行于含水层的顶底板(见图4-10)。

裴布依进一步假设含水层呈水平产状,含水层的透水性均一,且各向同性。利用达西定律推导了承压水流向完整井的流量方程式,即

$$Q = HIW = k \times 2\pi rM\mathrm{d}h/\mathrm{d}r \tag{4-34}$$

将式(4-34)分离变量,并对函数进行定积分,即得

$$\frac{\mathrm{d}r}{r} = \frac{2\pi kM\mathrm{d}h}{Q} \tag{4-35}$$

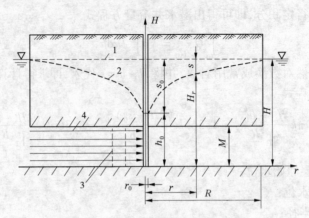

1—天然潜水面;2—降落漏斗;3—等水头线;4—流线

图 4-10　承压水井抽水示意图

$$\frac{\ln R}{r_0} = \frac{2\pi k M s_0}{Q} \tag{4-36}$$

式中　M——承压含水层厚度。

以常用对数代替自然对数,并将 π 数值代入,同时考虑到 $H - h_0 = s_0$,即得最常用的完整承压井涌水量计算公式

$$Q = 2.73 \frac{kMs_0}{\lg \dfrac{R}{r_0}} = 2.73 \frac{kM(s_0 - s)}{\lg \dfrac{r}{r_0}} \tag{4-37}$$

2) 数据处理

由式(4-37)可知,承压井涌水量与任意点水位降深 s 成正比,这就表明了 Q 与 s 之间的线性关系。变换式(4-37)可求得渗透系数 k

$$k = 0.366 \frac{Q \lg r_1/r_0}{Ms_0} \tag{4-38}$$

若有一观察孔

$$k = 0.366 \frac{Q \lg r_1/r_0}{M(s_0 - s_1)} \tag{4-39}$$

若有二观察孔

$$k = 0.366 \frac{Q \lg r_2/r_1}{M(s_1 - s_2)} \tag{4-40}$$

在抽水试验现场实测获取相应的若干参数流量 Q,观察孔距离 r_1、r_2,井半径 r_0,井中降深 s_0,观测井降深 s_1、s_2,含水层厚度 M。根据式(4-38) ~ 式(4-40),换算出岩体的渗透系数 k。

(二) 非稳定完整井流公式——泰斯公式

1. 承压含水层的弹性特征

地下水和含水层,与其他固体一样,在力的作用下都显示一定的弹性特征。含水层的弹性特征具体表现为:若孔隙水压力减小,其内部会释放出一部分水量;相反,当含水层中水位升高,由于静水压力的增加,立刻引起水分子的压缩和含水层的扩张,储进一部分水量。自然界承压含水层分布广,水头高且运移复杂,所以弹性特征最为明显。其主要成因为:①由于抽水或其他原因,含水层的水位下降,由此造成有效应力的增加和压缩排水现象;②含水层孔隙水压力的减小引起的水体膨胀;③地下水在渗流过程中产生的动水压力也会促使含水层的压缩排水。这样,由含水层水位升降引起含水层储进或释放的这部分水量称为弹性水量或弹性储量。表征含水层释(储)水量能力的指标称为释水系数或储水系数,它的水文地质含义是,当水位升降一单位时,从单位面积含水层储进或释放的水量,用μ^*表示。释水系数可通过非稳定流抽水试验获得,也可按下列公式近似求得:

承压水

$$\mu^* = M\gamma_w(n\beta_w + \beta_s) \tag{4-41}$$

潜水

$$\mu^* = \mu + M\gamma_w(n\beta_w + \beta_s) \tag{4-42}$$

式中　M——含水层厚度,m;

　　　γ_w——水的重度,kN/m^3;

　　　n——孔隙率;

　　　β_w——水的压缩系数,m^2/kN;

　　　β_s——骨架的压缩系数,m^2/kN;

　　　μ——给水度。

由于潜水层中的弹性水量$M\gamma_w(n\beta_w + \beta_s)$与疏干水量$\mu$相比,其量极少,故可忽略不计。

2. 泰斯解析式

1935年,泰斯首先借用热传导定律,推出了描述井周围降落漏斗随时间不断向外均匀扩展的非稳定井流方程,称为泰斯公式。泰斯假设模型可简单归纳为:①均质,各向同性;②无垂直渗漏,无侧向补给;③定流量抽水。

泰斯进一步设想:离抽水孔轴r处,分出一个厚度为dr的含水柱体,单位时间内流入、流出该柱体的水量为Q_1与Q_2(见图4-11),则流入、流出量之差应等于该时间内含水柱体内弹性储量的变化值,即

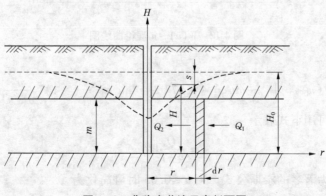

图 4-11　非稳定井流示意剖面图

$$\Delta Q = \frac{\partial Q}{\partial r} \mathrm{d}r = \frac{\partial(2\pi k M r \partial H/\partial r)}{\partial r} = 2\pi k M\left(\frac{\partial H}{\partial r} + r\frac{\partial^2 H}{\partial r^2}\right)\mathrm{d}r \tag{4-43}$$

$$\Delta Q = \frac{\partial H}{\partial t}2\pi r\mathrm{d}r\mu^* \tag{4-44}$$

由式(4-43)、式(4-44)得承压井非稳定流的泰斯标准式为

$$\frac{T}{\mu^*}\left(\frac{\partial^2 H}{\partial r^2} + \frac{1}{r}\frac{\partial H}{\partial r}\right) = \frac{\partial H}{\partial t} \tag{4-45}$$

式中　T——导水系数,m^2/d,$T = kM$;

　　　H——任意点水位,m;

　　　t——抽水时间,d。

为求解该偏微分方程,需设中间变量 $u = \dfrac{r^2\mu^*}{4Tt}$。

将中间变量代入式(4-45)即可转化为一常微分方程,求解得

$$s = \frac{Q}{4\pi T}\int_u^\infty \frac{\mathrm{e}^{-u}}{u}\mathrm{d}u \tag{4-46}$$

式中　s——任意时刻和任意点的水位降深。

设 $W(u) = \displaystyle\int_u^\infty \frac{\mathrm{e}^{-u}}{u}\mathrm{d}u$,该指数积分函数为一无穷收敛级数,其值可查图4-12。

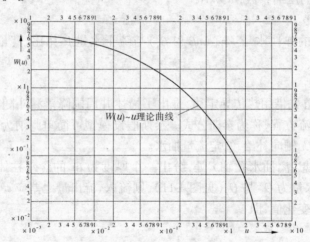

图4-12　$W(u) \sim u$ 理论曲线图

解析式为

$$W(u) = \int_u^\infty \frac{\mathrm{e}^{-u}}{u}\mathrm{d}u = -0.5772 - \ln u - \sum_{n=1}^\infty (-1)^n \frac{u^n}{n \cdot n!} \tag{4-47}$$

因此式(4-46)也可用下式表示

$$s = \frac{Q}{4\pi T}W(u) \tag{4-48}$$

式(4-48)即为著名的泰斯公式。当 $u \leqslant 0.05$ 时可简化为

$$s = \frac{Q}{4\pi T}\left(-0.5772 - \ln\frac{r^2\mu^*}{4Tt}\right) = \frac{Q}{4\pi T}\left(\ln 0.56 + \ln\frac{4Tt}{r^2\mu^*}\right) \tag{4-49}$$

进一步简化为

$$s = \frac{2.3Q}{4\pi T}\lg\frac{2.25Tt}{r^2\mu^*} = 0.183\frac{Q}{T}\lg\frac{2.25Tt}{r^2\mu^*} \quad\quad (4\text{-}50)$$

设导压系数 $a = T/\mu^*$，则式(4-50)可写成

$$s = 0.183\frac{Q}{T}\lg\frac{2.25at}{r^2} \quad\quad (4\text{-}51)$$

3. 数据处理

由式(4-51)可知，非稳定流某点的降深与相应的抽水时间的对数成正比，这就表明了 s 与 $\lg t$ 之间是线性关系(见式(4-52))。在抽水试验现场实测获取相应的若干组参数：降深 s、抽水时间 t 以及观测孔距离 r(或者井半径 r_0)，在图4-13 中画出 $s \sim t$ 的半对数曲线，从而读取该近似直线斜率 i，最终用式(4-55)换算出岩体的渗透系数 k。

$$s = 0.183\frac{Q}{T}(\lg 2.25a/r^2 + \lg t) \quad\quad (4\text{-}52)$$

$$i = 0.183Q/T \quad\quad (4\text{-}53)$$

$$T = 0.183Q/i = kM \quad\quad (4\text{-}54)$$

$$k = 0.183Q/(iM) \quad\quad (4\text{-}55)$$

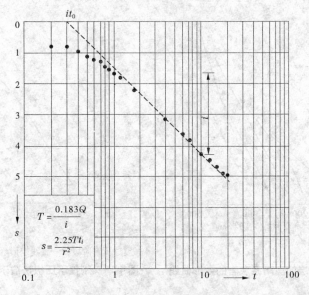

图4-13　$s \sim t$ 半对数曲线

第四节　岩体变形观测

一、岩体变形的特点

从岩体的定义(岩块 + 结构面 = 岩体)和岩体变形的定义(岩体变形 = 岩块变形 + 结构面闭合 + 充填物压缩 + 其他变形)可以认为，岩体的变形是在受力条件改变时岩块变

形和结构变形的总和,而结构变形通常包括结构面闭合、充填物的压密及结构体转动和滑动等变形。

与岩块变形相比,岩体变形具有如下特点:

(1)在载荷作用下,出现弹性变形的同时,出现塑性变形,没有明显区别二者的标志。

(2)变形传递能力,特别是侧向传递能力弱。

(3)变形的方向性受裂隙的方向性控制。

一般情况下,岩体的结构变形起着控制作用,目前,岩体的变形性质主要通过原位岩体变形试验进行研究。

二、岩体变形试验

岩体变形的应力—应变特性试验包括以下几个阶段:

(1)裂隙压密阶段。

(2)直线变形阶段。

(3)弹塑性变形阶段(岩体破坏阶段)。

图4-14为灰黑色包层的奥陶系灰岩的变形曲线,图4-15为刚性承压板法演示应力—应变关系。

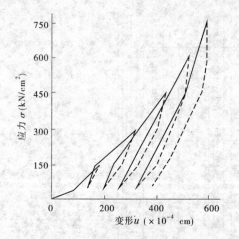

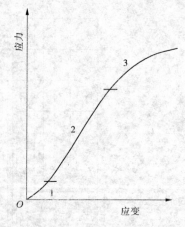

1—裂隙压密阶段;2—直线变形阶段;3—岩体破坏阶段

图4-14　灰黑色包层的奥陶系灰岩的变形曲线　　图4-15　刚性承压板法演示应力—应变关系

研究这两个问题的意义在于,岩体在变形发展与破坏过程中,除岩体内部结构与外形不断发生变化外,岩体的应力状态也随之调整,并引起弹性能的积存和释放等效应。

岩体变形试验按施加荷载作用的方向,可分为法向变形试验和切向变形试验。法向变形试验有承压板法、狭缝法、单(双)轴三轴压缩试验、环形试验,切向变形试验有倾斜剪切仪、挖试洞等。

按其原理和方法不同,岩体变形试验可分为静力法和动力法两种。静力法是在选定的岩体表面、槽壁或钻孔壁面上施加法向荷载,并测定其岩体的变形值,然后绘制出压力—变形关系曲线,计算出岩体的变形参数。根据试验方法不同,静力法又可分为承压板法、钻孔变形法、狭缝法、水压硐室法及单(双)轴压缩试验法等。动力法是用人工方法对岩体发射弹性波(声波或地震波),并测定其在岩体中的传播速度,然后根据波动理论求岩体的变形参数。根据弹性波激发方式的不同,动力法又分为声波法和地震波法两种。

(一)承压板法

按承压板的刚度不同承压板法可分为刚性承压板法和柔性承压板法两种。刚性承压板法试验通常是在平巷中进行的,其装置如图4-16所示。先在选择好的具代表性的岩面上清除浮石,平整岩面,然后依次装上承压板、千斤顶、传力柱和变形量表等。将硐顶作为反力装置,通过油压千斤顶对岩面施载,并用百分表测记岩体的变形值。

试验点的选择应具有代表性,并避开大的断层及破碎带。受荷面积可视岩体裂隙发育情况及加荷设备的供力大小而定,一般以 $0.25 \sim 1\ \mathrm{m}^2$ 为宜。承压板尺寸与受荷面积相同并具有足够的刚度。试验时,先将预定的最大荷载分为若干级,采用逐级一次循环法加压。在加压过程中,同时测记各级压力(p)下的岩体变形值(W),绘制 $p \sim W$ 曲线(见图4-17)。通过某级压力下的变形值,用布西涅斯克(J. Boussineq)公式计算岩体的变形模量 E_m(MPa)和弹性模量 E_me(MPa)。

$$E_\mathrm{m} = \frac{pD(1 - \mu_\mathrm{m}^2)\omega}{W} \tag{4-56}$$

$$E_\mathrm{me} = \frac{pD(1 - \mu_\mathrm{m}^2)\omega}{W_\mathrm{e}} \tag{4-57}$$

式中　p——承压板单位面积上的压力,MPa;

　　　D——承压板的直径或边长,cm;

　　　W、W_e——相应于 p 下的岩体总变形和弹性变形,cm;

　　　ω——与承压板形状和刚度相关的系数,对圆形板 $\omega = 0.785$,方形板 $\omega = 0.886$;

　　　μ_m——岩体的泊松比。

试验中如用柔性承压板,则岩体的变形模量应按柔性承压板法公式进行计算。

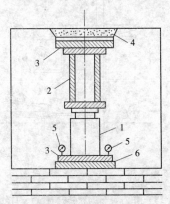

1—千斤顶;2—传力柱;3—钢板;4—混凝土顶板;
5—百分表;6—承压板

图4-16　承压板变形试验装置示意图

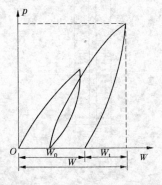

图4-17　绘制 $p \sim W$ 曲线

（二）钻孔变形法

钻孔变形法是利用钻孔膨胀计等设备,通过水泵对一定长度的钻孔壁施加均匀的径向荷载(见图4-18),同时测记各级压力下的径向变形 U。利用厚壁筒理论可推导出岩体的变形模量 E_m(MPa)与 U 的关系为

$$E_m = \frac{dp(1 - \mu_m)}{U} \tag{4-58}$$

式中 d——钻孔直径,cm;

p——计算压力,MPa;

其余符号意义同前。

与承压板法相比较,钻孔变形法试验有如下优点:对岩体扰动小;可以在地下水位以上和相当深的部位进行;试验方向基本上不受限制,而且试验压力可以达到很大;在一次试验中可以同时量测几个方向的变形,便于研究岩体的各向异性。其主要缺点在于试验涉及的岩体体积小,代表性受到限制。

（三）狭缝法

狭缝法又称狭缝扁千斤顶法,是在选定的岩体表面割槽,然后在槽内安装扁千斤顶(压力枕)进行试验(见图4-19)。试验时,利用油泵和扁千斤顶对槽壁岩体分级施加法向压力,同时利用百分表测记相应压力下的变形值 W_R。岩体的变形模量 E_m 按下式计算

$$E_m = \frac{pl}{2W_R}\left[(1 - \mu)(\tan\theta_1 - \tan\theta_2) + (1 + \mu_m)(\sin2\theta_1 - \sin2\theta_2)\right] \tag{4-59}$$

式中 p——作用于槽壁上的压力,MPa;

W_R——测量点 A_1、A_2 的相对位移值,cm;

l、θ_1、θ_2 含义见图4-20。

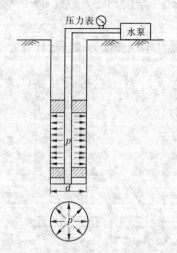

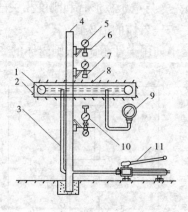

1—扁千斤顶;2—槽壁;3—油管;4—测杆;5—百分表(绝对测量);
6—磁性表架;7—测量标点;8—砂浆;9—标准压力表;

10—千分尺(绝对测量);11—油泵

图4-18 钻孔变形试验装置示意图   **图4-19 狭缝法装置示意图**

如图 4-20 所示，$W_R = y_2 - y_1$。

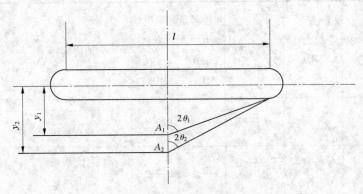

图 4-20　变形计算示意图

常见岩体的弹性模量和变形模量如表 4-2 所示。由表 4-2 可知，岩体的变形模量都比岩块小，而且受结构面发育程度及风化程度等因素影响十分明显。因此，不同地质条件下的同一岩体，其变形模量相差较大。所以，在实际工作中，应密切结合岩体的地质条件，选择合理的模量值。此外，试验方法不同，岩体的变形模量也有差异（见表 4-2）。

表 4-2　常见岩体的弹性模量和变形模量

岩体名称	承压板面积（cm²）	应力（MPa）	试验方法	弹性模量 E_{me}（×10³ MPa）	变形模量 E_m（×10³ MPa）	地质简述	说明
煤	2 025	4.03～18.0	单轴压缩	4.07			南非
页岩		3.5	承压板	2.8	1.93	泥质页岩与砂岩互层，较软	隔河岩，垂直岩层
		3.5	承压板	5.24	4.23	较完整，垂直于岩层，裂隙较发育	隔河岩，垂直岩层
		3.5	承压板	7.5	4.18	岩层受水浸，页岩泥化变松软	隔河岩，平行岩层
		0.7	承压板	19	14.6	薄层的黑色页岩	摩洛哥，平行岩层
		0.7	承压板	7.3	6.6	薄层的黑色页岩	摩洛哥，平行页岩
砂质页岩			承压板	17.26	8.09	二叠、三叠纪砂质页岩	
			承压板	8.64	5.48	二叠、三叠纪砂质页岩	
砂岩	2 000		承压板	19.2	16.4	新鲜，完整，致密	万安
	2 000		承压板	3.0～6.3	1.4～3.4	弱风化，较破碎	万安
	2 000		承压板	0.95	0.36	断层影响带	万安

续表 4-2

岩体名称	承压板面积 (cm²)	应力 (MPa)	试验方法	弹性模量 E_{me} (×10³ MPa)	变形模量 E_m (×10³ MPa)	地质简述	说明
石灰岩			承压板	35.4	23.4	新鲜,完整,局部有微风化	隔河岩
			承压板	22.1	15.6	薄层,泥质条带,部分风化	隔河岩
			狭缝法	24.7	20.4	较新鲜完整	隔河岩
			狭缝法	9.15	5.63	薄层,微裂隙发育	隔河岩
	2 500		承压板	57.0	46	新鲜完整	乌江渡
	2 500		承压板	23	15	断层影响带,黏土充填	乌江渡
	2 500		承压板		104	微晶条带,坚硬,完整	乌江渡
			承压板		1.44	节理发育	乌江渡
白云岩					7～12		鲁布革
			承压板	11.5～32			德国
片麻岩		4.0	狭缝法	30～40		密实	意大利
		2.5～3.0	承压板	13～13.4	6.9～8.5	风化	德国
花岗岩		2.5～3.0	承压板	40～50			丹江口
		2.0	承压板		12.5	裂隙发育	
			承压板	3.7～4.7	1.1～3.4	新鲜微裂隙至风化强裂隙	日本
			大型三轴				Kurobe 坝
玄武岩		5.95	承压板	38.2	11.2	坚硬,致密,完整	以礼河三段
		5.95	承压板	9.75～15.68	3.35～3.86	破碎,节理多,且坚硬	以礼河三段
		5.11	承压板	3.75	1.21	断层影响带,且坚硬	以礼河三段
辉绿岩				83	36	变质,完整致密,裂隙为岩脉填充	丹江口
					9.2	有裂隙	德国
闪长岩		5.6	承压板		62	新鲜,完整	宜昌太平溪
		5.6	承压板		16	弱风化,局部较破碎	

岩体的变形模量比岩块的小,而且受结构面发育程度及风化程度等因素影响十分明显。不同地质条件下的同一岩体,其变形模量相差较大。试验方法不同、压力大小不同,岩体变形模量也不同。

三、岩体变形参数估算

岩体变形参数估算有如下两种方法:一是在现场地质调查的基础上,建立适当的岩体地质力学模型,利用室内小试件试验资料来估算;二是在岩体质量评价和大量试验资料的基础上,建立岩体分类指标与变形参数之间的经验关系,并用于变形参数估算。

(一)层状岩体变形参数估算

层状岩体的地质力学模型假设各岩层厚度相等为 S,且性质相同层面的张开度可忽略不计。

假设岩块的变形参数为 E、μ 和 G,层面的变形参数为 K_n、K_s。取 $n \sim t$ 坐标系,n 为垂直层面,t 为平行层面。由岩块和层面组成单元体,如图 4-21 所示。

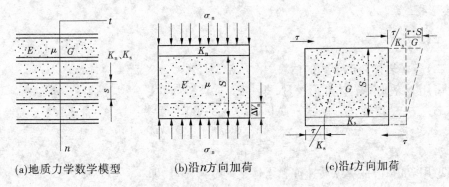

(a)地质力学数学模型　　　(b)沿 n 方向加荷　　　(c)沿 t 方向加荷

图 4-21　层状岩体的地质力学模型

法向应力 σ_n 作用下的岩体变形参数如下。

1. 沿 n 方向加荷

岩块法向变形为

$$\Delta V_r = \frac{\sigma_n}{E} S$$

层面法向变形为

$$\Delta V_j = \frac{\sigma_n}{K_n}$$

岩体法向变形为

$$\Delta V_n = \Delta V_r + \Delta V_j = \frac{\sigma_n}{E} S + \frac{\sigma_n}{K_n} = \frac{\sigma_n}{E_{mn}} S \tag{4-60}$$

变形得

$$\begin{cases} \dfrac{1}{E_{mn}} = \dfrac{1}{E} + \dfrac{1}{K_n S} \\[3mm] \mu_{nt} = \dfrac{E_{mn}}{E}\mu \end{cases} \tag{4-61}$$

2. 沿 t 方向加荷

$$E_{mt} = E, \mu_{tn} = \mu$$

岩块剪切变形为

$$\Delta u_r = \frac{\tau}{G} S$$

层面剪切变形为

$$\Delta u = \frac{\tau}{K_s}$$

岩体剪切变形为

$$\Delta u_j = \Delta u_r + \Delta u = \frac{\tau}{G} S + \frac{\tau}{K_s} = \frac{\tau}{G_{mt}} S \tag{4-62}$$

变形得

$$\frac{1}{G_{mt}} = \frac{1}{K_s S} + \frac{1}{G} \tag{4-63}$$

(二) 裂隙岩体变形参数的估算

(1) 用 Q 值估算岩体变形模量, 即

$$\begin{cases} v_{mp} = 1\,000\lg Q + 3\,500 \\[2mm] E_{mean} = \dfrac{v_{mp} - 3\,500}{40} \end{cases} \quad (Q > 1) \tag{4-64}$$

(2) 用 RMR 值估算纵波速度和岩体平均变形模量, 即

$$\begin{cases} E_m = 2RMR - 100 & (RMR > 55) \\[2mm] E_m = 10^{\frac{RMR-10}{40}} & (RMR \leqslant 55) \end{cases} \tag{4-65}$$

四、岩体变形曲线类型及其特征

(一) 法向变形曲线

如图 4-22 所示, 法向变形曲线可分为直线型、上凹型、上凸型和复合型四种。

1. 直线型

通过原点的直线, 其方程为 $p = f(W) = KW$, 加压过程中 W 随 p 成正比增加, 岩体岩性均匀、结构面不发育或结构面分布均匀。直线型曲线又可以分为陡直线型和缓直线型。

1) 陡直线型

岩体刚度大, 不易变形, 岩体较坚硬、完整、致密均匀、少裂隙, 以弹性变形为主, 接近于均质弹性体, 如图 4-23 所示。

2) 缓直线型

岩体刚度小, 易变形, 由多组结构面切割且分布较均匀或岩性较软弱且均质或平行层面加压。有明显的塑性变形和回滞环, 非弹性变形, 如图 4-24 所示。

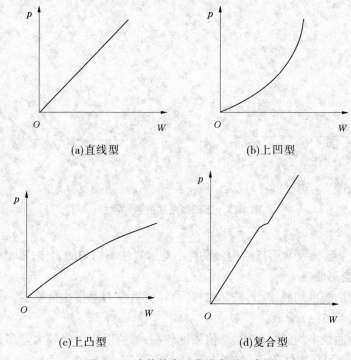

(a)直线型　　　　　　　　　　(b)上凹型

(c)上凸型　　　　　　　　　　(d)复合型

图 4-22　岩体的变形曲线类型示意图

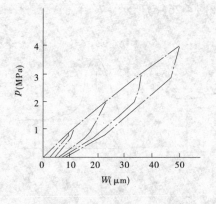

图 4-23　陡直线型示意图

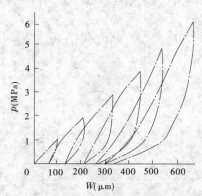

图 4-24　缓直线型示意图

2.上凹型

曲线方程为 $p = f(W)$，$\mathrm{d}p/\mathrm{d}W$ 随 p 增大而递增，$\mathrm{d}p/\mathrm{d}W > 0$ 层状及节理岩体多呈这类曲线，上凹型曲线一般多呈现两种类型，如图 4-25 所示。

3.上凸型

曲线方程为 $p = f(W)$，$\mathrm{d}p/\mathrm{d}W$ 随 p 增大而递减，$\mathrm{d}^2p/\mathrm{d}W^2 < 0$。结构面发育且有泥质充填、较深处埋藏有软弱夹层或岩性软弱的岩体常呈这类曲线。

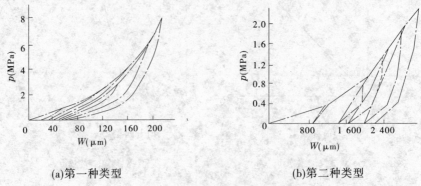

(a)第一种类型　　　　　　　　　　(b)第二种类型

图 4-25　　上凹型曲线的两种类型

4. 复合型

$p \sim W$ 曲线呈阶梯或 S 形。结构面发育不均或岩性不均匀的岩体,常呈此类曲线。

(二)剪切变形曲线

(1)峰值前曲线平均斜率小,破坏位移大;峰值后应力降很小或不变。多为沿软弱结构面剪切,如图 4-26(a)所示。

(2)峰值前曲线平均斜率较大,峰值强度较高;峰值后应力降较大。多为沿粗糙结构面、软弱岩体及剧风化岩体剪切,如图 4-26(b)所示。

(3)峰值前曲线斜率大,线性段和非线性段明显,峰值强度高,破坏位移小;峰值后应力降大,残余强度较低。多为剪断坚硬岩体,如图 4-26(c)所示。

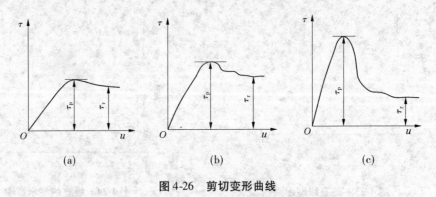

(a)　　　　　　　　　　(b)　　　　　　　　　　(c)

图 4-26　　剪切变形曲线

第五节　　岩体的强度测试

岩体强度是指岩体抵抗外力破坏的能力。岩体的强度既不同于岩块的强度,也不同于结构面的强度,一般情况下,其强度介于岩块与结构面强度之间。

岩体和岩块一样,岩体强度也有抗压强度、抗拉强度和剪切强度之分。

一、岩体的剪切强度

岩体的剪切强度是指岩体内任一方向剪切面,在法向应力作用下所能抵抗的最大剪应力。剪切强度分为抗剪断强度、抗剪强度和抗切强度。

(1)抗剪断强度是指在任一法向应力下,横切结构面剪切破坏时岩体能抵抗的最大剪应力。

(2)抗剪强度是指在任一法向应力下,岩体沿已有破裂面剪切破坏时的最大应力。

(3)抗切强度是指剪切面上的法向应力为零时的抗剪断强度。

二、原位岩体剪切试验及其强度参数确定

(一)利用双千斤顶法直剪试验测试岩体的剪切强度

双千斤顶法直剪试验装置如图 4-27 所示。

1. 要点

可按施加的推力与剪切面之间的夹角的大小而采用不同的加荷方法。双千斤顶法直剪试验中,一组试验不少于 5 块试件。

2. 在不同压力作用下剪切面上的正应力和剪应力

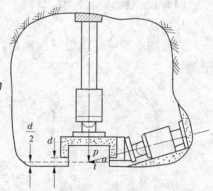

$$\begin{cases} \sigma = \dfrac{pF_1 + tF_2\sin\alpha}{F} \\[2mm] \tau = \dfrac{tF_2\cos\alpha}{F} \end{cases} \qquad (4\text{-}66)$$

图 4-27 双千斤顶法直剪试验装置

式中 p——垂直千斤顶压力表读数,MPa;

t——横向千斤顶压力表读数,MPa;

F_1——垂直千斤顶活塞面积(若为压力枕,应乘以出力系数),cm^2;

F_2——横向千斤顶活塞面积(若为压力枕,应乘以出力系数),cm^2;

F——试件剪切面面积,cm^2;

α——横向推力与剪切面的夹角(通常取 150°)。

3. 绘制应力与位移特性曲线和剪应力与正应力强度曲线

(1)当剪切面上存在裂隙、节理等滑动面时,抗剪面积将分为剪断破坏和滑动破坏两部分,而把剪断破坏当做有效抗剪面积 F_a,滑动破坏时的滑动面积为 F_b。

总面积:$F = F_a + F_b$

$$\sigma = \frac{pF_1 + tF_2\sin\alpha}{F} \qquad (4\text{-}67)$$

$$\tau = \frac{tF_2\cos\alpha}{F_a} \qquad (4\text{-}68)$$

(2)施加于试件剪切面上的压力应该包括千斤顶施加的荷重、设备和试件的重量。

(3)在计算剪应力时,应扣除由于垂直压力而产生的滚轴滚动摩擦力。

(4)如果剪切面为倾斜面,上述破坏面上的正、剪应力的计算公式还应根据倾角的大

小进行修正。

(二)利用单千斤顶法测量剪切强度

单千斤顶法试验装置如图 4-28 所示。

1. 定义

用千斤顶加荷于垫板上,使荷载传到岩体中,也称千斤顶法。

2. 设备装置的主要组成

(1)垫板(承压板):一般为方形或圆形,面积为 0.25 ~ 1.20 mm^2,材料弹性也可为刚性。

(2)加荷装置(千斤顶或压力枕):加荷为 500 ~ 3 000 kN,加荷方法有小循环和大循环两种。小循环分为多次循环和单次循环,见图 4-28。多次小循环加荷比相同荷载下常规加荷岩体产生的总变形大(蠕变现象)。

(3)传力装置(传力支柱、传力柱垫板)。

(4)变形量测装置(测微计)。

3. 测试

岩体的变形可在垫板下面测定,也可在通过垫板中心的轴线上距垫板一定距离处量测。

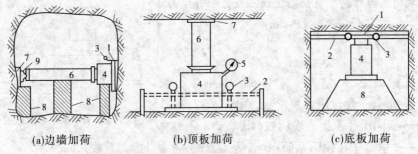

(a)边墙加荷   (b)顶板加荷   (c)底板加荷

1—垫板;2—测微计支架;3—测微计;4—千斤顶;5—压力表;

6—传力支柱;7—传力柱垫板;8—支墩;9—球形支座

图 4-28 单千斤顶法试验装置

4. 试验要点

单千斤顶法是在现场无法施加垂直应力的情况下采用的。在山坡上或平硐内的预定剪切面上挖成各种主应力方向与固定剪切面成不同倾角的试件(通常剪切面倾角为150° ~ 350°)。

根据试验结果计算破坏面上的正、剪应力(见图 4-29),最后绘制岩体正、剪应力强度曲线。

$$\sigma = \frac{tF_2}{F_x}\sin\alpha \qquad F_x = \frac{F_h}{\sin\alpha}$$

而

$$\tau = \frac{tF_2}{F_x}\cos\alpha \qquad \sigma_1 = \frac{tF_2}{F_h}$$

$$\sigma = \frac{\sigma_1}{2}(1 - \cos 2\alpha)$$

故　　　　　　　　　　　　　　　　　　　　　　　　　　　　　　(4-69)

$$\tau = \frac{\sigma_1}{2}\sin 2\alpha$$

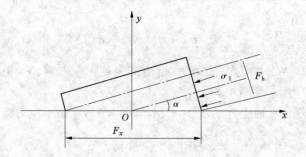

图 4-29　正、剪应力计算示意图

(三) 现场三轴强度试验

在一个随机性节理的岩体中,破坏面位置的预定是有困难的,用三轴试验可以量测岩体的抗剪强度和破坏面的位置及形态,这时,破坏面会沿最弱的面破坏。试件为矩形块体,在试洞底板或洞壁的试验位置上,经过仔细凿刻和整平而成。此矩形试件三边脱离原地岩体,仅一边与岩体相连。目前,试件的大小可达 2.80 m × 1.40 m × 2.80 m,试件的基底与岩体相连的面积为 2.80 m × 1.40 m。

1. 加荷与测试

试件准备好后,把压力枕埋置在刻槽内,以便施加 σ_2 和 σ_3,而 σ_1 是通过垂直千斤顶或压力枕施加的。在试验中量测和记录试件的位移。

2. 绘制岩体试验应力圆包络线、强度曲线和岩体特征曲线

如图 4-30、图 4-31 所示,绘制岩体试验应力圆包络线、强度曲线和岩体特征曲线,从而测定应力—位移关系曲线。确定应力的比例极限、屈服极限和破坏极限。

关于不同应力状态下,现场三轴试验成果的计算分述如下:

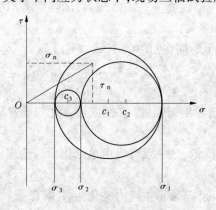

图 4-30　三轴试验的莫尔圆

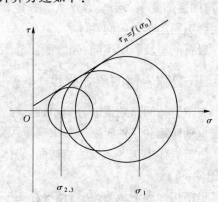

图 4-31　二向莫尔圆

（1）三轴应力在 $\sigma_1 > \sigma_2 > \sigma_3$ 的状态下应力满足

$$\begin{cases} \left(\sigma_n - \dfrac{\sigma_2 + \sigma_3}{2}\right)^2 + \tau_n^2 = (\sigma_1 - \sigma_2)(\sigma_1 - \sigma_3)L^2 + \dfrac{1}{4}(\sigma_2 - \sigma_3)^2 \\ \left(\sigma_n - \dfrac{\sigma_1 + \sigma_3}{2}\right)^2 + \tau_n^2 = (\sigma_2 - \sigma_3)(\sigma_2 - \sigma_1)M^2 + \dfrac{1}{4}(\sigma_1 - \sigma_3)^2 \\ \left(\sigma_n - \dfrac{\sigma_1 + \sigma_2}{2}\right)^2 + \tau_n^2 = (\sigma_3 - \sigma_1)(\sigma_3 - \sigma_2)N^2 + \dfrac{1}{4}(\sigma_1 - \sigma_2)^2 \end{cases} \tag{4-70}$$

式（4-70）中，L、M、N 分别是某平面的法向方向余弦。令 L、M、$N = 0$，则在 $\tau \sim \sigma$ 平面坐标内表示为三个应力圆（见图 4-30）。

（2）如图 4-31 所示，三轴应力在 $\sigma_1 > \sigma_3$，$\sigma_2 = \sigma_3 = \sigma_{2,3}$ 状态下应力满足

$$\left(\sigma_n - \frac{\sigma_1 + \sigma_{2,3}}{2}\right)^2 + \tau_n^2 = \left(\frac{\sigma_1 - \sigma_{2,3}}{2}\right)^2 \tag{4-71}$$

式（4-71）在 $\tau \sim \sigma$ 平面坐标内表示为一个应力圆。

（3）三轴应力在 $\sigma_1 > \sigma_3$，$\sigma_2 = 0$ 状态下应力满足

$$\left(\sigma_n - \frac{\sigma_1 + \sigma_3}{2}\right)^2 + \tau_n^2 = \left(\frac{\sigma_1 - \sigma_3}{2}\right)^2 \tag{4-72}$$

三、岩体的剪切强度特征

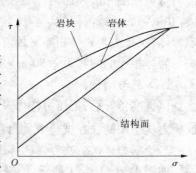

图 4-32　岩体剪切强度包络线示意图

岩体沿结构面剪切（重剪破坏）时，岩体剪切强度最低，等于结构面的抗剪强度。横切结构面剪切（剪断破坏）时，岩体剪切强度最高。沿复合剪切面剪切（复合破坏）时，其强度介于以上两者之间（见图 4-32）。因此，岩体的剪切强度是具有上限和下限的值域，其强度包络线也是有上限和下限的曲线族。上限是岩体的剪断强度，下限是结构面的抗剪强度。

当应力 σ 较小时，强度变化范围较大，随着应力增大，范围逐渐变小。当应力 σ 大到一定程度时，包络线变为一条曲线，岩体强度将不受结构面影响而趋于各向同性体。

岩石的坚硬程度不同，强度变化范围和大小也不同（见图 4-33（a）、（b））。

四、裂隙岩体的压缩强度

裂隙岩体的压缩强度分为单轴抗压强度和三轴压缩强度。在生产实际中，通常采用原位单轴压缩和三轴压缩试验来确定（见图 4-34）。

由于岩体中包含大量的结构面，岩体的强度降低，这一点可以由单结构面理论来说明（见图 4-35）。

单结构面理论认为，在岩体中存在一组结构面，与最小主应力夹角为 β，则有

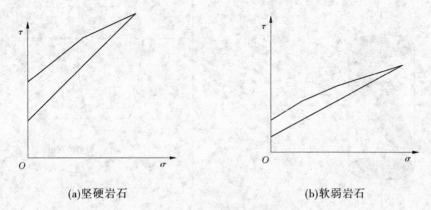

(a)坚硬岩石　　　　　　　　　　　(b)软弱岩石

图 4-33　岩体剪切强度曲线

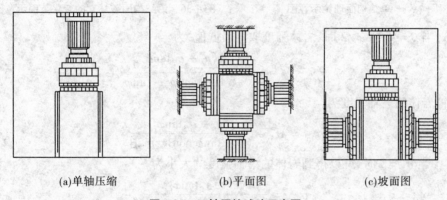

(a)单轴压缩　　　　(b)平面图　　　　(c)坡面图

图 4-34　三轴压缩试验示意图

$$\begin{cases} \sigma_n = \dfrac{\sigma_1 + \sigma_3}{2} + \dfrac{\sigma_1 - \sigma_3}{2}\cos2\beta \\[2mm] \tau = \dfrac{\sigma_1 - \sigma_3}{2}\sin2\beta \end{cases} \tag{4-73}$$

若沿结构面破坏,应满足下列条件

$$\tau = \sigma\tan\varphi_j + c_j$$

则有

$$\sigma_1 - \sigma_3 = \frac{2(c_j + \sigma_3\tan\varphi_j)}{(1 - \tan\varphi_j\cot\beta)\sin2\beta} \tag{4-74}$$

由式(4-74)可知:

(1)岩体的强度$(\sigma_1 - \sigma_3)$随结构面倾角β的变化而变化(见图4-36)。

(2)当$\beta\rightarrow\varphi_j$或$\beta\rightarrow90°$时,岩体不可能沿结构面破坏,而只能产生剪断岩体破坏。只有当$\beta_1\leqslant\beta\leqslant\beta_2$时,岩体才能沿结构面破坏。$\beta_1$和$\beta_2$满足

$$\beta_1 = \frac{\varphi_j}{2} + \frac{1}{2}\arcsin\frac{(\sigma_1 + \sigma_3 + 2c_j\cot\varphi_j)\sin\varphi_j}{\sigma_1 - \sigma_3}$$

$$\beta_2 = 90° + \varphi_j - \beta_1 \tag{4-75}$$

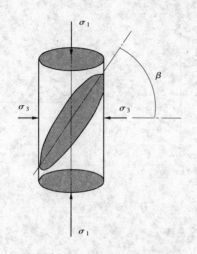

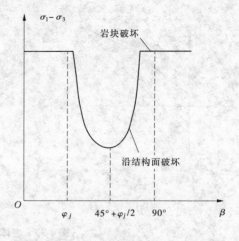

图 4-35　单结构面理论示意图　　　　图 4-36　沿结构面破坏 β 的变化范围示意图

（3）当 $\beta = 45° + \varphi_j/2$ 时，岩体强度取得最低值，为

$$(\sigma_1 - \sigma_3)_{\min} = \frac{2(c_j + \sigma_3\tan\varphi_j)}{\sqrt{1 + \tan^2\varphi_j} - \tan\varphi_j} \quad (4\text{-}76)$$

（4）岩体的三轴强度为

$$\sigma_{1m} = \sigma_3 + \frac{2(c_j + \sigma_3\tan\varphi_j)}{(1 - \tan\varphi_j\cot\beta)\sin2\beta} \quad (4\text{-}77)$$

其中当 $\sigma_3 = 0$ 时，可以得到岩体的单轴强度的大小为

$$\sigma_{mc} = \frac{2(c_j + \sigma_3\tan\varphi_j)}{(1 - \tan\varphi_j\cot\beta)\sin2\beta} \quad (4\text{-}78)$$

含有多组结构面，且假定各组结构面具有相同的性质时，可以分步运算单结构面理论确定岩体强度包络线及岩体强度（见图 4-37）。

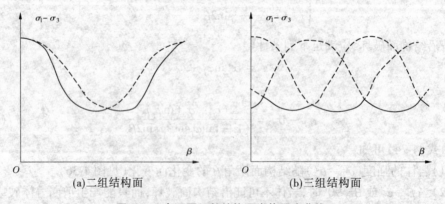

图 4-37　含不同组数结构面岩体强度曲线

因此，随着结构面组数的增加，岩体的强度趋向于各向同性，并被大大削弱，且多沿复合结构面破坏。研究表明，含 4 组以上结构面岩体的强度可按各向同性考虑。

五、裂隙岩体强度的经验估算

由 Hoek – Brown 的经验方程

$$\sigma_1 = \sigma_3 + \sqrt{m\sigma_c\sigma_3 + S{\sigma_c}^2}$$

得

$$\sigma_{mc} = \sqrt{S}\sigma_c$$

$$\sigma_{mt} = \frac{\sigma_c(m - \sqrt{m^2 + 4S})}{2} \tag{4-79}$$

由 $\tau = A\sigma_c\left(\dfrac{\sigma}{\sigma_c} - T\right)$ 得

$$\begin{cases} c_m = A\sigma_c\left(\dfrac{\sigma}{\sigma_c} - T\right)^B - \left[AB\left(\dfrac{\sigma}{\sigma_c} - T\right)^{B-1}\right] \\[4mm] \varphi_m = \arctan\left[AB\left(\dfrac{\sigma}{\sigma_c} - T\right)^{B-1}\right] \end{cases} \tag{4-80}$$

式中　m、S、A、B、T——与岩性及结构面情况有关的常数,根据岩体性质查表 4-3 确定。

表 4-3　岩体质量和经验常数之间的关系

经验强度方程: $\sigma_1 = \sigma_3 +$ $\sqrt{m\sigma_c\sigma_3 + S{\sigma_c}^2}$ $\tau = A\sigma_c\left(\dfrac{\sigma}{\sigma_c} - T\right)^B$	具有很好结晶解理的碳酸盐类岩石,如白云岩、灰岩、大理岩	成岩的黏土质岩石,如泥岩、粉砂岩、页岩、板岩(垂直于板理)	强烈结晶,结晶解理不发育的砂质岩石,如砂岩、石英岩	细粒、多矿物结晶岩浆岩,如安山岩、辉绿岩、玄武岩、流纹岩	粗粒、多矿物结晶岩浆岩和变质岩,如角闪岩、辉长岩、片麻岩、花岗岩、石英闪长岩等
完整岩块试件,实验室试件尺寸,无节理。 $RMR = 100$ $Q = 500$	$m = 10.0$ $S = 1.0$ $A = 0.918$ $B = 0.677$ $T = -0.099$	$m = 7.0$ $S = 1.0$ $A = 0.816$ $B = 0.658$ $T = -0.140$	$m = 15.0$ $S = 1.0$ $A = 1.044$ $B = 0.692$ $T = -0.067$	$m = 17.0$ $S = 1.0$ $A = 1.086$ $B = 0.696$ $T = -0.059$	$m = 25.0$ $S = 1.0$ $A = 1.220$ $B = 0.705$ $T = -0.040$
质量非常好的岩体,紧密互锁,未扰动,未风化岩体,节理间距 3 m 左右。 $RMR = 5$ $Q = 100$	$m = 3.5$ $S = 0.1$ $A = 0.651$ $B = 0.679$ $T = -0.028$	$m = 5.0$ $S = 0.1$ $A = 0.739$ $B = 0.692$ $T = -0.020$	$m = 7.5$ $S = 0.1$ $A = 0.848$ $B = 0.702$ $T = -0.013$	$m = 8.5$ $S = 0.1$ $A = 0.883$ $B = 0.705$ $T = -0.012$	$m = 12.5$ $S = 0.1$ $A = 0.998$ $B = 0.712$ $T = -0.008$

续表 4-3

好的质量岩体,新鲜至轻微风化,轻微构造变化岩体,节理间距 1~3 m。$RMR=65$ $Q=10$	$m=0.7$ $S=0.004$ $A=0.369$ $B=0.669$ $T=-0.006$	$m=1.0$ $S=0.004$ $A=0.427$ $B=0.683$ $T=-0.004$	$m=1.5$ $S=0.004$ $A=0.501$ $B=0.695$ $T=-0.003$	$m=1.7$ $S=0.004$ $A=0.525$ $B=0.698$ $T=-0.002$	$m=2.5$ $S=0.004$ $A=0.603$ $B=0.707$ $T=-0.002$
中等质量岩体,中等风化,岩体中发育有几组节理,间距为 0~1 m。$RMR=44$ $Q=1.0$	$m=0.14$ $S=0.0001$ $A=0.198$ $B=0.662$ $T=-0.0007$	$m=0.20$ $S=0.0001$ $A=0.234$ $B=0.675$ $T=-0.0005$	$m=0.30$ $S=0.0001$ $A=0.280$ $B=0.691$ $T=-0.0003$	$m=0.34$ $S=0.0001$ $A=0.295$ $B=0.691$ $T=-0.0003$	$m=0.50$ $S=0.0001$ $A=0.346$ $B=0.700$ $T=-0.0002$
坏质量岩体,大量风化,节理,间距 30~500 mm,并含有一些夹泥。$RMR=23$ $Q=0.1$	$m=0.04$ $S=0.00001$ $A=0.115$ $B=0.646$ $T=-0.0002$	$m=0.05$ $S=0.00001$ $A=0.129$ $B=0.655$ $T=-0.0002$	$m=0.08$ $S=0.00001$ $A=0.162$ $B=0.672$ $T=-0.0001$	$m=0.09$ $S=0.00001$ $A=0.172$ $B=0.676$ $T=-0.0001$	$m=0.13$ $S=0.00001$ $A=0.203$ $B=0.686$ $T=-0.0001$
非常坏质量岩体,具大量严重风化节理,间距小于 50 mm 充填夹泥。$RMR=3$ $Q=0.01$	$m=0.007$ $S=0$ $A=0.042$ $B=0.534$ $T=0$	$m=0.010$ $S=0$ $A=0.050$ $B=0.539$ $T=0$	$m=0.015$ $S=0$ $A=0.061$ $B=0.546$ $T=0$	$m=0.071$ $S=0$ $A=0.065$ $B=0.548$ $T=0$	$m=0.025$ $S=0$ $A=0.078$ $B=0.556$ $T=0$

六、岩体的动力学性质

岩体的动力学性质是岩体在动荷载作用下所表现出来的性质,包括岩体中弹性波的传播规律及岩体的动力变形与强度性质(见图 4-38)。

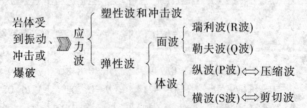

图 4-38　动力波示意图

(一)岩体中弹性波的传播规律

弹性波在介质中的传播速度仅与介质密度 ρ 及其动力变形参数 E_d、μ_d 有关。因此,可以通过测定岩体中的弹性波速度来确定岩体的动力变形参数。

$$\begin{cases} v_\mathrm{p} = \sqrt{\dfrac{E_\mathrm{d}(1-\mu_\mathrm{d})}{\rho(1+\mu_\mathrm{d})(1-2\mu_\mathrm{d})}} \\ v_\mathrm{s} = \sqrt{\dfrac{E_\mathrm{d}}{2\rho(1+\mu_\mathrm{d})}} \end{cases} \tag{4-81}$$

影响弹性波在岩体中的传播速度的因素如下：

（1）岩性。不同岩性岩体中弹性波速度不同，岩体愈致密坚硬，波速愈大；反之，则愈小。

（2）结构面。沿结构面传播的速度大于垂直结构面传播的速度。

（3）应力。在压应力作用下，波速随应力增加而增加，波幅衰减少；反之，在拉应力作用下，则波速降低，衰减增大。

（4）含水量。随岩体中含水量的增加弹性波速增加。

（5）温度。岩体处于正温时，波速随温度增高而降低，处于负温时则相反。

（二）岩体中弹性波速度的测定

可以采用地震法、声波法来测试弹性波速，下面就介绍常用的声波法，如图 4-39 所示。

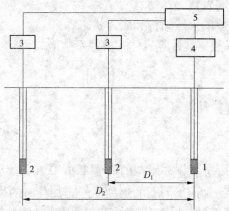

1—发射换能器；2—接收换能器；3—放大器；4—声波发射仪；5—计时装置

图 4-39　声波法测弹性波原理图

声波法测试步骤如下：

（1）选择代表性测线，布置测点和安装声波仪。

（2）发生正弦脉冲，向岩体内发射声波。

（3）记录纵、横波在岩体中传播的时间。

（4）根据公式 $v_\mathrm{mp} = \dfrac{D_2}{\Delta t_\mathrm{p}}$、$v_\mathrm{ms} = \dfrac{D_2}{\Delta t_\mathrm{s}}$ 计算波速。

（三）岩体的动力变形与强度参数

1. 动力变形参数

动力变形参数有动弹性模量、动泊松比和动剪切模量，可通过声波测试确定。其优点为不扰动被测岩体的天然结构和应力状态;测定方法简便,省时省力;能在岩体中各个部位广泛进行。

计算公式如下:

$$
\begin{cases}
E_{\mathrm d} = v_{\mathrm{mp}}^2 \rho \dfrac{(1+\mu_{\mathrm d})(1-2\mu_{\mathrm d})}{1-\mu_{\mathrm d}} = 2v_{\mathrm{ms}}^2 \rho(1+\mu_{\mathrm d}) \\[2mm]
\mu_{\mathrm d} = \dfrac{v_{\mathrm{mp}}^2 - 2v_{\mathrm{ms}}^2}{2(v_{\mathrm{mp}}^2 - v_{\mathrm{ms}}^2)} \\[2mm]
G_{\mathrm d} = \dfrac{E_{\mathrm d}}{2(1+\mu_{\mathrm d})} = v_{\mathrm{ms}}^2 \rho
\end{cases}
\tag{4-82}
$$

2. 动弹性模量与静弹性模量的关系

岩体与岩块的动弹性模量都普遍大于静弹性模量。坚硬完整岩体 $E_{\mathrm d}/E_{\mathrm{me}}$ 为 $1.2 \sim 2.0$。风化、裂隙发育的岩体和软弱岩体 $E_{\mathrm d}/E_{\mathrm{me}}$ 为 $1.5 \sim 10.0$,大者可超过 20.0。其原因如下:

(1)静力法采用的最大应力大部分为 $1.0 \sim 10.0$ MPa,少数则更大,变形量常以 mm 计,而动力法的作用应力为 10^{-4} MPa 量级,引起的变形量很微小。因此,静力法会测得较大的不可逆变形,而动力法则测不到这种变形。

(2)静力法持续的时间较长。

(3)静力法扰动了岩体的天然结构和应力状态。

利用岩块与岩体的纵波速度计算岩体完整性系数 $K_{\mathrm v}$

$$K_{\mathrm v} = \left(\frac{v_{\mathrm{mp}}}{v_{\mathrm{rp}}}\right)^2 \tag{4-83}$$

用动弹性模量换算静弹性模量

$$E_{\mathrm{me}} = jE_{\mathrm d} \tag{4-84}$$

3. 动力强度参数

一般情况下,静态加荷与准静态加荷的应变率小于 $10^4\ \mathrm{s}^{-1}$,而动态加荷的应变率大于 $10^4\ \mathrm{s}^{-1}$。试验表明,动态加荷下岩石的强度比静态加荷时的强度高。冲击荷载下岩石的动抗压强度为静抗压强度的 $1.2 \sim 2.0$ 倍。其原因为时间效应问题,在加荷速率缓慢时,岩石中的塑性变形得以充分发展,反映出较低的强度;反之,在动态加荷下,塑性变形来不及发展,则反映出较高的强度。特别是在爆破等冲击荷载作用下,岩体强度提高尤为明显。利用岩块与岩体的纵波速度计算岩体强度的公式为

$$R_{\mathrm m} = \left(\frac{v_{\mathrm{mp}}}{v_{\mathrm{rp}}}\right)^3 \sigma_{\mathrm c} \tag{4-85}$$

七、岩石的室内强度试验

岩石室内力学试验,由于荷载的施加方式不同,所表现出的变形性质也不同,主要的加荷方式见图4-40。

不同的加荷方式下,岩石的变形与强度特征不同。因此,下面分别介绍不同的加荷方式下岩块的变形特点。

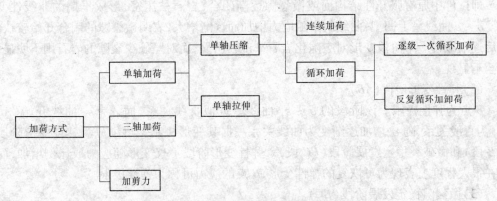

图 4-40　岩石室内力学试验主要的加荷方式

(一)单轴压缩条件下的岩块变形

单轴压缩分连续加荷和循环加荷两种情况。

1.连续加荷

1)变形阶段

岩块在连续单轴压缩条件下的变形过程如图 4-41 所示,典型的应力—应变曲线如图 4-42所示。可以划分为几个阶段,每一阶段的变形特征不同,变形发生的机制也不相同。

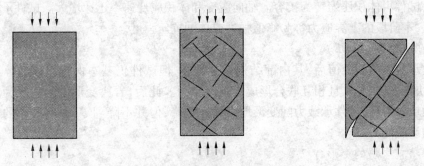

图 4-41　岩石单轴压缩变形示意图

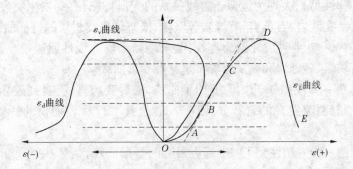

图 4-42　典型的应力—应变曲线

(1)空隙压密阶段(OA)。

即试件中原有张开性结构面或微裂隙逐渐闭合,岩石被压密,形成早期的非线性变形。$\sigma \sim \varepsilon$ 曲线呈上凹型,曲线斜率随应力增加而逐渐增大,表明微裂隙的闭合开始较快,随后逐渐减慢。本阶段变形对裂隙化岩石来说较明显,而对坚硬少裂隙的岩石则不明显,甚至不显现。

(2)弹性变形阶段(AB)。

B 点为弹性极限。该阶段的 $\sigma \sim \varepsilon_1$ 曲线呈近似直线关系,而 $\sigma \sim \varepsilon_v$ 曲线开始(AB 段)为直线关系,随 σ 增加逐渐变为曲线关系。据其变形机制又可细分为弹性变形阶段(AB 段)和微破裂稳定发展阶段(BC 段)。弹性变形阶段不仅变形随应力成比例增加,而且在很大程度上表现为可恢复的弹性变形,B 点的应力可称为弹性极限。

(3)微裂隙稳定发展阶段(BC)。

C 点为屈服强度。微破裂稳定发展阶段的变形主要表现为塑性变形,试件内开始出现新的微破裂,并随应力增加而逐渐发展,当荷载保持不变时,微破裂也停止发展。由于微破裂的出现,试件体积压缩速率减缓,$\sigma \sim \varepsilon_1$ 曲线偏离直线向纵轴方向弯曲。这一阶段的上界应力(C 点应力)称为屈服极限。

(4)非稳定发展阶段(CD)。

D 点为峰值强度。进入本阶段后,微破裂的发展出现了质的变化。由于破裂过程中所造成的应力集中效应显著,即使外荷载保持不变,破裂仍会不断发展,并在某些薄弱部位首先破坏,应力重新分布,其结果又引起次薄弱部位的破坏。依次进行下去直至试件完全破坏。试件由体积压缩转为扩容。轴向应变和体积应变速率迅速增大。试件承载能力达到最大,本阶段的上界应力称为峰值强度或单轴抗压强度。

(5)破坏后阶段(DE)。

岩块承载力达到峰值后,其内部结构完全破坏,但试件仍基本保持整体状。到本阶段,裂隙快速发展、交叉且相互联合形成宏观断裂面。此后,岩块变形主要表现为沿宏观断裂面的块体滑移,试件承载力随变形增大迅速下降,但并不降到零,说明破裂的岩石仍有一定的承载能力。

2)峰值前岩块的变形特征

(1)前过程曲线类型及特征(见图4-43)。

①类型 A(弹性型),表现为近似于直线关系的变形特征,直到发生突发性破坏,且以弹性变形为主,是玄武岩、石英岩、辉绿岩等坚硬、极坚硬岩类岩块的特征曲线。

②类型 B(弹-塑性型),开始为直线,至末端则出现非线性屈服段。较坚硬而少裂隙的岩石,如石灰岩、砂砾岩和凝灰岩等常呈这种变形曲线。

③类型 C(塑-弹性型),开始为上凹型曲线,随后变为直线,直到破坏,没有明显的屈服段。坚硬而有裂隙发育的岩石如花岗岩、砂岩及平行片理加荷的片岩等常具这种曲线。

④类型 D(塑-弹-塑性型1),中部为很陡的 S 形曲线,是某些坚硬变质岩(如大理岩和片麻岩)常见的变形曲线。

⑤类型 E(塑-弹-塑性型2),中部为较缓的 S 形曲线,是某些压缩性较高的岩石如垂直片理加荷的片岩常见的曲线类型。

⑥类型 F(弹性－蠕变型),开始为一很小的直线段,随后就出现不断增长的塑性变形和蠕变变形,是盐岩等蒸发岩、极软岩等的特征曲线。

以上曲线中类型 C、D、E 具有某些共性,如开始部分由于空隙压密均为一上凹形曲线;当岩块微裂隙、片理、微层理等压密闭合后,即出现一直线段;当试件临近破坏时,则逐渐呈现出不同程度的屈服段。

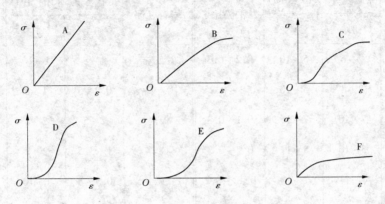

图 4-43　前过程曲线类型及特征

(2)变形参数。

①变形模量指单轴压缩条件下,轴向压应力与轴向应变之比。应力—应变曲线为直线型,这时变形模量又称为弹性模量,如图 4-44 所示。

应力—应变曲线为 S 形(见图 4-45),定义为以下三种具体的形式:

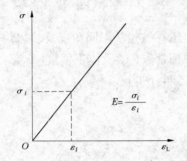

图 4-44　直线型应力—应变曲线示意图

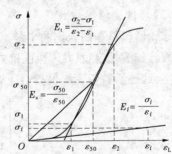

图 4-45　S 形应力—应变曲线示意图

初始模量(E_i)指曲线原点处切线斜率。切线模量(E_t)指曲线上任一点处切线的斜率,在此特指中部直线段的斜率。割线模量(E_s)指曲线上某特定点与原点连线的斜率,通常取 $\sigma_c/2$ 点与原点连线的斜率。

②泊松比(μ)是指在单轴压缩条件下,横向应变(ε_d)与轴向应变(ε_L)之比。

$$\mu = \left| \frac{\varepsilon_d}{\varepsilon_L} \right| \qquad (4\text{-}86)$$

在实际工作中,常采用 $\sigma_c/2$ 处的 ε_d 与 ε_L 来计算岩块的泊松比。

岩块的变形模量和泊松比受岩石矿物组成、结构构造、风化程度、空隙性、含水量、微结构面及其与荷载方向的关系等多种因素的影响,变化较大。常见岩石的变形模量和泊松比见表4-4。

表4-4　常见岩石的变形模量和泊松比

岩石名称	变形模量($\times 10^4$ MPa)		泊松比	岩石名称	变形模量($\times 10^4$ MPa)		泊松比
	初始	弹性			初始	弹性	
花岗岩	2~6	5~10	0.2~0.3	片麻岩	1~8	1~10	0.22~0.35
流纹岩	2~8	5~10	0.1~0.25	千枚岩、片岩	0.2~5	1~8	0.2~0.4
闪长岩	7~10	7~15	0.1~0.3	板岩	2~5	2~8	0.2~0.3
安山岩	5~10	5~12	0.2~0.3	页岩	1~3.5	2~8	0.2~0.4
辉长岩	7~11	7~15	0.12~0.2	砂岩	0.5~8	1~10	0.2~0.3
辉绿岩	8~11	8~15	0.1~0.3	砾岩	0.5~8	2~8	0.2~0.3
玄武岩	6~10	6~12	0.1~0.35	灰岩	1~8	5~10	0.2~0.35
石英岩	6~20	6~20	0.1~0.25	白云岩	4~8	4~8	0.2~0.35
大理岩	1~9	1~9	0.2~0.35				

(3)其他变形参数。

除变形模量和泊松比两个最基本的参数外,还有一些从不同角度反映岩块变形性质的参数。如剪切模量(G)、弹性抗力系数(K)、拉梅常数(λ)及体积模量(K_V)等。根据弹性力学,这些参数与变形模量(E)及泊松比(μ)之间有如下关系

$$\begin{cases} G = \dfrac{E}{2(1+\mu)} \\[2mm] \lambda = \dfrac{E\mu}{(1+\mu)(1-2\mu)} \\[2mm] K_V = \dfrac{E}{3(1-2\mu)} \\[2mm] K = \dfrac{E}{(1+\mu)R_0} \end{cases} \tag{4-87}$$

3)峰值后岩块的变形特征

峰值后变形阶段应力—应变曲线只有在伺服压力机或刚性压力机下才可以获得,图4-46为伺服压力机。峰值后变形曲线与峰值前曲线合称为全过程曲线,与之对应,峰值前变形曲线称为前过程曲线。塑性明显的岩石与脆性明显的岩石的峰值后岩块的变形特征不同,它们的变形曲线分别如图4-46所示。

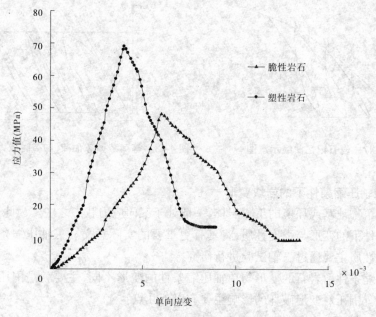

图 4-46 岩石的峰值后岩块的变形曲线示意图

2. 循环加荷

1）卸荷点(P)的应力低于岩石的弹性极限(A)

如果卸荷点(P)的应力低于岩石的弹性极限(A),则卸荷曲线将基本上沿加荷曲线回到原点,表现为弹性恢复。

2）卸荷点(P)的应力高于岩石的弹性极限(A)

如果卸荷点(P)的应力高于岩石的弹性极限(A),则卸荷曲线偏离原加荷曲线,也不再回到原点,变形除弹性变形(ε_e)外,还出现了塑性变形(ε_p)。

3）反复加卸荷

(1)逐级一次循环加荷条件下,其应力—应变曲线的外包线与连续加荷条件下的曲线基本一致(见图 4-47),说明加、卸荷过程并未改变岩块变形的基本习性,这种现象也称为岩石记忆。

(2)每次加荷、卸荷曲线都不重合,且围成一环形面积,称为回滞环。

(3)当应力在弹性极限以上某一较高值下反复加荷、卸荷时,由图 4-48 可见,卸荷后的再加荷曲线随反复加荷、卸荷次数的增加而逐渐变陡,回滞环的面积变小。残余变形逐次增加,岩块的总变形等于各次循环产生的残余变形之和,即累积变形。

(4)由图 4-48 可知,岩块的破坏产生在反复加荷、卸荷曲线与应力—应变全过程曲线交点处。这时的循环加荷、卸荷试验所给定的应力,称为疲劳强度。它是一个比岩块单轴抗压强度低且与循环持续时间等因素有关的值。

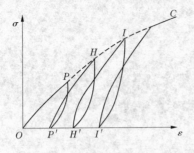

图 4-47　岩石记忆曲线示意图

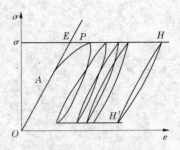

图 4-48　等荷载循环加荷、卸荷时应力—应变曲线

(二)三轴压缩条件下的岩块变形

作为建筑物地基或环境的工程岩体,一般处于三向应力状态之中。为此,研究岩石在三轴压缩条件下的变形与强度性质,将具有更重要的实际意义。三轴压缩条件下的岩块变形与强度性质主要通过三轴试验进行研究。

三轴压缩条件下岩石的变形与单轴压缩条件的变形不同,主要就是围压对变形破坏产生的影响。围压对变形破坏的影响主要有以下几点:

(1)岩石破坏前应变随 σ_3 增大而增大。

(2)岩石的峰值强度随 σ_3 增大而增大。

(3)随 σ_3 增大岩石变形模量增大,软岩增大明显,致密的硬岩增大不明显。

(4)随 σ_3 增大,岩石的塑性不断增大,随 σ_3 增大到一定值时,岩石由弹脆性转变为塑性。这时, σ_3 的大小称为转化压力。

(5)随 σ_3 的增大,岩块从脆性劈裂破坏逐渐向塑性剪切及塑性流动破坏方式过渡。

通过三轴试验可确定岩石力学性质的主要参数:变形特性参数与强度特性参数。

(三)三轴岩石力学测试系统简介

1. 美国制造

美国 MTS 公司生产的 MTS815.02 电液伺服控制试验系统(Servo-controlled testing system,见图 4-49),试验机最大轴向载荷 1 700 kN,加荷时采用位移控制方式,加荷速率为 0.05 mm/s。试验机的自动数据采集系统每 2 s 采集一次数据,同步采集的数据包括时间、轴向荷载、试件的轴向变形和横向变形。

图 4-49 所示的试验机即为美国 MTS 公司生产的电液伺服控制试验机。该岩石力学测试系统通过计算机编程控制模拟地下环境,包括轴向、围压、孔隙的压力以及温度,在此环境下进行岩石力学研究所必需的(包括岩石的力学、声学、热学、渗透性质在内)各项测试。它的技术参数包括:轴向力 1.47×10^6 N,围压 140 MPa,孔隙压力 10^3 MPa,模拟温度 200 ℃,岩样尺寸:25.08 mm×50 mm;50.16 mm×100.32 mm。

主要测试内容有:全应力—应变曲线,莫尔断裂曲线,超声纵、横波速度测试,抗拉强度测试,以及包括断裂韧性、蠕变、感应孔隙压力、疲劳、体积热膨胀、差应变分析(DSA)、颗粒压缩系数、孔隙压缩系数、整体压缩系数、裂缝导流能力和地层应力条件下的气、液相渗透率测试在内的特殊分析项目。

图4-49 试验使用的电液伺服控制试验机

2. 日本制造

日本岛津公司生产的 EHF – UG200 kN 全数字液压三轴试验系统(见图4-50),该系统的主要性能参数为:最大荷重为动态:±500 kN,静态:±750 kN;最大行程:±25 mm;荷载精度能够达到显示值的±0.5%以内。加荷频率为0.000 01 ~ 100 Hz;围压:0 ~ 80 MPa,渗透压:0 ~ 70 MPa;室温到200 ℃之间均可使用。具有稳定的数字控制和高精度的数字测量以及先进的数据处理软件。能够测试的波形主要有正弦波、三角波、矩形波、谐波、台形波,以及组合波形等。主要用于高温和围压条件下岩石和混凝土类材料的静、动态力学性能试验。主要功能如下:

(1)室温和围压条件下岩石,混凝土类材料的静、动态力学性能试验。

(2)高温和围压条件下岩石,混凝土类材料的静、动态力学性能试验。

(3)不同温度和围压条件下岩石,混凝土类材料的渗透试验。

图4-50 日本 EHF – UG200 kN 全数字液压三轴试验系统

第五章　岩土工程原位测试技术

第一节　概　述

　　原位测试一般是指在现场基本保持地基土的天然结构、天然含水量、天然应力状态的情况下测定地基土的物理力学性质指标的试验方法。通过这些方法测定地基土的物理力学指标,进而依据理论分析或经验公式评定岩土的工程性能和状态。原位测试不仅是岩土工程勘察与评价中获得岩土体设计参数的重要手段,而且是岩土工程监测与检测的主要方法,并可用于施工过程中或地基加固处理后地基土的物理力学性质及状态的变化检测。

　　原位测试的优点不仅能对难以取得不扰动土样或根本无法采样的土层通过现场原位测试获得岩土的参数,还能减少对土层的扰动,而且所测定的土体体积大、代表性好。

　　原位测试很多项目并不直接测定土层的物理或力学指标,成果的应用依赖于经验关系式或半经验半理论公式。各种原位测试方法都有其自身的适用性,一些原位测试手段只能适用于一定的地基条件,应用时需加以区别。

　　本章介绍了原位测试技术在岩土工程中常用的现场测试的试验方法,如静力载荷试验、静力触探试验、动力触探试验、十字板剪切试验、扁铲侧胀试验、现场剪切试验等。

第二节　静力载荷试验

一、常规法静力载荷试验

(一)静力载荷试验的基本原理

　　静力载荷试验是一种最古老的,并被广泛应用的土工原位测试方法。在拟建建筑场地开挖至预计基础埋置深度的整平坑底放置一定面积的方形(或圆形)承压板,在其上逐级施载,测定各相应荷载作用下的地基沉降量。根据试验得到的荷载—沉降量关系曲线($p \sim s$ 曲线),确定地基土的承载力,计算地基土的变形模量。由试验求得的地基土承载力特征值和变形模量综合反映了承压板下 $1.5 \sim 2.0$ 倍承压板宽度(或直径)范围内地基土的强度和变形特性。

　　根据地基土的应力状态,$p \sim s$ 曲线一般可划分为三个阶段,如图5-1 所示。

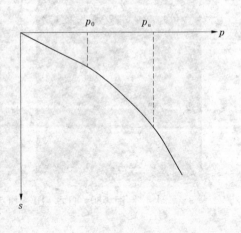

图 5-1　静力载荷试验 $p \sim s$ 曲线

第一阶段:从 $p \sim s$ 曲线的原点到比例界限荷载 p_0, $p \sim s$ 曲线呈直线关系。这一阶段受载土体中任意点处的剪应力小于土的抗剪强度,土体变形主要由土体压密引起,土粒主要是竖向变位,称为压密阶段。

第二阶段:从比例界限荷载 p_0 到极限荷载 p_u, $p \sim s$ 曲线转为曲线关系,曲线斜率 $\Delta s / \Delta p$ 随压力 p 的增加而增大。这一阶段除土的压密外,在承压板周围的小范围土体中,剪应力已达到或超过了土的抗剪强度,土体局部发生剪切破坏,土粒兼有竖向和侧向变位,称为局部剪切阶段。

第三阶段:极限荷载 p_u 以后,该阶段即使荷载不增加,承压板仍不断下沉,同时土中形成连续的剪切破坏滑动面,发生隆起及环状或放射状裂隙,此时滑动土体中各点的剪应力达到或超过土体的抗剪强度,土体变形主要是由土粒剪切引起的侧向变位,称为整体破坏阶段。

根据土力学原理,结合工程实践经验和土层性质等对试验结果的分析,正确与合理地确定比例界限荷载和极限荷载是确定地基土承载力基本值和变形模量的前提,从而达到控制基底压力和地基土变形的目的。

(二)静力载荷试验设备

常用的载荷试验设备一般都由加荷稳压系统、反力系统和量测系统三部分组成。

(1)加荷稳压系统:由承压板、加荷千斤顶、稳压器、油泵、油管等组成。

(2)反力系统:有堆载式、撑臂式、锚固式等多种形式。

(3)量测系统:荷载量测一般采用测力环或电测压力传感器,并用压力表校核。承压板沉降量测采用百分表或位移传感器。

静力载荷试验设备结构如图5-2所示。

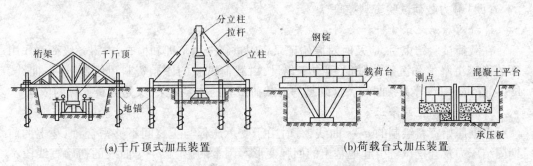

(a)千斤顶式加压装置　　　　　　　(b)荷载台式加压装置

图5-2　静力载荷试验设备结构

(三)试验要求

承压板面积不应小于 0.25 m², 对于软土不应小于 0.5 m²。岩石载荷试验承压板面积不宜小于 0.07 m²。基坑宽度不应小于承压板宽度或直径的 3 倍,以消除基坑周围土体的超载影响。

应注意保持试验土层的原状结构和天然湿度。承压板与土层接触处,一般应铺设不超过 2 mm 的粗、中砂找平,以保证承压板水平并与土层均匀接触。当试验土层为软塑、流塑状态的黏性土或饱和的松砂,承压板周围应预留 20 ~ 30 cm 厚的原土作保护层。

试验加荷标准:加荷等级不应小于 8 级,可参考表 5-1 选用。

表 5-1　每级荷载增量参考值

试验土层特征	每级荷载增量(kPa)
淤泥,流塑黏性土,松散砂土	< 15
软塑黏性土,粉土,稍密砂土	15 ~ 25
可塑—硬塑黏性土,粉土,中密砂土	25 ~ 50
坚硬黏性土,粉土,密实砂	50 ~ 100
碎石土,软岩石,风化岩石	100 ~ 200

沉降稳定标准:每级加荷后,按间隔 5 min、5 min、10 min、10 min、15 min、15 min 读沉降,以后每隔 0.5 h 读一次沉降。当连续 2 h 每小时的沉降量小于或等于 0.1 mm 时,则认为本级荷载下沉降已趋稳定,可加下一级荷载。

极限荷载的确定:当试验中出现下列情况之一时,即可终止加荷:

(1)承压板周围的土明显侧向挤出。

(2)沉降量 s 急骤增大,荷载—沉降量($p \sim s$)曲线出现陡降段。

(3)某一荷载下,24 h 内沉降速率不能达到稳定标准。

(4)$s/b > 0.06$(b 为承压板宽度或直径)。

满足前三种情况之一时,它对应的前一级荷载定为极限荷载。

(四)静力载荷试验资料整理

1. 校对原始记录资料和绘制试验关系曲线

在载荷试验结束后,应及时对原始记录资料进行全面整理和检查,求得各级荷载作用下的稳定沉降值和沉降值随时间的变化量,由载荷试验的原始资料可绘制 $p \sim s$ 曲线、$\lg p \sim \lg s$、$\lg t \sim \lg s$ 等关系曲线。这既是静力载荷试验的主要成果,又是分析计算的依据。

2. 沉降观测值的修正

根据原始资料绘制的 $p \sim s$ 曲线,有时由于受承压板与土之间不够密合、地基土的前期固结压力及开挖试坑引起地基土的回弹变形等因素的影响,$p \sim s$ 曲线的初始直线段不一定通过坐标原点。因此,在利用 $p \sim s$ 曲线推求地基土的承载力及变形模量前,应先对试验得到的沉降观测值进行修正,使 $p \sim s$ 曲线初始直线段通过坐标原点。

(五)静力载荷试验资料应用

1. 确定地基土承载力特征值 f_{ak} 的方法

1)强度控制法(以比例界限荷载 p_0 作为地基土承载力特征值)

当 $p \sim s$ 曲线上有明显的直线段时,一般采用直线段的拐点所对应的荷载为比例界限荷载 p_0,取 p_0 为 f_{ak}。当极限荷载 p_u 小于 $2p_0$ 时,取 $1/2 p_u$ 为 f_{ak}。

2)相对沉降量控制法

当 $p \sim s$ 曲线无明显拐点,曲线形状呈缓和曲线型时,可以用相对沉降量 s/b 来控制,决定地基土承载力特征值。

如果承压板面积为 0.25 ~ 0.5 m^2，可取 s/b(或 d) = 0 ~ 0.015 所对应的荷载值作为地基土承载力特征值。

同一土层中参加统计的试验点不应少于 3 点，当试验实测值的极差不超过其平均值的 30% 时，取其平均值作为地基土承载力特征值。

2. 确定地基土的变形模量

土的变形模量应根据 $p \sim s$ 曲线的初始直线段，按均质各向同性半无限弹性介质的弹性理论计算。一般在 $p \sim s$ 曲线直线段上任取一点，取该点的荷载 p 和对应的沉降量 s，按下式计算地基土的变形模量 E_0。

$$E_0 = I_0(1 - \mu) \frac{pd}{s} \tag{5-1}$$

式中　I_0——刚性承压板的形状系数，圆形承压板取 0.785，方形承压板取 0.886；

　　　μ——土的泊松比(碎石土取 0.27，砂土取 0.30，粉土取 0.35，粉质黏土取 0.38，黏土取 0.42)；

　　　d——承压板直径或边长，m；

　　　p——$p \sim s$ 曲线线性段的某级压力，kPa；

　　　s——与 p 对应的沉降量，mm。

二、螺旋板载荷试验

螺旋板载荷试验是将螺旋形承压板旋入地面以下预定深度，在土层的天然应力状态下，通过传力杆向螺旋形承压板施加压力，直接测定荷载与土层沉降的关系。螺旋板载荷试验通常用以测求土的变形模量、不排水抗剪强度和固结系数等一系列重要参数。其测试深度可达 10 ~ 15 m。

（一）试验设备

螺旋板载荷试验设备通常由以下四部分组成。

1. 承压板

承压板呈螺旋板形。它既是回转钻进时的钻头，又是钻进到达试验深度进行载荷试验的承压板。螺旋板通常有两种规格：一种直径 160 mm，投影面积 200 cm^2，钢板厚 5 mm，螺距 40 mm；另一种直径 252 mm，投影面积 500 cm^2，钢板厚 5 mm，螺距 80 mm。

2. 量测系统

采用压力传感器、位移传感器或百分表分别量测施加的压力和土层的沉降量。

3. 加压装置

加压装置由千斤顶、传力杆组成。

4. 反力装置

反力装置由地锚和钢架梁等组成。

（二）试验要求

1. 应力法

用油压千斤顶分级加荷，每级荷载对于砂土、中低压缩性的黏性土、粉土宜采用 50

kPa,对于高压缩性土宜采用 25 kPa。每加一级荷载后,按 10 min、10 min、10 min、15 min、15 min 的间隔观测承压板沉降,以后的间隔为 30 min,达到相对稳定后施加下一级荷载。相对稳定的标准为连续观测两次以上沉降量小于 0.1 mm/h。

2. 应变法

用油压千斤顶加荷,加荷速率根据土的性质不同而取值,对于砂土、中低压缩性土,宜采用 1~2 mm/min,每下沉 1 mm 测读压力一次;对于高压缩性土,宜采用 0.25~0.5 mm/min,每下沉 0.25~0.5 mm 测读压力一次,直至土层破坏。试验点的垂直距离一般为 1.0 m。

(三)试验资料整理与成果应用

螺旋板载荷试验采用应力法时,根据试验可获得荷载—沉降量关系曲线($p \sim s$ 曲线)、沉降量—时间关系曲线($s \sim t$ 曲线);采用应变法时,可获得荷载—沉降量关系曲线。依据这些资料,通过理论分析可获得如下土层参数:

(1)根据螺旋板载荷试验资料绘制 $p \sim s$ 曲线,确定地基土的承载力特征值,其方法与静力载荷试验相同。

(2)确定土的不排水变形模量 E_u

$$E_u = 0.33 \frac{\Delta p D}{\Delta s} \tag{5-2}$$

式中　E_u——不排水变形模量,MPa;

　　　Δp——压力增量,MPa;

　　　Δs——压力增量 Δp 所对应的沉降量,mm;

　　　D——螺旋板直径,mm。

(3)确定排水变形模量 E_0

$$E_0 = 0.42 \frac{\Delta p D}{s_{100}} \tag{5-3}$$

式中　E_0——排水变形模量,MPa;

　　　s_{100}——在 Δp 压力增量下固结完成后的沉降量,mm;

　　　其余符号意义同前。

(4)计算不排水抗剪强度

$$c_u = \frac{p_i}{k \pi R^2} \tag{5-4}$$

式中　c_u——不排水抗剪强度,kPa;

　　　p_i——$p \sim s$ 曲线上极限荷载的压力,kN;

　　　R——螺旋板半径,cm;

　　　k——系数,对软塑、流塑软黏土取 8.0~9.5,对其他土取 9.0~11.5。

(5)计算一维压缩模量 E_{sc}

$$E_{sc} = m p_a \left(\frac{p}{p_a} \right)^{1-a} \tag{5-5}$$

$$m = \frac{s_c}{s} \frac{(p - p_0) D}{p_a} \tag{5-6}$$

式中　E_{sc}——一维压缩模量,kPa;

　　　p_a——标准压力,kPa,取一个大气压 $p_a = 100$ kPa;

　　　p——$p \sim s$ 曲线上的荷载,kPa;

　　　p_0——有效上覆压力,kPa;

　　　s——与 p 对应的沉降量,cm;

　　　D——螺旋板直径,cm;

　　　m——模数;

　　　a——应力指数,超固结土取 1.0,砂土、粉土取 0.5,正常固结饱和黏土取 0;

　　　s_c——无因次沉降系数,可从图5-3查得。

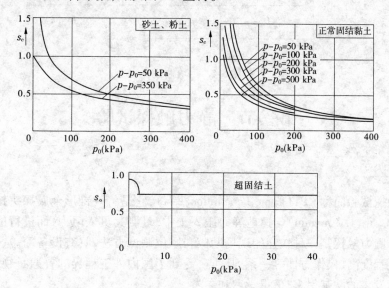

图5-3　$p_0 \sim s_c$ 关系曲线

(6)计算径向固结系数 C_r。根据试验得到的每级荷载下沉降量 s 与时间的平方根 $\sqrt{t}$ 绘制 $s \sim \sqrt{t}$ 曲线(见图5-4)。Janbu 根据一维轴对称径向排水的固结理论,推导得径向固结系数 C_r 为

$$C_r = T_{90} \frac{R^2}{t_{90}} \tag{5-7}$$

式中　C_r——径向固结系数,cm²/min;

　　　R——螺旋板半径,cm;

　　　T_{90}——相当于90%固结度的时间因子,取0.335;

　　　t_{90}——完成90%固结度的时间,min。

过 $s \sim \sqrt{t}$ 曲线初始直线段与 s 轴的交点,作一1.31倍初始段直线斜率的直线与 $s \sim \sqrt{t}$ 曲线相交,其交点即为完成90%固结度的时间 t_{90}。

螺旋板载荷试验就其在国内的发展情况来看,尚处于研究对比阶段,无论设备结构,还是基础理论和实际应用,都有待进一步开发、研究和推广。

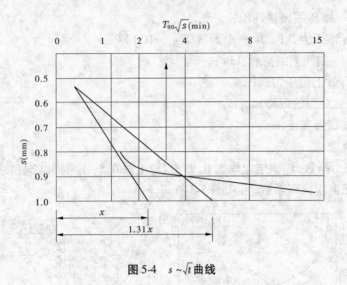

图 5-4 $s \sim \sqrt{t}$ 曲线

第三节 静力触探试验

一、概述

静力触探试验简称 CPT(Come Penetration Test),它是将一锥形金属探头按一定的速率(一般为 0.5 ~ 1.2 m/min)匀速地静力压入土中,量测其贯入阻力,而进行的一种原位测试方法。静力触探是一种快速的现场勘探和原位测试方法,具有设备简单、轻便、机械化和自动化程度高、操作方便等一系列优点,受到了国内外工程界的普遍重视,从理论和应用等方面发表的文献很多,值得学习和参考。

二、静力触探的贯入设备

(一)加压装置

加压装置的作用是将探头压入土层中。国内的静力触探仪按其加压动力装置分手摇式轻型静力触探、齿轮机械式静力触探、全液压传动静力触探仪三种类型(见图 5-5)。

目前,国内已研制出用微机控制的静力触探车,使微机控制从资料数据的处理扩展到操作领域。

(二)反力装置

静力触探的反力装置有三种形式:利用地锚作反力、利用重物作反力、利用车辆自重作反力。

(三)静力触探探头

1.探头的工作原理

将探头压入土中时,由于土层的阻力,使探头受到一定的压力,土层的强度越高,探头所受到的压力越大。通过探头内的阻力传感器,将土层的阻力转换为电信号,然后由仪表测量出来。静力触探就是通过探头传感器实现一系列量的转换:土的强度—土的阻力—

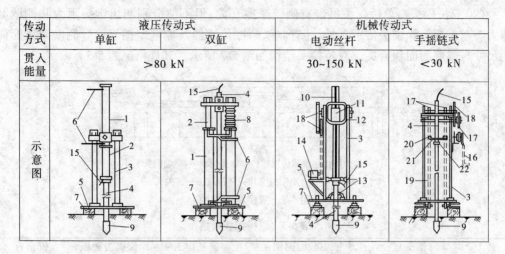

传动方式	液压传动式		机械传动式	
	单缸	双缸	电动丝杆	手摇链式
贯入能量	>80 kN		30~150 kN	<30 kN
示意图				

1—活塞杆;2—油缸;3—支架;4—探杆;5—底座;6—高压油管;7—垫木;8—防尘罩;
9—探头;10—滚珠丝杆;11—滚珠螺母;12—变速箱;13—导向器;14—电动机;15—电缆线;
16—摇把;17—链轮;18—齿轮皮带轮;19—加压链条;20—长轴销;21—山形压板;22—垫压块

图 5-5　常用的触探主机类型

传感器的应变—电阻的变化—电压的输出,最后由电子仪器放大和记录下来,达到获取土的强度和其他指标的目的。

2.探头的结构

目前,国内用的探头有两种:一种是单桥探头,另一种是双桥探头。此外,还有能同时测量孔隙水压的两用探头或三用探头,即在单桥探头或双桥探头的基础上增加了能量测孔隙水压力的功能。

(1)单桥探头。由图5-6可知,单桥探头由带外套筒的锥头、弹性元件(传感器)、顶柱和电阻应变片组成,锥底的截面面积规格不一,其规格见表5-2。单桥探头有效侧壁长度为锥底直径的1.6倍。

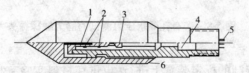

1—顶柱;2—电阻应变片;3—传感器;
4—密封垫圈套;5—四芯电缆;6—外套筒

图 5-6　单桥探头结构

表 5-2　单桥探头规格

型号	锥头直径 d_e(mm)	锥头截面面积 A(cm²)	有效侧壁长度 L(mm)	锥角 α(°)
I-1	35.7	10	57	60
I-2	43.7	15	70	60

（2）双桥探头。单桥探头虽带有侧壁摩擦套筒，但不能分别测出锥头阻力和侧壁摩擦力。双桥探头除锥头传感器外，还有侧壁摩擦传感器及侧壁摩擦套筒。侧壁摩擦套筒的尺寸与锥底面面积有关。双桥探头结构如图5-7所示。其规格见表5-3。

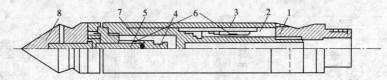

1—传力杆；2—摩擦传感器；3—摩擦筒；4—锥尖传感器；
5—顶柱；6—电阻应变片；7—钢珠；8—锥尖头

图 5-7　双桥探头结构

表 5-3　双桥探头规格

型号	锥头直径 d_e （mm）	锥头截面面积 A （cm^2）	摩擦筒长度 L （mm）	摩擦筒表面积 s（mm^2）	锥角 α （°）
I－1	35.7	10	179	200	60
I－2	43.7	15	219	300	60

（3）孔压静力触探探头。图5-8所示为带有孔隙水压力测试的静力触探探头，该探头除了具有双桥探头所需的各种部件，还增加了由透水陶粒做成的透水滤器和一个孔压传感器，具有能同时测定锥头阻力、侧壁摩擦阻力和孔隙水压力的功能，同时还能测定探头周围土中孔隙水压力的消散过程。

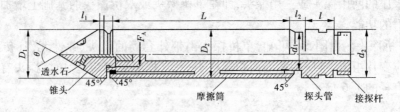

图 5-8　带有孔隙水压力测试的静力触探探头

3. 探头的标定

探头的标定可在特制的标定装置上进行，也可在材料实验室利用 50～100 kN 压力机进行，标定用测力计或传感器，精度不应低于 3 级。探头应垂直稳固放置在标定架上，并不使电缆线受压。对于新的探头，应反复（一般 3～5 次）预压到额定荷载，以减少传感元件由于加工引起的残余应力。

三、静力触探测量记录仪器

目前，我国常用的静力触探测量记录仪器有电阻应变测量仪、自动记录仪和静探微机三种类型，这里只介绍电阻应变测量仪和静探微机。

（一）电阻应变测量仪

手调直读式的电阻应变仪（YJD－1 和 YJ－5）现已基本不用，取而代之的是直显式静力触探记录仪。

(二)静探微机

静探微机主要由主机、交流适配器、接线盒、深度控制器等组成。目前,国内常用的为 LMG 系列产品,该机可外接静力触探单、双桥探头(包括测孔隙水的双桥探头)以及电测十字板、静载荷试验、三轴试验等低速电传感器。

静探微机具有两种采样方式,即按深度和按时间间隔两种。深度间隔的采样方式主要用于静力触探等,时间间隔采样方式可用于电测十字板、三轴试验等,对数式时间间隔采样方式可用于孔隙水压消散试验等。

静探微机能采用人机结合的方法整理资料,能自动计算静力触探分层力学参数,自动计算单桩承载力,提供 q_c、f_c、E_s 等地基参数。

四、静力触探现场试验要点

(一)试验准备工作

(1)设置反力装置(或利用车装重量)。

(2)安装好压入和量测设备,并用水准尺将底板调平。

(3)检查电源电压是否符合要求。

(4)检查仪表是否正常。

(5)将探头接上测量仪器(应与探头标定时的测量仪器相同),并对探头进行试压,检查顶柱、锥头、摩擦筒是否能正常工作。

(二)现场试验工作

(1)确定试验前的初读数。将探头压入地表下 0.5 m 左右,经过一定时间后将探头提升 10～25 cm,使探头在不受压状态下与地温平衡,此时仪器上的读数即为试验开始时的初读数。

(2)贯入速率要求匀速,其速率控制在(1.2±0.3)m/min。

(3)一般要求每次贯入 10 cm 读一次微应变,也可根据土层情况增减,但不能超过 20 cm;深度记录误差不超过 1%,当贯入深度超过 30 cm 或穿过软土层贯入硬土层后,应有测斜数据。当偏斜度明显时,应校正土层分层界线。

(4)由于初读数不是一个固定不变的数值,所以每贯入一定深度(一般为 2 m),要将探头提升 5～10 cm,测读一次初读数,以校核贯入过程初读数的变化情况。

(5)接卸钻杆时,切勿使入土钻杆转动,以防止接头处电缆被扭断,同时应严防电缆受拉,以免拉断或破坏密封装置。

(6)当贯入到预定深度或出现下列情况之一时,应停止贯入:①触探主机达到最大容许贯入能力,探头阻力达到最大容许压力;②反力装置失效;③发现探杆弯曲已超出限度。

(7)试验结束后应及时起拔探杆,并记录仪器的回零情况,探头拔出后应立即清洗上油,妥善保管,防止探头被暴晒或受冻。

五、静力触探成果应用

静力触探应用范围较广,下面就一些主要方面介绍如下。

(一)划分土类

静力触探是一种力学模拟试验,其比贯入阻力 p_s 是反映地基土实际强度及变形性质的力学指标,因此也反映了不同成因、不同年代和不同地区的土的力学指标的差别,并据此对不同类型的几种黏性土的 p_s 总结了一个范围值,见表5-4。

表 5-4　按比贯入阻力 p_s 确定黏性土种类

土层	软黏性土	一般黏性土	老黏性土
p_s 范围值(MPa)	$p_s \leqslant 1$	$1 < p_s < 3$	$p_s \geqslant 3$

(二)确定地基土的承载力

在利用静力触探确定地基土承载力的研究中,国内外都是根据对比试验结果提出经验公式。其中主要是与载荷试验进行对比,并通过对数据的相关分析得到适用于特定地区或特定土性的经验公式,以解决生产实践中的应用问题。

1.黏性土

国内在用静力触探 p_s(或 q_c)确定黏性土地基承载力方面已积累了大量资料,建立了用于一定地区和土性的经验公式,其中部分列于表5-5中。

表 5-5　黏性土静力触探承载力经验公式

序号	公式	适用范围	公式来源
1	$f_{ak} = 104p_s + 26.9$	$0.3 \leqslant p_s \leqslant 6$	《工业与民用建筑工程地质勘察规范》(TJ 21—77)
2	$f_{ak} = 17.3p_s + 159$	北京地区老黏性土	
3	$f_{ak} = 114.8\lg p_s + 124.6$	北京地区的新近代土	原北京市勘测处
4	$f_{ak} = 249\lg p_s + 157.8$	$0.6 \leqslant p_s \leqslant 4$	
5	$f_{ak} = 87.8p_s + 24.36$	湿陷性黄土	陕西省综合勘察院
6	$f_{ak} = 90p_s + 90$	贵州地区红黏土	贵州省建筑设计院
7	$f_{ak} = 112p_s + 5$	软土,$0.085 < p_s < 0.9$	铁道部(1988)

注:f_{ak} 单位为 kPa,p_s 单位为 MPa。

2.砂土

用静力触探 p_s(或 q_c)确定砂土承载力的经验公式参见表5-6。

表 5-6　砂土静力触探承载力经验公式

序号	公式	适用范围	公式来源
1	$f_{ak} = 20p_s + 59.5$	粉细砂 $1 < p_s < 15$	用静力触探测定砂土承载力
2	$f_{ak} = 36p_s + 76.6$	中粗砂 $1 < p_s < 10$	联合试验小组报告
3	$f_{ak} = 91.7\sqrt{p_s} - 23$	水下砂土	铁道部铁三院
4	$f_{ak} = (25 \sim 33)q_c$	砂土	国外

注:f_{ak} 单位为 kPa,p_s、q_c 单位为 MPa。

通常认为,由于取砂土的原状试样比较困难,故从 p_s(或 q_c)值估算砂土承载力是很实用的方法,其中对于中密砂比较可靠,对松砂、密砂不够满意。

3. 粉土

对于粉土,则采用下式来确定其承载力

$$f_{ak} = 36p_s + 44.6 \tag{5-8}$$

(三)确定砂土的密实度

国内外评定砂土密实度的界限值见表5-7。

表5-7　国内外评定砂土密实度界限值　　　　　　(单位:MPa)

出处	极松	疏松	稍密	中密	密实	极密
辽宁煤矿设计院		<2.5	2.5~4.5	>11		
北京市勘察院	<2	2~4.5	4~7	7~14	14~22	>22
南京地基基础设计规范	<3.5	3.5~6.0	6.0~12.0	>12.0		

(四)确定砂土的内摩擦角

砂土的内摩擦角可根据比贯入阻力参照表5-8取值。

表5-8　按比贯入阻力 p_s 确定砂土内摩擦角 φ

p_s(MPa)	1	2	3	4	6	11	15	30
φ(°)	29	31	32	33	34	36	37	39

(五)确定黏性土的状态

国内一些单位通过试验统计,得出了比贯入阻力与液性指数的关系式,制成表5-9,用于划分黏性土的状态。

表5-9　静力触探比贯入阻力与黏性土液性指数的关系

p_s(MPa)	$p_s \leq 0.4$	$0.4 < p_s \leq 0.9$	$0.9 < p_s \leq 3.0$	$3.0 < p_s \leq 5.0$	$p_s > 5.0$
I_L	$I_L \geq 1$	$0.75 \leq I_L < 1$	$0.25 \leq I_L < 0.75$	$0 \leq I_L < 0.25$	$I_L < 0$
状态	流塑	软塑	可塑	硬塑	坚硬

(六)估算单桩承载力

由于静力触探资料能直观地表示场地土质的坚硬程度,在工程设计时选择合适的桩端持力层、预估沉桩可能性及估算桩的极限承载力等方面表现出很大的优越性。其公式已列入《建筑桩基技术规范》(JGJ 94—2008)。

第四节　动力触探试验

动力触探试验是利用一定的锤击能量,将一定规格的探头打入土中,根据贯入的难易程度来判定土的性质。这种原位测试方法历史久远,种类也很多,主要包括圆锥动力触探试验和标准贯入试验,具有设备简单、操作方便、工效较高、适应性广等优点。特别适用于难以取样的无黏性土(砂土、碎石土等)及进行静力触探试验难的土层。

一、基本原理

动力触探的锤击能量(穿心锤重量 Q 与落距 H 的乘积),一部分用于克服土对触探的贯入阻力,称为有效能量;另一部分消耗于锤与触探杆的碰撞、探杆的弹性变形及与孔壁土的摩擦等,称为无效能量。假设锤击效率为 η,有效锤击能量可表示为 ηQH,则

$$\eta QH = q_d Ae \tag{5-9}$$

$$e = h/N \tag{5-10}$$

式中　Q——穿心锤重量,kN;

　　　H——落距,cm;

　　　q_d——探头的单位贯入阻力,kPa;

　　　A——探头横截面面积,m^2;

　　　e——每击的贯入深度,cm,其值可见式(5-10);

　　　h——贯入深度,cm;

　　　N——贯入深度为 h 时的锤击数,击。

于是可得

$$q_d = \eta QHN/(Ah) \tag{5-11}$$

对于同一种设备,Q、H、A、h 为常数,当 η 一定时,探头的单位贯入阻力与锤击数 N 成正比,即 N 的大小反映了动贯入阻力的大小,它与土层的种类、紧密程度、力学性质等密切相关,故可以将锤击数作为反映土层综合性能的指标。通过锤击数与室内有关试验及载荷试验等进行对比和相关分析,建立起相应的经验公式,应用于实际工程。

二、圆锥动力触探试验

(一)试验设备

圆锥动力触探试验种类较多,《岩土工程勘察规范》(GB 50021—2001)根据锤击能量分为轻型、重型和超重型三种,见表 5-10。

表 5-10　国内圆锥动力触探试验类型及规格

触探类型	落锤质量(kg)	落锤距离(cm)	圆锥头规格			触探杆外径(mm)	触探指标	主要适用岩土
			锥角	锥底直径(mm)	锥底面积(cm²)			
轻型	10	50	60°	40	12.6	25	贯入30 cm 的锤击数 N_{10}	浅部的填土、砂土、粉土、黏性土
重型	63.5	76	60°	74	43	42	贯入10 cm 的锤击数 $N_{63.5}$	砂土、中密以下的碎石土、极软岩
超重型	120	100	60°	74	43	50~60	贯入10 cm 的锤击数 N_{120}	密实和很密实的碎石土、软岩、极软岩

各种圆锥动力触探尽管试验设备重量相差悬殊,但其组成基本相同,主要由圆锥探头、触探杆和穿心锤三部分组成,各部分规格见表 5-10。轻型动力触探的试验设备如图 5-9 所示,重型(超重型)动力触探探头如图 5-10 所示。

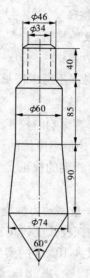

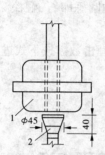

1—穿心锤;2—锤垫

图 5-9　轻型动力触探的
试验设备

图 5-10　重型(超重型)
动力触探探头

(二)现场试验技术要求

1. 轻型动力触探试验(DPL)

1)试验要点

先用轻便钻具钻至试验土层标高,然后对土层连续进行锤击贯入。每次将穿心锤提升 50 cm,自由落下。锤击频率每分钟宜为 15~30 击,并始终保持探杆垂直,记录每打入土层 30 cm 的锤击数 N_{10}。如遇密实坚硬土层,当贯入 30 cm 所需锤击数超过 90 击或贯入 15 cm 超过 45 击时,试验可以停止。

2)适用范围

轻型动力触探适用于一般黏性土、黏性素填土和粉土,其连续贯入深度小于 4 m。

2. 重型动力触探试验(DPH)

1)试验要点

贯入前,触探架应安装平稳,保持触探孔垂直。试验时,应使穿心锤自由下落,落距为 76 cm,及时记录贯入深度的贯入量及相应的锤击数。

2)适用范围

重型动力触探试验一般适用于砂土和碎石土。最大贯入深度为 10~12 m。

3. 超重型动力触探试验(DPSH)

1)试验要点

除落距为 100 cm 以外,超重型动力触探试验与重型动力触探试验要点相同。

2)适用范围

超重型动力触探试验一般用于密实的碎石或埋深较大、厚度较大的碎石土。贯入深度一般不超过 20 m。

(三)资料整理

1. 实测击数的校正

1)轻型动力触探

轻型动力触探不考虑杆长修正,实测击数 N_{10} 可直接应用。

2)重型动力触探

(1)侧壁摩擦影响的校正:对于砂土和松散—中密的圆砾卵石,触探深度为 1 ~ 15 m 时,一般可不考虑侧壁摩擦的影响。

(2)触探杆长度的校正:当触探杆长度大于 2 m 时,锤击数需按下式进行校正

$$N_{63.5} = \alpha N \tag{5-12}$$

式中　$N_{63.5}$——重型动力触探试验锤击数,击;

　　　α——触探杆长度校正系数,按表 5-11 确定;

　　　N——贯入 10 cm 的实测锤击数,击。

表 5-11　重型动力触探试验触探杆长度校正系数 α 值

$N_{63.5}$	杆长(m)										
	<2	4	6	8	10	12	14	16	18	20	22
<1	1.00	0.98	0.96	0.93	0.90	0.87	0.84	0.81	0.78	0.75	0.72
5	1.00	0.96	0.93	0.90	0.86	0.83	0.80	0.77	0.74	0.71	0.68
10	1.00	0.95	0.91	0.87	0.83	0.79	0.76	0.73	0.70	0.67	0.64
15	1.00	0.94	0.89	0.84	0.80	0.76	0.72	0.69	0.66	0.63	0.60
20	1.00	0.90	0.85	0.81	0.77	0.73	0.69	0.66	0.63	0.60	0.57

(3)地下水影响的校正:对于地下水位以下的中、粗、砾砂和圆砾、卵石,锤击数可按下式修正

$$N_{63.5} = 1.1 N'_{63.5} + 1.0 \tag{5-13}$$

式中　$N_{63.5}$——经地下水影响校正后的锤击数,击;

　　　$N'_{63.5}$——未经过地下水影响校正而经触探杆长度影响校正后的锤击数,击。

3)超重型动力触探

触探杆长度及侧壁摩擦影响的校正公式如下

$$N_{120} = \alpha F_n N \tag{5-14}$$

式中　N_{120}——超重型动力触探试验锤击数,击;

　　　α——触探杆长度校正系数,按表 5-12 确定;

　　　F_n——触探杆侧壁摩擦影响校正系数,按表 5-13 确定;

　　　N——贯入 10 cm 的实测击数,击。

表 5-12　超重型动力触探试验触探杆长度校正系数 α

探杆长度(m)	<1	2	4	6	8	10	12	14	16	18	20
α	1.00	0.93	0.87	0.72	0.65	0.59	0.54	0.50	0.47	0.44	0.42

表 5-13　超重型动力触探试验触探杆侧壁摩擦影响校正系数 F_n

N	1	2	3	4	6	8~9	10~12	13~17	18~24	25~31	32~50	>50
F_n	0.92	0.85	0.82	0.80	0.78	0.76	0.75	0.74	0.73	0.72	0.71	0.70

2. 动贯入阻力的计算

圆锥动力触探也可以用动贯入阻力作为触探指标,其值可按下式计算

$$q_d = \frac{M}{M+M'} \cdot \frac{MgH}{Ae} \tag{5-15}$$

式中　q_d——动力触探贯入阻力,MPa;

　　　M——落锤质量,kg;

　　　M'——触探杆(包括探头、触探杆、锤座和导向杆)的质量,kg;

　　　g——重力加速度,m/s^2;

　　　H——落锤高度,m;

　　　A——探头截面面积,cm^2;

　　　e——每击贯入度,cm。

式(5-15)是目前国内外应用最广的动贯入阻力计算公式,我国《岩土工程勘察规范》(GB 50021—2001)和水利水电部《土工试验规程》(SL 237—1999)条文说明中都推荐该公式。

3. 绘制单孔动探击数(或动贯入阻力)与深度的关系曲线,并进行力学分层

以杆长校正后的击数 N 为横坐标,贯入深度为纵坐标绘制触探曲线。对轻型动力触探按每贯入 30 cm 的击数绘制 $N_{10} \sim h$ 曲线;中型、重型和超重型按每贯入 10 cm 的击数绘制 $N \sim h$ 曲线。曲线图式有按每阵击换算的 N 点绘和按每贯入 10 cm 击数 N 点绘两种。

根据触探曲线的形态,结合钻探资料对触探孔进行力学分层。各类土典型的 $N \sim h$ 曲线如图 5-11 所示。分层时应考虑界面效应,即下卧层的影响。一般由软层(小击数)进入硬层(大击数)时,分层界线可选在软层最后一个小值点以下 0.1~0.2 m 处;由硬层进入软层时,分界线可定在软层第一个小值点以下 0.1~0.2 m 处。

根据力学分层,剔除层面上超前和滞后影响范围内及个别指标异常值,计算单孔各层动力触探指标的算术平均值。

当土质均匀,动力触探数据离散性不大时,可取各

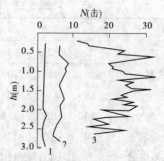

1—黏性土、砂土;2—砾石土;3—卵石土

图 5-11　各类土的 $N \sim h$ 曲线

孔分层平均值,用厚度加权平均法计算场地分层平均动力触探指标。当动力触探数据离散性大时,宜用多孔资料与钻孔资料及其他原位测试资料综合分析。

(四)成果应用

1. 确定砂土密度或孔隙比

用重型动力触探击数确定砂土、碎石土的孔隙比 e(见表5-14)。

表5-14　重型动力触探击数与孔隙比关系

土的分类	校正后的动力触探击数 $N_{63.5}$									
	3	4	5	6	7	8	9	10	12	15
中砂	1.14	0.97	0.88	0.81	0.76	0.73				
粗砂	1.05	0.90	0.80	0.73	0.68	0.64	0.62			
砾砂	0.90	0.75	0.65	0.58	0.53	0.50	0.47	0.45		
圆砾	0.73	0.62	0.55	0.50	0.46	0.43	0.41	0.39	0.36	
卵石	0.66	0.56	0.50	0.45	0.41	0.39	0.36	0.35	0.32	0.29

2. 确定地基土承载力

用动力触探指标确定地基土承载力是一种快速简便的方法。

(1)用轻型动力触探击数确定地基土承载力。对于小型工程地基勘察和施工期间检验地基持力层强度,轻型动力触探具有优越性,可见表5-15、表5-16。

表5-15　黏性土 N_{10} 与承载力 f_{ak} 的关系

N_{10}(击)	10	20	25	30
f_{ak}(kPa)	105	145	190	230

表5-16　素填土 N_{10} 与承载力 f_{ak} 的关系

N_{10}(击)	10	20	30	40
f_{ak}(kPa)	85	115	135	160

(2)用重型动力触探击数 $N_{63.5}$ 确定地基土承载力,见表5-17。

表5-17　细粒土、碎石土不同锤击数下的承载力 f_{ak}　　　(单位:kPa)

土类	$N_{63.5}$(击)										
	1	2	3	4	5	6	7	8	9	10	12
黏土	96	152	209	265	321	382	444	505			
粉质黏土	88	136	184	232	280	328	376	424			
粉土	80	107	136	165	195	(224)					
素填土	79	103	128	152	176	(201)					
粉细砂		(80)	(110)	142	165	187	210	232	255	277	
中粗砾砂			120	150	200	240		320		400	
碎石土			140	170	200	240		320		400	480

（3）用超重型动力触探击数 N_{120} 确定地基土承载力,见表5-18。

表5-18 碎石土 N_{120} 与承载力 f_{ak} 的关系

N_{120}	3	4	5	6	8	10	12	14	>16
f_{ak}(kPa)	250	300	400	500	640	720	800	850	900

注:1. 资料引自中国建筑西南综合勘察院。

2. N_{120} 需经式(5-14)修正。

3. 确定桩尖持力层和单桩承载力

1）确定桩尖持力层

动力触探试验与打桩过程极其相似,动力触探指标能很好地反映探头处地基土的阻力。在地层层位分布规律比较清楚的地区,特别是上软下硬的二元结构地层,用动力触探能很快地确定端承桩的桩尖持力层。但在地层变化复杂和无建筑经验的地区,则不宜单独用动力触探来确定桩尖持力层。

2）确定单桩承载力

动力触探试验由于无法实测地基土极限侧壁摩阻力,因而用于桩基勘察时,主要是以桩端承载力为主的短桩。我国沈阳、成都和广州等地区通过动力触探试验和桩静载荷试验对比,利用数理统计得出了用动力触探指标（ $N_{63.5}$ 或 N_{120} ）估算单桩承载力的经验公式,应用范围都具地区性。

利用动力触探指标还可评价场地的均匀性,探查土洞、滑动面、软硬土层界面,检验地基加固与改良效果等。

第五节 十字板剪切试验

十字板剪切试验是快速测定饱和软黏土层快剪强度的一种简易而可靠的原位测试方法。这种方法测得的抗剪强度值,相当于试验深度处天然土层的不排水抗剪强度,在理论上它相当于三轴不排水剪的总强度,或无侧限抗压强度的一半（ $\varphi = 0$ ）。由于十字板剪切试验不需采取土样,特别对于难以取样的灵敏性高的黏性土,它可以在现场基本保持天然应力状态下进行扭剪。长期以来,十字板剪切试验被认为是一种较为有效的、可靠的现场测试方法,与钻探取样室内试验相比,土体的扰动较小,而且试验简便。

但在有些情况下已发现十字板剪切试验所测得的抗剪强度在地基不排水稳定分析中偏于不安全,对于不均匀土层,特别是夹有薄层粉细砂或粉土的软黏性土,十字板剪切试验会有较大的误差。因此,将十字板抗剪强度直接用于工程实践中,要考虑一些影响因素。

一、十字板剪切试验的基本技术要求

（1）常用的十字板尺寸为矩形,高径比（ H/D ）为2。国外使用的十字板尺寸与国内常用的十字板尺寸不同,见表5-19。

表 5-19　十字板尺寸

十字板尺寸	$H(\text{mm})$	$D(\text{mm})$	厚度(mm)
国内	100	50	2 ~ 3
	150	75	2 ~ 3
国外	125 ± 12.5	62.5 ± 12.5	2

（2）对于钻孔十字板剪切试验，十字板插入孔底以下的深度应大于 5 倍钻孔孔径，以保证十字板能在不扰动土中进行剪切试验。

（3）十字板插入土中与开始扭剪的间歇时间应小于 5 min。因为插入时产生的超孔隙水压力的消散，会使侧向有效应力增长。拖斯坦桑（1977）发现间歇时间为 1 h 和 7 d 的试验所得不排水抗剪强度比间歇时间为 5 min 的，约分别增长 9% 和 19%。

（4）扭剪速率也应很好控制。剪切速率过慢，由于排水导致强度增长，剪切速率过快，对饱和软黏性土由于黏滞效应也使强度增长。一般应控制扭剪速率为 1°/10 s ~ 2°/10 s，并以此作为统一的标准速率，以便能在不排水条件下进行剪切试验。测记每扭转 1° 的扭矩，当扭矩出现峰值或稳定值后，要继续测读 1 min，以便确认峰值或稳定扭矩。

（5）重塑土的不排水抗剪强度，应在峰值强度或稳定值强度出现后，顺剪切扭转方向连续转动 6 圈后测定。

（6）十字板剪切试验抗剪强度的测定精度应达到 1 ~ 2 kPa。

（7）为测定软黏性土不排水抗剪强度随深度的变化，试验点竖向间距应取为 1 m，或根据静力触探等资料布置试验点。

二、十字板剪切试验的基本原理

十字板剪切试验所用的仪器为十字板剪切仪，如图 5-12 所示。十字板剪切试验包括钻孔十字板剪切试验和贯入电测十字板剪切试验，其基本原理都是：施加一定的扭转力矩，将土体剪坏，测定土体对抗扭剪的最大力矩，通过换算得到土体抗剪强度值（假定 $a = 0$）。假设土体是各向同性介质，即水平面的不排水抗剪强度$(c_u)_h$与垂直面上的不排水抗剪强度$(c_u)_v$相同：$(c_u)_v = (c_u)_h$。旋转十字板头时，在土体中形成一个直径为 D、高为 H 的圆柱剪切破坏面。由于假设土体是各向同性的，因此该圆柱剪损面的侧表面及顶底面上各点的抗剪强度相等，则旋转过程中，土体产生的最大抗扭矩 M 由圆柱侧表面的抵抗扭矩 M_1 和圆柱底面的抵抗扭矩 M_2 组成。

$$M = M_1 + M_2 \qquad (5\text{-}16)$$

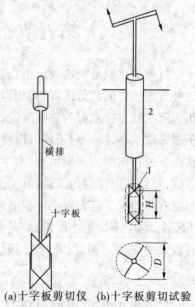

(a)十字板剪切仪　(b)十字板剪切试验

1—轴杆；2—十字板头

图 5-12　十字板剪切仪

$$M_1 = c_u \pi D H \frac{D}{2}$$

$$M_2 = \left[2c_u \left(\frac{1}{4} \pi D^2 \right) \frac{D}{2} \right] \alpha$$

则

$$M = \frac{1}{2} c_u \pi H D^2 + \frac{1}{4} c_u \pi \alpha D^3 = \frac{1}{2} c_u \pi D^3 \left(\frac{H}{D} + \frac{\alpha}{2} \right) \tag{5-17}$$

所以

$$c_u = \frac{2M}{\pi D \left(\dfrac{H}{D} + \dfrac{\alpha}{2} \right)} \tag{5-18}$$

式中　α——与圆柱顶底面剪应力分布有关的系数,见表 5-20;

　　　M——十字板稳定最大扭转矩(即土体的最大抵抗扭矩)。

表 5-20　α 值

圆柱顶底面剪应力分布	均匀	抛物线形	三角形
α	2/3	3/5	1/2

　　影响十字板剪切试验的因素很多,有些因素(如十字板厚度、间歇时间和扭转速率等)已由技术标准加以控制了,但有些因素是无法人为控制的,例如土的各向异性、剪切面剪应力的非均匀分布、应变软化和剪切破坏圆柱直径大于十字板直径等。所有这些因素的影响大小,均与土类、土的塑性指数 I_P 和灵敏度 S_t 有关。当 I_P 高、S_t 大时,各因素的影响也大。因此,对于高塑性的灵敏黏土的十字板剪切试验成果,要做慎重分析。

三、十字板剪切试验的适用范围和目的

(一)适用范围

十字板剪切试验适用于灵敏度 $S_t < 10$,固结系数 $C_v < 100$ m²/年的均质饱和软黏性土。

(二)目的

(1)测定原位应力条件下软黏土的不排水抗剪强度 c_u。

(2)估算软黏性土的灵敏度 S_t。

四、十字板剪切试验成果的应用

　　十字板剪切试验成果主要有:十字板不排水抗剪强度 c_u 随深度的变化曲线,即 $c_u \sim h$ 关系曲线。

　　十字板不排水抗剪强度一般偏高,要经过修正以后,才能用于实际工程问题。其修正方法有

$$(c_u)_f = \mu (c_u)_{fv} \tag{5-19}$$

式中　$(c_u)_f$——土的现场不排水抗剪强度,kPa;

　　　$(c_u)_{fv}$——十字板实测不排水抗剪强度,kPa;

　　　μ——修正系数,按表 5-21 选取。

表 5-21　十字剪切板修正系数

塑性指数 I_P		10	15	20	25
μ	各向同性土	0.91	0.88	0.85	0.82
	各向异性土	0.95	0.92	0.90	0.88

国外约翰逊(Johnson,1988)等对墨西哥海湾深水软土的试验公式如下

$$\mu = 1.29 - 0.020\ 6I_P + 0.000\ 156I_P^2 \quad (20 \leq I_P \leq 80) \tag{5-20}$$

$$\mu = 10^{-(0.007\ 7+0.098/I_L)} \quad (0.2 \leq I_L \leq 1.3) \tag{5-21}$$

经过修正后的十字板不排水抗剪强度可用于平定地基土的现场不排水抗剪强度,即式(5-19)确定的 $(c_u)_f$。

用 $(c_u)_f$ 也可以确定软土地基的承载力。

根据中国建筑科学研究院、华东电力设计院的经验,依据 $(c_u)_f$ 评定软土地基承载力标准值 f_k 的公式为

$$f_k = 2(c_u)_f + \gamma D \tag{5-22}$$

式中　γ——土的重度,kN/m^3;

　　　　D——基础埋置深度,m;

　　　　其余符号意义同前。

也可以利用地基土承载力的理论公式,根据 $(c_u)_f$ 确定地基土的承载力。用十字板实测不排水抗剪强度可以估算软土的液性指数 I_L

$$I_L = \lg \frac{13}{\sqrt{(c_u)'_{fv}}} \tag{5-23}$$

式中　$(c_u)'_{fv}$——扰动的十字板不排水抗剪强度,kPa。

约翰逊等曾统计得

$$\frac{(c_u)_{fv}}{\sigma_v} = 0.171 + 0.235I_L \tag{5-24}$$

第六节　扁铲侧胀试验

扁铲侧胀试验(DMT)是 20 世纪 70 年代末由意大利人 Marchetti 发明的一种新的原位测试方法,简称扁胀试验,是用静力或锤击动力把扁铲形探头贯入土中,达预定试验深度后,利用气压使扁铲侧面的圆形钢膜向外扩张进行试验,可作为一种特殊的旁压试验。它适用于一般黏性土、粉土,中密以下砂土和黄土等,不适用于含碎石的土、风化岩等。

扁胀试验的优点在于试验简单、快速、重复性好,故在国外近年来发展很快。我国南光地质仪器厂已研制成功 DMT–W1 型扁铲侧胀仪。

一、扁胀试验的基本原理

扁胀试验时,铲头的弹性膜向外扩张可假设为在无限弹性介质中在圆形面积上施加

均布荷载 Δp，则有

$$s = \frac{4R\Delta p}{\pi}\frac{(1-\mu^2)}{E} \qquad (5-25)$$

式中　E——弹性介质的弹性模量，MPa；

　　　μ——弹性介质的泊松比；

　　　s——膜中心的外移，mm；

　　　R——膜的半径（$R = 30$ mm）。

（一）扁胀模量 E_D

把 $E/(1-\mu^2)$ 定义为扁胀模量 E_D，则有

$$E_D = 34.7\Delta p = 34.7(p_1 - p_0) \qquad (5-26)$$

式中　p_1——膜中心外移 s 时所需的应力，kPa；

　　　p_0——作用在扁胀仪上的原位应力，kPa。

（二）扁胀水平应力指数 K_D

定义水平有效应力 $p_0{}'$ 与竖向有效应力 $\sigma_{vo}{}'$ 之比为扁胀水平应力指数 K_D，则有

$$K_D = p_0{}'/\sigma_{vo}{}' = (p_0 - u_0)/\sigma_{vo} \qquad (5-27)$$

式中　u_0——孔隙水压力；

　　　p_0——水平压力。

（三）扁胀指数 I_D

定义扁胀指数为

$$I_D = (p_1 - p_0)/(p_0 - u_0) \qquad (5-28)$$

（四）扁胀孔压指数 u_D

定义扁胀孔压指数为

$$u_D = (p_2 - p_0)/(p_0 - u_0) \qquad (5-29)$$

式中　p_2——初始孔压加上由于膜扩张所产生的超孔压之和。

扁胀参数反映了土的一系列特性，所以可根据 E_D、K_D、I_D 和 u_D 确定土的岩土参数，为岩土工程问题作出评价。

二、扁胀试验的仪器设备及试验技术

（一）扁铲形探头和量测仪器

扁铲形探头的尺寸为长 230～240 mm，宽 94～96 mm，厚 14～16 mm，铲前缘刃角为 12°～16°，扁铲的一侧面为一直径 60 mm 的钢膜。探头可与静力触探的探杆或钻杆连接。量测仪表为静探测量仪，并前置控制箱，如图 5-13 所示。

（二）测定钢膜三个位置的压力 A、B、C

压力 A 为当膜片中心刚开始向外扩张，向垂直扁铲周围的土体水平位移（0.05 + 0.02）mm 时，作用在膜片内侧的气压。

压力 B 为膜片中心外移达（1.10 ± 0.03）mm 时作用在膜片内侧的气压。

压力 C 为在膜片中心外移 1.10 mm 以后，缓慢降压，使膜片内缩到刚启动前的位置时作用在膜片内的气压。

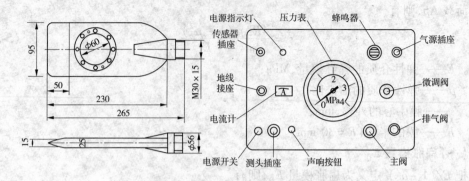

图 5-13　DMT－W1 型扁胀探头及量测仪表

当膜片到达所确定的位置时,会发出一电信号——指示灯发光或蜂鸣器发声,测读相应的气压。一般三个压力读数 A、B、C 可在贯入后 1 min 内完成。

(三)膜片的标定

由于膜片的刚度,需通过在大气压下标定膜片中心外移 0.05 mm 和 1.10 mm 所需的压力 ΔA 和 ΔB,标定应重复多次,取 ΔA 和 ΔB 的平均值。

p_1 的计算式为(膜中心外移 1.10 mm)

$$p_1 = B - Z_m - \Delta B \tag{5-30}$$

式中　Z_m——压力表在大气压力下的零读数;

其余符号意义同前。

p_0 的计算式为

$$p_0 = 1.05(A - Z_m + \Delta A) - 0.05(B - Z_m - \Delta B) \tag{5-31}$$

p_2 的计算式为(膜中心外移后又收缩到初始外移 0.05 mm 时的位置)

$$p_2 = C - Z_m + \Delta A \tag{5-32}$$

(四)试验要求

(1)当静压扁铲探头入土的推力超过 50 kN 或用 SPT 的锤击方式,每 30 cm 的锤击数超过 15 击时,为避免扁胀探头损坏,建议先钻孔,在孔底下压探头至少 15 cm,试验装置见图 5-14。

(2)试验点在垂直方向的间距可为 0.15～0.30 m,一般可取 0.20 m。

(3)试验全部结束,应重新检验 AA 和 AB 值。

(4)若要估算原位的水平固结系数,可进行扁膜消散试验,从卸除推力开始记录压力 C 随时间 f 的变化,记录时间可按 1 min、2 min、4 min、8 min、15 min、30 min…安排。直至 C 压力的消散超过 50%。

三、扁胀试验的资料整理

(一)绘制 p_0、p_1、p_2 随深度的变化曲线

根据 A、B、C 压力及 ΔA、ΔB 计算出 p_0、p_1、p_2,并绘制 p_0、p_1、p_2 随深度的变化曲线,见图 5-15。

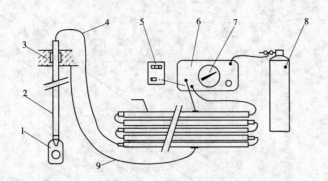

1—铲头;2—探杆;3—压入设备夹持器;4—气—电管路;
5—电测仪表;6—测控箱;7—高精度压力表;8—气源;9—地线
图 5-14　　BMT－W1 仪器试验装置

(二) 绘制 K_D、I_D 随深度的变化曲线

根据 K_D、I_D 绘制随深度的变化曲线,见图 5-16。

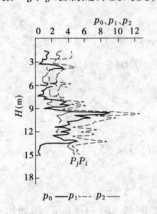

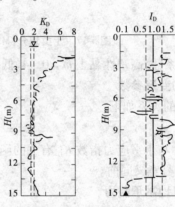

图 5-15　　$p_0 \sim H$、$p_1 \sim H$、$p_2 \sim H$ 曲线　　　图 5-16　　扁胀试验 $K_D \sim H$、$I_D \sim H$ 曲线

四、扁胀试验资料的应用

(一) 划分土类

Marchetti 和 Crapps(1981)提出依据扁胀指数 I_D 可划分土类,见表 5-22 和图 5-17。

表 5-22　　根据扁胀指数 I_D 划分土类

I_D	0.1	0.35	0.6	0.9	1.2	1.8	3.3
泥炭及灵敏性黏土	黏土	粉质黏土	黏质粉土	粉土	砂质粉土	粉质砂土	砂土

(二) 静止侧压力系数 K_0

扁胀探头压入土中,对周围土体产生挤压,故并不能由扁胀试验直接测定原位初始侧向应力,但可通过经验建立静止侧压力系数 K_0 与水平应力指数 K_D 的关系式,即

$$K_0 = 0.35 K_D^m \quad (K_D < 4) \tag{5-33}$$

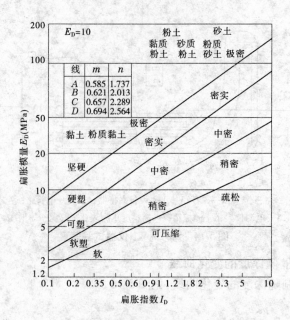

图 5-17 土类划分(Marchetti 和 Crapps,1981)

式中　m——系数,高塑性黏土 $m = 0.44$,低塑性黏土 $m = 0.64$。

(三)土的变形参数

E_s 和 E_D 的关系如下

$$E_s = R_w g E_D \tag{5-34}$$

式中　R_w——与水平应力指数 K_D 有关的函数,一般取 $R_w > 0.85$;

其余符号意义同前。

(四)估算地基承载力

扁胀试验中压力增量 $Dp = p_1 - p_0$,此时弹性膜的变形量为 1.10 mm,相对变形量为 1.10/0.60 = 1.83,与载荷试验中相对沉降量法取值相似($p_{0.01~0.015}$)。所以,可用如 $f_0 = Dp$ 估算地基土承载力,具体到一个地区、一种土类,最好有载荷试验资料对比。

第七节　现场剪切试验

岩土体的现场剪切试验包括现场直剪试验和现场三轴试验。本节仅介绍现场直剪试验。

现场直剪试验(FDST)是在现场岩土体上直接进行剪切试验,测定其抗剪强度参数及应力—应变关系的一种原位测试方法。它包括岩土体本身的直剪试验、岩土体沿软弱结构面的直剪试验和岩体与混凝土接触面的直剪试验三类。按试验方式和过程的不同,每一类直剪试验又均可分为岩土试验体在法向应力作用下沿剪切面剪切破坏的抗剪试验(抗剪断试验)、岩土体剪断后沿剪切面继续剪切的抗剪试验(摩擦试验)和法向应力为零时岩体剪切的抗切试验,如图 5-18 所示。由于现场直剪试验的试验体受剪面积比室内试验大得多,且又是在现场直接进行的,因此和室内试验相比更符合实际情况。

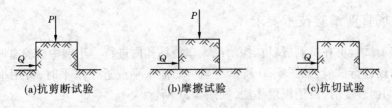

(a)抗剪断试验　　　(b)摩擦试验　　　(c)抗切试验

图 5-18　现场剪切试验

一、现场直剪试验基本原理

岩土体的抗剪强度与剪切面上的法向应力有关。在一定范围内,其值随法向应力呈线性增大,如图 5-19 所示。

$$\tau = \sigma \tan\varphi + c \qquad (5-35)$$

式中　τ——岩土体抗剪强度,kPa;

σ——岩土体剪切面上法向应力,kPa;

φ——岩土体的内摩擦角,(°);

c——岩土体的黏聚力,kPa。

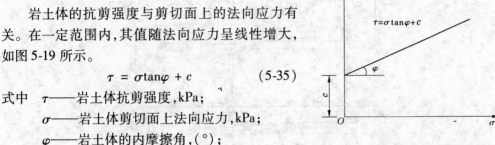

图 5-19　抗剪强度与法向应力的关系

因此,通过进行一组试验(一般为 3 ~ 5 个试验体),得到岩土体在不同法向应力作用下的抗剪强度,可求得岩土体的抗剪强度参数(c、φ)。

二、现场直剪试验仪器设备

(一)加荷系统

(1)液压千斤顶 2 台。根据岩土体强度、最大荷载及剪切面积选用不同规格。

(2)油压泵 2 台。手摇式或电动式,对千斤顶供油。

(二)传力系统

(1)高压胶管若干(配有快速接头)。输送油压用。

(2)传力柱(无缝钢管)一套。要求必须具有足够的刚度和强度。

(3)承压板一套。其面积可根据试验体尺寸而定。

(4)剪力盒一个。有方形和圆形两种,常用于土体及强度较低的软岩,强度较高的岩体用承压板取代。

(5)滚轴排一套。面积根据试验体尺寸而定。

(三)测量系统

(1)压力表(精度为一级的标准压力表)一套,测油压用。

(2)千分表(8 ~ 12 只),也可用百分表代替。

(3)磁性表架(8 ~ 12 只)。

(4)测量表架(I 型钢)2 根。

(5)测量标点(有机玻璃或不锈钢)。

(四)辅助设备

辅助设备有开挖、安装工具及反力设备等。

三、现场直剪试验技术要求

现场直剪试验可在试洞、试坑、探槽或大口径钻孔内进行。土层中试验有时采用大型同步式剪力仪进行试验,如图 5-20 所示。当剪切面水平或近于水平时,可用平推法或斜推法;当剪切面较陡时,可用楔形体法,如图 5-21 所示。

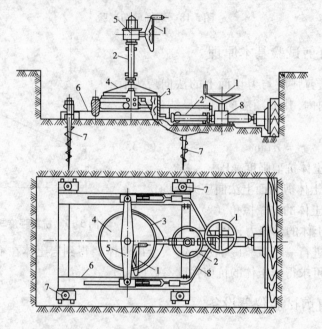

1—手轮;2—测力计;3—切土环;4—传压盖;5—垂直压力部分(横梁、拉杆);
6—水平框架;7—地锚;8—水平压力部分

图 5-20　大型同步式剪力仪

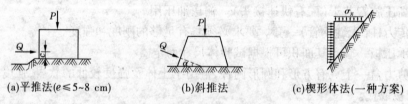

(a)平推法(e≤5~8 cm)　　　(b)斜推法　　　(c)楔形体法(一种方案)

图 5-21　现场直剪试验布置示意图

下面具体介绍现场直剪试验的技术要求:

(1)选择试验点时,同一组试验体的地质条件应基本相同,受力状态应与岩土体在实际工程中的工作状态相近。

(2)每组岩体试验不宜少于 5 处,面积不宜小于 0.25 m²,试验体最小边长不宜小于 50 cm,间距应大于最小边长的 1.5 倍。每组土体试验不宜少于 3 处,面积不宜小于 0.1 m²,高度不宜小于 10 cm 或最大粒径的 4~8 倍。

(3)在爆破、开挖、切样等过程中应避免对岩土试验体或软弱结构面的扰动,及避免含水量的显著改变。对软弱岩体,在顶面及周边加护层(钢或混凝土),土体可采用剪力盒。

（4）试验设备安装时，应使施加的法向荷载、剪切荷载位于剪切面、剪切缝的中心或使法向荷载与剪切荷载的合力通过剪切面中心。

（5）最大法向荷载应大于设计荷载，并按等量分级施加于不同的试验体上。施加荷载的精度应达到试验最大荷载的2%。

（6）每一试验体的法向荷载可分4~5级施加，当法向变形达到相对稳定时，即可施加下一级荷载，直至达到预定压力。对土体和高含水量塑性软弱夹层，其稳定标准是：加荷后5 min内百分表读数（法向变形）变化不超过0.05 mm；对岩体或混凝土，则要求5 min内变化不超过0.01 mm。

（7）预定法向荷载稳定后，开始按预估最大剪切荷载（或法向荷载）的5%~10%分级等量施加剪切荷载。岩体按每5~10 min，土体按每30 min施加一级荷载。每级荷载施加前后各测读变形一次。当剪切变形急剧增大或剪切变形达到试验体尺寸的1/10时，可终止试验。但在临近破坏时，应密切注意和测记压力变化及相应的剪切变形。整个剪切过程中，法向荷载应始终保持常数。

（8）试验体剪切破坏后，根据需要可继续进行摩擦试验。

（9）拆卸试验设备，观察记录剪切面破坏情况。

四、现场直剪试验资料整理及成果应用

（一）计算剪切面上的法向应力

作用于剪切面上的各级法向应力按下式计算

$$\sigma = P/F + Q/(F\sin\alpha) \qquad (5\text{-}36)$$

式中　σ——作用于剪切面上的法向应力，kPa；

　　　P——作用于剪切面上的总法向荷载（包括千斤顶施加的力、设备及试验体自重），kN；

　　　F——剪切面面积，m^2；

　　　Q——作用于剪切面上的剪切荷载，kN；

　　　α——剪切荷载与剪切面的夹角，(°)。

（二）计算各级剪切荷载下剪切面上剪应力和相应变形

作用于剪切面上的剪应力按下式计算

$$\tau = Q/(F\cos\alpha) \qquad (5\text{-}37)$$

式中　τ——作用于剪切面上的剪应力，kPa；

　　　其余符号意义同前。

（三）绘制剪应力与剪切变形及剪应力与法向变形曲线

根据各级剪切荷载作用下剪切面上的剪应力及相应的变形，可以作出试验体受剪时的应力—变形曲线，如图5-22所示。根据曲线特征，可以确定比例极限、屈服强度、峰值强度、残余强度及剪胀强度。

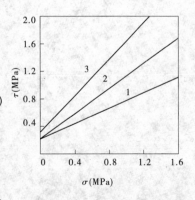

1—峰值强度；2—屈服强度；3　比例极限

图5-22　混凝土／片岩抗剪断
试验应力—变形曲线

（四）绘制法向应力与比例极限、屈服极限、峰值强度、残余强度的关系曲线

通过绘制法向应力与比例极限、屈服极限、峰值强度、残余强度的关系曲线,可确定相应的强度参数:黏聚力 c 和内摩擦角 φ,如图 5-23 所示。

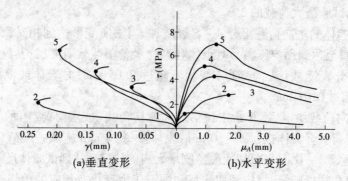

(a)垂直变形　　　　　　　　(b)水平变形

1、2、3、4、5—试验体编号

图 5-23　关系曲线

根据长江科学院的经验,对于脆性破坏岩体,可以采取比例极限确定抗剪强度参数;而对于塑性破坏岩体,可以利用屈服极限确定抗剪强度参数。验算岩土体滑动稳定性,可以采取残余强度确定抗剪强度参数。因为在滑动面上破坏的发展是累进的,发生峰值强度破坏后,破坏部分的强度降为残余强度。

总之,选取何种强度参数,应根据岩土的性质、地区特点、工程性质和对比资料等确定。

第六章　岩土体动力测试技术

第一节　概　述

岩土体动力测试的内容,概括地说,就是将试样土按照要求的湿度、密度、结构和应力状态制备于一定的容器中,然后施加不同形式和不同强度的振动荷载作用,再量测出在振动荷载作用下试样的应力和应变,从而对土的性质和有关指标的变化规律作出定性与定量的判别。

一、岩土动力测试技术的分类

岩土动力测试,就其目的性来说,可分为以下三个方面:

(1)岩土体的基本动力参数试验,例如测求动弹性模量、动剪切模量、泊松比及岩土体对波的传播速度等。

(2)岩土体的动力反应试验,如饱和低塑性土的振动液化试验、动阻尼或衰减试验。

(3)岩土结构物受振条件下的原型观测,例如各种动力作用下岩土体振动性状的实际观测等。

就测试条件而论,岩土动力测试又可分为如下四个方面:

(1)室内试验,其特点在于可以人为地控制各种条件,进而测求土的动力性质。由于试验条件可以理想化和标准化,因此这类试验多用来测求岩土体的基本动力参数,或在复杂的应力条件或边界条件下进行多方面的模拟试验(如液化等)。

(2)现场模拟试验,多用于模拟实际动力机器或设备影响下岩土体的动力反应。如在各种动力作用下基础的各种动刚度试验,动变形或动强度试验等。

(3)原位试验,多指测定岩土层整体的动力性状。如各种波速测定、衰减系数及固定周期等。

(4)原型观测,如实际的坝体与坝基、基础与地基在天然地震或人工地震作用下的动力性状等。

土的动力参数主要包括土的抗剪强度参数(c、φ)、动模量(E、G)、泊松比μ、阻尼比λ、液化参数(循环剪应力比、循环变形和孔隙水压力反应)等。由于动力试验条件的复杂性,一项动力参数可以通过多种试验方法进行测定。

二、岩土动力测试方法

关于岩土体的室内动力试验方法,最常用的有动三轴试验、动单剪试验等。近年来,为了获得更加接近于实际条件的试验结果,大型振动台试验和共振柱试验得到了较多的应用。上述这些室内动力试验技术大多是综合性的,即用一项设备或相应的方法可以求得多项动力试验结果。本章仅简单论述岩土的室内动力测试技术,至于现场模拟试验、原位测试和原型观测等,将在本书中重点介绍。

第二节　动三轴试验

动三轴试验利用了与静三轴试验相似的轴向应力条件,通过对试样施加模拟的动主应力,确定试样在动荷载作用下的动力特性。动三轴试验是室内测定剪切模量和液化强度最常用的试验。按试验方法的不同,动三轴试验可分为常侧压动三轴试验和变侧压动三轴试验。

一、试验设备

振动三轴仪按激振方式来分,有机械惯性力式、电磁式、电气式及电液伺服式。在设计岩土试验时,应首先选择各仪器所输出的动荷载(包括频率范围、振动波形,动应变幅位等)以及可采集的试验数据范围等,使其最大限度地满足工程要求和近似实际情况。三种常用激振设备主要功能,可参照表6-1。

表6-1　三种常用激振设备主要功能

类型	频率范围	输出波形	输出物理量
电磁式	频率较宽,可模拟声及亚声振动频率	正弦波、方波、锯齿波及人工随机波	力、位移、速度、加速度
电液伺服式	频率较宽,可模拟各种机械振动频率	正弦波、方波、锯齿波及人工随机波	力、位移、速度、加速度
机械惯性力式	频率较窄,超低频和超高频不适用	一般为正弦波	力

二、试验操作要点

(一)准备工作

试验进行之前,需拟订好试验方案和调试好仪器设备,使它们均处于正常工作状态。在满足试验要求的前提下,还应有一定的安全储备。

(二)应力状态

通常施加的等效压力 σ_0 是根据土层的天然实际应力状态而给定的,尽可能地使试样能在近似模拟天然应力条件及饱和度的前提下进行试验。

(三)测定动弹性模量

弹性模量是用以表征任何材料在弹性变形阶段应力—应变关系的一项重要力学指标。试验表明,岩土样具有一定的黏滞性和塑性,其动弹性模量 E_d 受很多因素的影响,最主要的影响因素是主应力量级、主应力比和预固结应力条件及固结度等。

为使所测求的动弹性模量具有与其定义相对应的物理条件,在动弹性模量和阻尼比试验中,应将试样在模拟现场实际应力或设计荷载条件下进行等压或不等压固结,在不排水条件下施加动荷载,即在动应力作用下试样所产生的动应变应该尽量不掺杂塑性的固结变形成分。

测试过程中,同时测记试样在每一循环荷载作用下的动应力和轴向应变。如用 xy 函数记录仪记录,则可绘出每级动荷载作用下的应力、应变滞回圈;如用光线示波器记录,记录 n 次循环动荷载的应力—应变曲线,手工绘制应力应变滞回圈。

(四)测定动强度

岩土的动强度是指试样在动荷载一定的循环次数作用下,未液化时发生破坏所对应的动应力值。动强度试验一般采取固结不排水试验或不固结不排水试验。固结压力可用等压亦可用不等压,应根据需要而定。固结完成后,施加预定的动荷载,在振动过程中,注意观察试验记录变化。在等压条件下试验孔隙水压力等于周围压力,不等压固结当轴向总应变达到10%时, 再振动 10 ~ 20 次即停机。测记振动后试样排水量和轴向变形值。图 6-1 为动应力与动应变记录曲线。图 6-2 为振动过程中试样变形、孔隙水压力、动应变变化过程曲线。

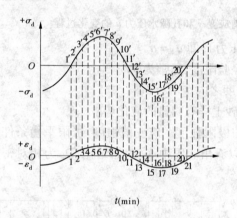

图 6-1　动应力与动应变记录曲线

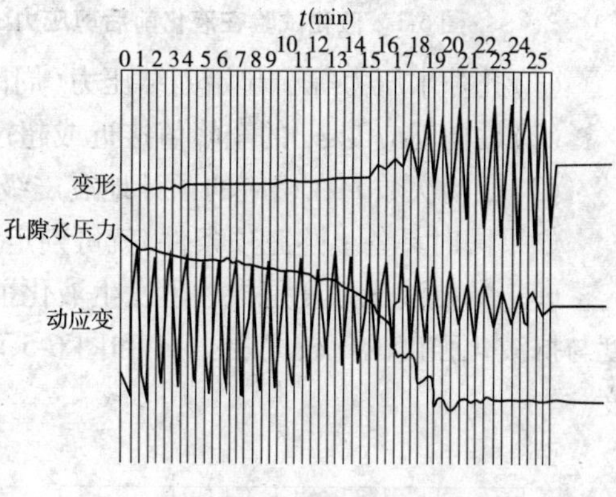

图 6-2　振动过程中试样变形、孔隙水压力、动应变变化过程曲线

(五)判定饱和砂土的液化势

动三轴试验因为应力条件限制,不能很好地模拟天然条件下饱和砂土在地震作用下的液化机制。因此,动三轴试验判定砂土的液化势,在力学模拟条件不充分的条件下只能被认为是一种临界条件的判定,在大致接近土的静力状态下,施加循环主应力,然后在一定的振动次数内,观察试样有无液化现象。

振动次数是指动应力的循环数。试验时振动次数的确定,可根据 H. B. Seed 于 20 世纪 70 年代初提出的不同地震烈度与等效的振动次数确定,即按不同地震烈度分别给定 n 值,见表 6-2。

表 6-2　地震烈度与等效振动次数

地震烈度	(6)	(6.5)	7	8	9
等效振动次数	5	8	12	20	30

所谓液化现象,是按液化的定义来判断的。当试样孔隙水压力 u_d 等于土样原来所受的周围压力 σ_0 时,即发生液化。

判定砂土液化,用三个指标。图 6-3 依次为常规砂土液化试验的记录曲线,描述了剪应力 τ、剪应变 γ 和孔隙水压力 u 的变化过程。判定液化的临界条件为:

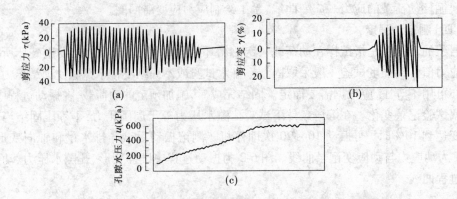

图 6-3　液化试验在液化前后剪应力 τ、剪应变 γ 和孔隙水压力 u 的变化过程

(1)孔隙水压力等于起始固结压力(周围压力),即 $u_d = \sigma_0$。

(2)轴向动应变 ε_d 的全峰值接近或超过经验限度,通常为 5%。

(3)振动次数 n 在相应的预计地震震级限度之内。

如果同时具备上述三项条件,就可判定该砂土样有明显的液化势。

砂土的抗液化强度是指砂土发生液化前的极限强度。应变值强度、极限平衡条件强度与抗液化强度的比较,从图 6-4 和图 6-5 可以看出。图中 K_e 为固结比,D_r 为相对密实度。

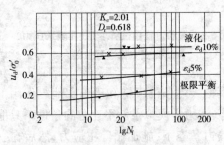
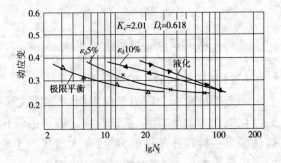

图 6-4　孔隙水压力比与振动次数关系　　图 6-5　动应变比与振动次数关系

(六)破坏标准的选择

关于动强度有两种破坏标准,即规定应变值法和极限平衡理论法。由于破坏标准不同,得到的动强度亦不同。

采用应变破坏标准时,由给定的应变值在变形过程线上找出相应点(各向等压固结变形取全幅,不等压固结变形取残余变形和弹性变形之和),计算与该点对应的动应变、孔隙水压力和振动次数。

(1)规定应变值法。规定应变值法是指工程对象所能承受的应变。但是由于土的初始应力状态不同,用同一规定的应变值所得的动强度会不同。如在不等压固结下,试样在动荷载作用下,变形连续增加,而试样无明显破坏现象出现。因此,为了向设计提供合理的动强度指标,试验应根据不同工程的要求,作出不同的规定应变值(如动应变 ε_d 为 5%、10%、20% 等)的动强度曲线。一般偏于安全的采用 ε_d 为 5%(全幅)作为破坏应变标准。

(2)极限平衡法破坏标准。根据极限平衡理论,在极限平衡条件下所对应的孔隙水压力值作为破坏标准,并作出相应的动强度曲线。此方法主要用于饱和砂土。极限平衡条件对应的孔隙水压力 u_{cf} 按下式计算:

试样受压时

$$u_{cf} = \frac{\sigma'_{1c} + \sigma'_{3c}}{2} - \frac{\sigma'_{1c} + \sigma'_{3c}}{2\sin\varphi} + \frac{\sigma_d}{2}\left(1 - \frac{1}{\sin\varphi'}\right) \tag{6-1}$$

试样受拉时

$$u_{cf} = \frac{\sigma'_{1c} + \sigma'_{3c}}{2} + \frac{\sigma'_{1c} + \sigma'_{3c}}{2\sin\varphi} - \frac{\sigma_d}{2}\left(1 + \frac{1}{\sin\varphi'}\right) \tag{6-2}$$

式中　φ'——动荷载下有效内摩擦角(一般接近静力试验值),(°);
　　　σ'_{1c}——轴向有效固结压力,kPa;
　　　σ'_{3c}——周围有效固结压力,kPa。

极限平衡法破坏标准,远低于孔隙水压力等于侧向压力的液化制定标准。因此,选择标准时应根据实际情况选用。

三、试验结果整理

(一)动弹性模量 E_d 计算

首先,根据动应力、动应变和孔隙水压力过程线计算出动应力 σ_d 和动剪应力 τ_d ($\tau_d = \sigma_d/2$),然后按下式计算动弹性模量 E_d

$$E_d = \frac{\sigma_d}{\varepsilon_d} \tag{6-3}$$

绘制 $\sigma_d \sim \varepsilon_d$ 和 $E_d \sim \varepsilon_d$ 关系曲线(见图 6-6 和图 6-7)。$\sigma_d \sim \varepsilon_d$ 关系曲线一般用如下经验方程表示

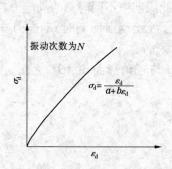

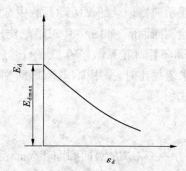

图 6-6　$\sigma_d \sim \varepsilon_d$ 关系曲线　　　　　　图 6-7　$E_d \sim \varepsilon_d$ 关系曲线

$$\sigma_{\text{d}} = \frac{\varepsilon_{\text{d}}}{a + b\varepsilon_{\text{d}}} \tag{6-4}$$

式中　a、b——待定常数。

$1/a$ 表示按动应力—动应变关系曲线规律外推得到的原点切线的斜率,即 $\varepsilon_{\text{d}} \to 0$ 时的动弹性模量,将此值定为室内动力特性试验的最大动弹性模量 E_{dmax},如式(6-5)所示。$1/b$ 表示 ε_{d} 无限增大时动应力 σ_{d} 的渐近值,记为 σ_{dmax},由式(6-6)表示:

$$E_{\text{dmax}} = \frac{1}{a} \tag{6-5}$$

$$\sigma_{\text{dmax}} = \frac{1}{b} \tag{6-6}$$

待定常数 a、b 可从图解法近似求得,也可用回归分析法求得。用回归分析法时,将式(6-4)变换写成下式

$$\frac{\varepsilon_{\text{d}}}{\sigma_{\text{d}}} = a + b\varepsilon_{\text{d}} \tag{6-7}$$

然后进行相关统计,可得出 E_{d} 与 σ_{d} 或 ε_{d} 的关系式分别为

$$E_{\text{d}} = \frac{1}{a}(1 - b\sigma_{\text{d}}) = E_{\text{dmax}}\left(1 - \frac{\sigma_{\text{d}}}{\sigma_{\text{dmax}}}\right) \tag{6-8}$$

$$E_{\text{d}} = \frac{1}{a + b\varepsilon_{\text{d}}} \tag{6-9}$$

(二)动剪变模量 G_{d} 计算

按下式计算试件的动剪变模量 G_{d}

$$G_{\text{d}} = \frac{E_{\text{d}}}{2(1 + \mu)} \tag{6-10}$$

式中　μ——泊松比,饱和砂土可取 0.5。

(三)阻尼比 λ_{d} 计算

阻尼比是指土的阻尼系数与临界阻尼系数之比,是反映土在动荷载作用下吸收振动能量的特征值。

根据 xy 函数记录仪对每级动应力与动应变所记录的滞回圈;如无 xy 记录仪,则可根据光线示波器记录的每级动荷载中选一周期,求出此周期内不同时刻的动应力与动应变,手工绘制滞回圈,如图 6-8(求阻尼比用的是面积比,故绘制滞回圈时,动应力 σ_{d} 和动应变 ε_{d} 可不用标定系数换算)所示,然后计算阻尼比 λ_{d}。

求阻尼比时,采用面积比,即滞回圈面积 $ABCD$ 与三角形面积 AOF 之比。阻尼比计算公式如下

$$\lambda_{\text{d}} = \frac{A}{4\pi A_{\text{t}}} \tag{6-11}$$

式中　A——$ABCD$ 滞回圈面积,cm^2;

　　　A_{t}——三角形 AOF 面积,cm^2。

(四)动剪变模量 G_{d}、阻尼比 λ_{d} 与动剪应变 γ_{d} 关系

动剪变模量 G_{d} 和阻尼比 λ_{d} 反映了土在动荷载作用下的应力—应变关系,且随着动

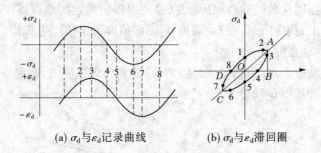

(a) σ_d 与 ε_d 记录曲线　　　　　(b) σ_d 与 ε_d 滞回圈

图 6-8　滞回圈的手工绘制

剪应变(γ_d)的变化而变化。G_d 随着 γ_d 的增大而减小，λ_d 随着 γ_d 的增大而增大。这种关系可用 $G_d \sim \gamma_d$ 与 $\lambda_d \sim \gamma_d$ 关系曲线表示，如图 6-9 所示。

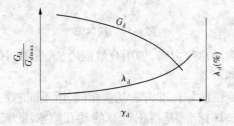

图 6-9　$G_d \sim \gamma_d$ 与 $\lambda_d \sim \gamma_d$ 关系曲线

(五) 动强度试验结果的整理

动强度试验结果的整理有以下两种情况。

1. 采用规定应变值破坏标准

动强度试验一般是采用 9 个试样，分 3 组进行试验，每组 3 个试样的干密度相等（不超过允许误差 $0.02\ \mathrm{g/cm^3}$ 则视为相等），固结压力相同，但动荷载振动幅值不同；3 组之间的固结压力不同，但固结比相等。根据其试验结果，整理绘制固结应力相同，但动荷载 σ_d 不同的 $\varepsilon_d \sim \ln N$（振动次数）关系曲线，如图 6-10 所示。

在图 6-10 中 3 条曲线上，取规定破坏应变值（如取 $\varepsilon_d = 10\%$）所对应的动荷载振动次数 N，绘制 $\sigma_d \sim \ln N$（或 $\tau_d \sim \ln N$）关系曲线，如图 6-11 所示。

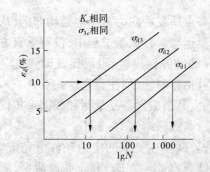

图 6-10　一组 3 个试样的 $\varepsilon_d \sim \ln N$ 关系曲线

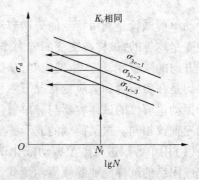

图 6-11　3 组试样的 $\sigma_d \sim \ln N$ 关系曲线

根据动强度的定义，在确定地震破坏强度时，振动次数 N 值可参照 H. B. Seed 提出的地震烈度与等效振动次数经验数据(见表6-2),根据所确定的地震震级,在图6-11上的3条 $\sigma_d \sim \ln N$ 曲线上,找出所对应的动应力 σ_d。该值即为土体产生规定应变值破坏标准的动应力,也即土的动强度。

以所求得的动应力 σ_d 与轴向固结应力 σ_{1c} 之和为大主应力,侧向固结应力 σ_{3c} 为小主应力,绘制莫尔圆,如图6-12所示。

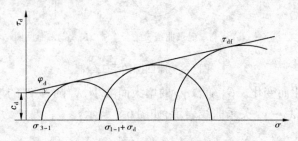

图6-12　莫尔圆

上述所求的动强度为动总应力法,如用有效应力法,应用动孔隙水压力 u_d 计算。

2. 采用极限平衡破坏标准

这种情况与规定应变值破坏标准方法基本相同,所不同的是确定破坏点的方法不同。

采用极限平衡法的破坏标准,是根据计算的动孔隙水压力 u_d,在孔隙水压力变化过程线上找到破坏点(σ_d)而得出对应的破坏振动次数 N,求出对应的变形,即可作出相应的动强度 $\sigma_d \sim \ln N$ 或 $\sigma_d / 2\sigma'_0 \sim \ln N$ 或 $u_d / \sigma'_0 \sim \ln N$ 关系曲线。

在确定破坏振动次数 N 时,如果按振动的拉、压两半轴极限孔隙水压力值确定的振动次数不同,应取最小的振动次数。

在等向固结条件下,如果是应用单向振动三轴仪进行试验,因试样受振动拉、压作用时,孔隙水压力会产生减小 $\sigma_d / 2$ 和增加 $\sigma_d / 2$ 的变化,因此需对拉、压两半周的动孔隙水压力实测值,分别加、减 $\sigma_d / 2$ 进行修正。但在不等向固结条件下进行试验,动孔隙水压力则不需作此修正。

第三节　动单剪试验

动单剪试验是利用特制的剪切容器,使土样各点所受剪应力基本上是均布的,从而使其应变是均等的,试样在交变的剪力作用下做往复运动。在试验过程中,没有垂直方向和水平方向的线应变,仅产生剪应变,从而测定试样的动弹性模量、阻尼比及动强度。试验结果均是在剪应力和剪应变状况下测得的,应用其指标时,必须注意到这一点。

振动单剪仪的试样容器与静单剪仪基本相同。其激振设备及量测和数据采集仪器均与动三轴仪相同。振动荷载的波形一般为正弦波,荷载频率为 $1 \sim 2$ Hz。

(1)用单剪仪进行砂土振动液化试验的方法。试样在要求的应力条件下完成固结,对完成固结的试样施加等幅值动荷载,一般选用低频(如 $1 \sim 2$ Hz)和正弦波激振,随着振动次数(持续时间)的增大,试样的剪应变及动孔隙水压力值将不断增加,当试样动孔隙水压力值等于作用于试样上的法向应力 σ_0 时,试样即达到液化。达到液化的振动次数称液化周数。

对同一密度和同一固结应力状态下的不同试样,施加不同的动荷载剪应力,达到的液化周数是不同的。由此求出抗液化强度曲线,即动剪应力比(剪应力与法向应力之比)与液化周数的关系曲线,一般绘在半对数坐标纸上,如图6-13所示。振动液化试验的固结应力应根据工程实际确定。如模拟地震作用,要求在K_0(静止侧压力系数)条件下固结。

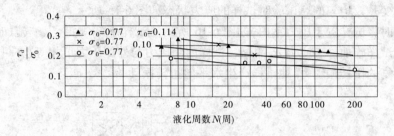

图6-13 抗液化强度曲线

(2)用单剪仪测定土的动模量和阻尼比试验。试样在根据工程实际情况确定的法向应力 σ_0 及初始剪应力 τ_0 条件下进行固结,然后对试样分级施加振动荷载,测记各级动荷载作用下的剪应力 τ_d 和剪应变 γ_d 幅值曲线,根据动剪应力和动剪应变曲线绘制应力与应变滞回圈(见图6-14),直接求得动剪变模量 G_d 和阻尼比 λ_d。

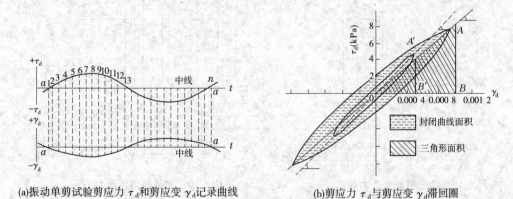

(a)振动单剪试验剪应力 τ_d 和剪应变 γ_d 记录曲线　　(b)剪应力 τ_d 与剪应变 γ_d 滞回圈

图6-14 应力—应变记录曲线和滞回圈

第四节　动扭剪试验

动扭剪试验是在压力室内,对试样按预定的应力进行固结,在水平方向施加扭转振动的动荷载,从而直接测得剪变模量,这一点与动单剪试验类似,但振动扭剪试验在水平方向施加的扭转振动荷载能更好地模拟现场的实际状况。

动扭剪试验不仅可以测定很小的应变,还可以测定模拟地震等的大应变幅值 $(1 \times 10^{-3} \sim 1)$。所以,动扭剪试验可用于测定小应变幅值下的剪切模量和进行大应变幅值下的液化试验。

一、试验原理及应力状态

动扭剪试样可采用空心圆柱形和实心圆柱形两种。实心圆柱试样内的剪应力和剪应变是不均匀的;空心试样内外构成两个压力室,可独立施加内外压力,所以试样内的剪应力和剪应变是较均匀的。试验时试样的应力状态如图 6-15 所示。

试验时将试样置于压力室内,如图 6-16 所示。试样下端固定,上端施加动荷载。试验时可对试样施加静态应力 σ_1 和 σ_3,试样内侧压力与外侧压力可相等,亦可不等。对试样施加往复的扭转振动力,使试样产生水平向扭转振动。

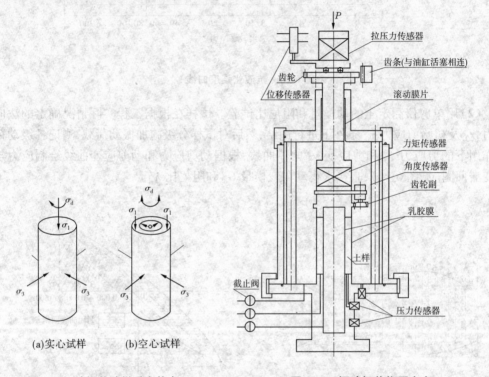

(a)实心试样　　　(b)空心试样

图 6-15　动扭剪试样受力状态　　　图 6-16　振动扭剪仪压力室

通过传感器测定轴向压力、试样内外侧压力、孔隙水压力及轴向变形和动态角应变。

二、试验结果整理

(一)计算剪应变 γ_d

剪应变 γ_d 可按下式计算

$$\gamma_d = \frac{\theta'(\gamma_1 + \gamma_2)}{2H} \tag{6-12}$$

其中, $\theta' = \dfrac{\pi}{180}\dfrac{\theta}{K}$, $H = H_0 - \Delta H$, $\gamma_1 = \dfrac{D_1}{4}\left(1 + \dfrac{V_0 - \Delta V}{V_0}\dfrac{H_0}{H_0 - \Delta H}\right)$, $\gamma_2 =$

$$\frac{D_2}{4}\Big(1 + \frac{V_0 - \Delta V}{V_0}\frac{H_0}{H_0 - \Delta H}\Big)。$$

式中　θ——转角计读数,(°);

　　　H_0——试样原始高,cm;

　　　ΔH——试样轴向压缩量,cm;

　　　K——齿轮传动比(仪器说明书给定值);

　　　D_1——试样内圆原始直径,cm;

　　　D_2——试样外圆原始直径,cm;

　　　V_0——试样原始体积,cm³;

　　　ΔV——试样体积变化量,cm³。

(二)计算剪应力 τ_d

剪应力 τ_d 可按下式计算

$$\tau_d = \frac{T}{2\pi}\Big[\frac{4(\gamma_2^3 - \gamma_1^3)}{3(\gamma_2^2 - \gamma_1^2)(\gamma_2^4 - \gamma_1^4)} + \frac{3}{2}\frac{1}{(\gamma_2^3 - \gamma_1^3)}\Big] \tag{6-13}$$

式中　T——力矩计读数,kN·cm。

(三)计算剪变模量 G_d

剪变模量 G_d 可按下式计算

$$G_d = \frac{\tau_d}{\gamma_d} \tag{6-14}$$

式中　τ_d——剪应力,kPa;

　　　γ_d——剪应变。

其他力学特性指标可根据试验记录的曲线对应的数值进行计算。阻尼比可根据应力应变值绘制的滞回圈面积计算。

第五节　共振柱试验

共振柱试验是根据弹性波在土中传播的特性,利用共振原理,在共振柱仪器上对圆柱形试样激振,使它产生水平向扭振或轴向垂直振动,测求试样的动弹性模量及阻尼比等参数。

共振柱试验既可进行强迫振动也可进行自由振动(前述动三轴等三种方法均属强迫振动)。其优越性是适用于小剪应变(小于 10^{-3})的动弹性模量及阻尼比测试,而且是具有可重复性和可逆性的无损试验,试验结果十分稳定且准确。

一、试验原理

共振柱试验是在共振柱仪器上对一个圆柱形试样进行激振,使它产生水平向扭振或轴向垂直振动,并达到第一振型的共振,测求其共振频率及其振幅值,然后,根据共振频率、土样和激振设备的几何特性计算动模量 E_d 或 G_d;根据衰减曲线计算出阻尼比 λ_d 等参数。共振柱试验实际上是将试样和仪器作为一个整体的共振系统,试样是作为共振系统内的一个一端固定一端自由的杆件来考虑的,如图 6-17 所示。

在无阻尼的情况下,这个系统可以表示为:

纵向振动

$$\frac{AL\rho}{W} = \frac{\omega_n L}{v_p}\tan\frac{\omega_n L}{v_p} \qquad (6\text{-}15)$$

扭转振动

$$\frac{L}{I_b} = \frac{\omega_n L}{v_s}\tan\frac{\omega_n L}{v_s} \qquad (6\text{-}16)$$

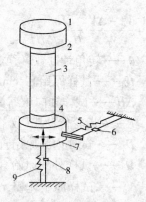

式中　A——杆件(试样)面积,cm^2;

　　　ρ——试样密度,g/cm^3;

　　　W——试样柱的质量,mg;

　　　ω_n——周期频率,$\omega_n = 2\pi f_n$;

　　　f_n——共振频率,s^{-1};

　　　v_p——纵波在土样中的传播速度,m/s;

　　　v_s——横波在土样中的传播速度,m/s;

　　　I_b——试样柱极惯性矩。

1—刚性连接与盖盘上的质量;2—被动端盖盘;
3—试样;4—主动端座盘;5—无质量的扭振弹簧;
6—无质量的扭振阻尼器;
7—刚性连接于座盘上的部分微震装置;
8—无质量纵向阻尼器;9—无质量纵向弹簧

图 6-17　共振柱系统示意图

根据 v_p 和 v_s 的计算值,可求出土的动弹性模量 E_d 和动剪切模量 G_d

$$E_d = \rho v_p^2 \qquad (6\text{-}17)$$

$$G_d = \rho v_s^2 \qquad (6\text{-}18)$$

二、试验设备

(一)仪器的组成

仪器主要由激振、量测系统和工作主机组成。

目前,已有采用电子计算机控制的共振柱仪,可以按选定的程序进行试验,并自动采集试验数据和处理数据。

(二)仪器的标定

在试验前必须对有关部件进行标定,标定的内容见表 6-3。

表 6-3　共振柱仪常数标定部件名称及符号

部件名称	配件	代表符号
主动端座盘质量	包括刚性连接的部件	MA
被动端座盘质量	包括刚性连接的部件	MP
主动端座盘转动惯量	包括刚性连接的部件	JA
被动端座盘转动惯量	包括刚性连接的部件	JP
纵向振动弹簧常数		KPL
水平扭振弹簧常数		KST
纵向振动仪器阻尼系数		ADCL
水平扭振仪器阻尼系数		ADCT

续表 6-3

部件名称	配件	代表符号
纵向振动仪器共振频率		fOL
水平扭振仪器共振频率		fOT
纵向激振时施加的激振力（或扭矩）与输入电流之比		FCF
水平扭转激振时施加的激振力（或扭矩）与输入电流之比		TCF
主动端纵向振动传感器标定系数		LCFA
主动端水平扭振传感器标定系数		RCFA
被动端纵向振动传感器标定系数		LCFP
被动端水平扭振传感器标定系数		RCFP

三、试验操作要点

(一)试样制备

共振柱法可做各种土的试验,既可做原状土样试验,也可做重塑土的试验。试样分实心圆柱形和空心圆柱形两种。实心试样直径一般为 36 mm 和 72 mm 两种;空心试样直径为 53 mm,外径为 36 mm,径高比一般为 2。

(二)试验方法

试样制成后,施加固结压力使试样固结,然后进行试验。首先,选定一最小的输出电流给电磁激振器,使试样能在低应变(如 10^{-6})范围内产生振动,同时调节信号发生器的输出频率,观察双踪示波器图形,如图像呈现为一垂直和水平的椭圆,则激振系统与试样产生共振,记录共振频率及电荷放大器的峰值电压,用于计算振动幅值;然后切断激振器的电流,同时记录试样自由衰减运动的振动幅值和时间的关系曲线;再加大一级输出电流,重复上述过程又可测得另一共振时的各数值,直至试样不再响应共振。

(三)试验时的注意事项

(1)试样在复杂的仪器中安装时,应严格避免扰动。因此,试样在整个试验中将要产生的微量应变对任何微小的扰动将是非常敏感的。

(2)在试验中采用干的或者部分饱和的土样时,可用液体或气体作为周围压力介质。但当采用完全饱和土样时,则只能用液体介质传递周围压力。

(3)试验过程中应注意防止压力室内水渗进试样,避免饱和度发生变化。

四、试验成果整理

(一)试样转动惯量 J

试样转动惯量 J 可按下式计算

$$J = \frac{Wd^2}{8g} \tag{6-19}$$

式中　W——试样质量,g;

　　　d——试样直径,mm;

　　　g——重力加速度,m/s^2。

(二) 主动端惯性因素 T

纵向振动时,主动端惯性因数 T_L 可按下式计算

$$T_L = \frac{M_A g}{W}\Big[1 - \Big(\frac{f_{OL}}{f_L}\Big)^2\Big] \tag{6-20}$$

式中　M_A——主动端座盘质量,g;

　　　f_{OL}——纵向振动时的仪器共振频率,Hz(如主动端座盘上未装弹簧,则 $f_{OL}=0$);

　　　f_L——纵向振动时的系统共振频率,Hz。

水平扭振时,主动端惯性因素 T_T 可按下式计算

$$T_T = \frac{J_A}{J}\Big[1 - \Big(\frac{f_{OT}}{f_T}\Big)^2\Big] \tag{6-21}$$

式中　J_A——主动端座盘系统的扭振惯量;

　　　f_{OT}——水平扭振时的仪器共振频率,Hz(如主动端座盘上未装弹簧,则 $f_{OT}=0$);

　　　f_T——纵向振动时的系统共振频率,Hz。

(三) 被动端惯性因数 P

纵向振动时,被动端的惯性因素 P_L 为

$$P_L = \frac{M_P g}{W} \tag{6-22}$$

式中　M_P——被动端盖盘系统的质量,g。

水平扭振时,被动端的惯性因素 P_T 为

$$P_T = \frac{J_P}{J} \tag{6-23}$$

式中　J_P——被动端盖盘系统的转动惯量。

在特殊情况下,例如试样的被动端被刚性固定时,P_L 和 P_T 等于1。

(四) 仪器的阻尼因素

(1) 纵向振动时,仪器的阻尼因素 ADF_L 为

$$ADF_L = ADC_L / [2\pi f_L(W/g)] \tag{6-24}$$

式中　ADC_L——纵向振动时的仪器阻尼系数。

(2) 水平扭振时,仪器的阻尼因素 ADF_T 为

$$ADF_T = ADC_T / 2\pi f_T J \tag{6-25}$$

式中　ADC_T——水平扭振时的仪器阻尼系数。

(五) 无量纲频率因素 F

在计算模量时,需要引用无量纲频率因素 F。它是主动端惯性因素 T、被动端惯性因数 P 和仪器阻尼因素 ADF 和试样阻尼比 λ_d 的函数。F 值的计算过于烦琐,一般采用计

算机完成。当 ADF 值为 0，且 $\lambda_d < 10\%$ 时，可用图 6-18 求解。

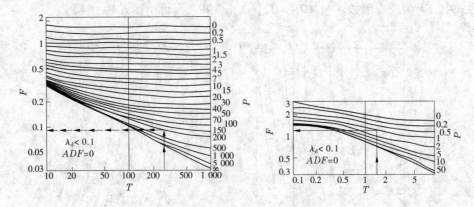

图 6-18　无量纲因素 F 图解

（六）放大因素 MMF

在计算阻尼时，需用放大因素。

（1）纵向振动时，放大因素 MMF_L 为

$$MMF_L = \frac{L_{CF}L_{TO}}{F_{CF}C_{RL}} \times \frac{W}{g} \times (2\pi f_L)^2 \tag{6-26}$$

式中　L_{CF}——纵向振动时，用以测定共振的传感器标定系数；

　　　L_{TO}——纵向振动时，用以测定共振的传感器输出值；

　　　F_{CF}——力/电流系数；

　　　C_{RL}——纵向激振系统的电流值。

（2）水平扭振时，放大因素 MMF_T 为

$$MMF_T = \frac{R_{CF}R_{TO}}{T_{CF}C_{RT}}J(2\pi f_T)^2 \tag{6-27}$$

式中　R_{CF}——水平扭振时，用以测定共振的传感器标定系数；

　　　R_{TO}——水平扭振时，用以测定共振的传感器输出值；

　　　T_{CF}——扭矩/电流系数；

　　　C_{RT}——扭振系统的电流读数。

（七）动模量计算

（1）动弹性模量 E_d 的计算式如下

$$E_d = \rho(2\pi L)^2 (f_L/F_L)^2 \tag{6-28}$$

（2）动剪切模量 G_d 的计算式如下

$$G_d = \rho(2\pi L)^2 (f_T/F_T)^2 \tag{6-29}$$

上二式中符号意义同前。

（八）动应变幅值的计算

（1）垂直振动时，平均轴向应变幅值 ε_d 为

$$\varepsilon_d = L_{CF}L_{TO}SF/L \tag{6-30}$$

（2）水平扭振时，平均剪应变幅值 γ_d 为

$$\gamma_d = R_{CF} R_{TO} SFd/(3L) \tag{6-31}$$

上二式中,SF 为应变因数。当 $ADF=0$,且 $\lambda_d < 10\%$ 时,可由图 6-19 求解。

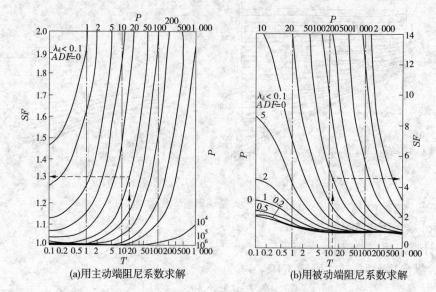

(a)用主动端阻尼系数求解   (b)用被动端阻尼系数求解

P—被动端惯性因数;T—主动端惯性因数

图 6-19   应变因数图解

(九)阻尼比 λ_d

对于阻尼比的测定,可用稳态振动和自由振动两种方法。

1. 稳态振动的阻尼比 λ_d

纵向振动时:

$$\lambda_{dL} = \frac{1}{A_D(MMF_L)} \tag{6-32}$$

水平扭振时:

$$\lambda_{dT} = \frac{1}{A_D(MMF_T)} \tag{6-33}$$

式中 A_D——阻尼系数,由图 6-20 求得。

当仪器阻尼系数 $ADF=0$ 时,可手算得出试样的阻尼比。

当在主动端座盘的人力(或力矩)及纵向振动(或扭振)之间用相位法建立了共振后,则可用图 6-20 来确定。

2. 自由振动的阻尼比 λ_d

当以自由振动代替强迫振动时,测定试样在自由振动条件下随时间的衰减反应,绘出自由振动曲线振幅衰减与时间关系曲线(见图 6-21)确定阻尼比 λ_d。

因自由振动衰减曲线的对数衰减系数 β 与阻尼比 λ_d 的关系为

$$\beta = \frac{2\pi\lambda_d}{\sqrt{1 - \lambda_d^2}} \tag{6-34a}$$

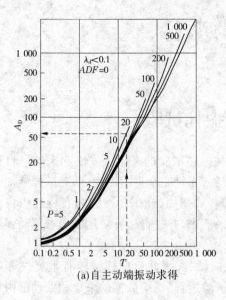
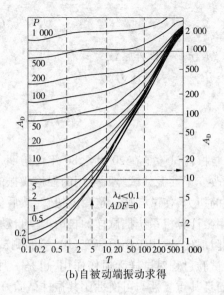

(a)自主动端振动求得　　　　　　　　　(b)自被动端振动求得

图 6-20　阻尼系数 A_D

当阻尼比 λ_d 很小时，$\sqrt{1-\lambda_d^2} \approx 1$，故上式变为

$$\lambda_d = \frac{\beta}{2\pi} = \frac{1}{2\pi}\frac{1}{m}\ln\frac{A_n}{A_{n+m}} \tag{6-34b}$$

式中　A_n——第 n 次的振幅；

　　　A_{n+m}——第 $n+m$ 次的振幅。

（十）成果整理

根据式(6-29)和式(6-34b)计算出动剪切模量 G_d 和阻尼比 λ_d，然后画出动剪切模量与动剪应变的变化曲线及阻尼比与动剪应变的变化曲线，如图 6-22 所示。

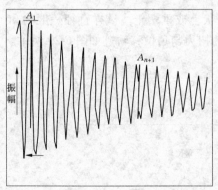
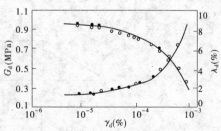

图 6-21　自由振动曲线振幅
衰减与时间关系曲线

图 6-22　动剪切模量 G_d 和阻尼比 λ_d
与动剪应变 γ_d 关系曲线

为了反映试样密度和固结压力对剪切模量的影响，可在相同应变条件下，将剪切模量 G 与固结压力 σ_0 的关系绘成双对数曲线，其数学表达式为

$$G = KP_a\left(\frac{\sigma_0}{P_a}\right)^n \tag{6-35}$$

式中　K、n——试样常数；

　　　P_a——大气压力。

第六节　自振柱试验

自振柱试验是在 20 世纪 80 年代初期,在共振柱试验的基础上发展起来的。自振柱试验改变了共振柱试验所采用的强迫激振的方法,而是完全自由振动,即对试样施加一水平向的扭力,使试样按一定角度扭转,然后立即释放扭力,让试样按其固有特性作自由振动,用微计算机系统把试样的自由振动自动记录下来,并进行运算。用于测求其动弹性模量和阻尼比,适用于小剪应变(10^{-3})的测试。

试验过程对试样无损伤作用,也是一种无损试验,因此自振柱试验有重复性和可逆性,而且其重复性与可逆性比共振柱试验好。试验过程、试验数据的采集和处理都由计算机控制,排除了人为操作产生的人为因素影响,同时可进行各种不同的模拟试验,如模拟地震等动力特性试验,其应用范围比较广泛。

一、试验仪器

自振柱试验的仪器设备由两部分组成:一是测定装置,二是包括试验记录在内的微计算机控制系统(仪器仪表)。试验主机为共振柱仪,以 Stokoe 型共振仪为例,在类似于三轴剪切仪的压力室内,安装有作用扭力的驱动机构。

在试验过程中,主要通过信号转换进行试验操作程序控制和自动采集试验数据及处理试验数据。试验结果的整理打印及绘图等也由计算机自动完成。

二、试验原理

自振柱试验可做砂性土也可做黏性土的原状土或重塑土。试样直径一般为 36 mm,高度 76 mm,试样置于压力室内。自振柱试验的扭力与角位移轨迹如图 6-23 所示。

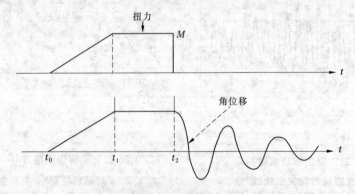

图 6-23　自振柱试验的扭力与角位移轨迹

试样安装完毕之后,处于静止状态(t_0),然后按选定的剪应变值给计算机,计算机通过 P/A 转换控制执行机构(由电磁线圈和磁钢组成)对试样施加水平方向扭力,其值由 0 增加到 M,这时试样仍处于静止状态(t_1),经过短暂时间(t_2-t_1)后,计算机自动切断执行机构电流,作用在试样上的扭力突然消失(t_2),这时试样就由静止状态产生振动。试样的这种自由振动曲线的周期和衰减,完全取决于试样的固有动力特性。试样的自由振动过程变化,由加速度传感器检测,通过 A/D 转换输入计算机,得出自由振动的周期和衰减曲线,从而也就求出了试样的动剪切模量 G_d 和阻尼比 λ_d。试验结果由计算机自动处理。

这个工作包括对土样有控制地作用扭力、数据采集、成果计算并最终把试验结果打印在记录纸上。如果有必要,则可以接上 xy 函数记录仪,把试验结果直接绘成所需要的曲线。

第七节　振动台试验

大型振动台试验是在近几十年来发展起来的,专用于砂性土和可液化土的液化势研究的室内大型动力试验,亦可利用大型试样,在特定条件下模拟天然土层的应力条件,实现 K_0 固结,模拟上覆有效压力,甚至可以模拟先期固结压力条件的动力持性,而且可以弥补小型试验中不能解决的问题,如加荷机构形式不同造成的影响,减少了"边界条件"的影响,保证试样在自由场中受振,同时可以直接观察振动过程变化及振后状态。

一、试验原理

试样平铺在振动台台面上,由激振控制系统按选定的激振频率和振幅使振动台产生振动,振动台台面上的试样受到一种自下而上传递的随机波或给定特征参数的谐波作用,随之也发生振动。这时试样在输入的水平加速度作用下受剪应力作用发生变化。在试验限定的动荷载作用历时过程中或振动周数内,通过压力、位移和孔隙水压力传感器测试试样的动应力和动应变以及动孔隙水压力的变化。

二、仪器设备

振动台的构造和形式不尽相同。激振系统有机械惯性力式、电液伺服式等,试验装置如图 6-24 和图 6-25 所示。

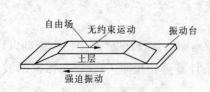

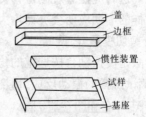

图 6-24　振动台试验装置示意图　　　　图 6-25　振动台液化试验装置示意图

通常采用的大型振动台的尺寸及其主要性能如表 6-4 所示。振动台试验所用的压力、位移传感器,根据试验要求的不同选用。

表 6-4　几种主要大型振动台尺寸及性能

台目尺寸 (m×m)	试样尺寸 (m×m×m)	频率 (Hz)	最大位移 幅值(cm)	最大加速度 (cm/s²)	负荷量 (kPa)
2.7×1.8	1.8×0.5×0.18	2	2	43	350
3.0×2.1	3.0×2.1×0.3	4			17
9.0×40×1.5					
2.3×1.1	0.65×0.35×0.10	4			60
1.2×1.2	1.2×0.08	4.6			19
1.0×0.6×0.7	1.0×0.6×0.63	5			38

三、试验方法要点

(一)试样制备

试样制备的关键性环节是控制试样的代表性(包括密度、湿度、结构及颗粒级配等)和试样各部位的均匀性。制备土样时宜比较和选用适当的方法,制备方法应根据工程要求和现场土质情况,有针对性地选用砂雨法、振密法、填捣法或沉积法等。为了消除试样四边侧边的边界影响,使其能自由地产生剪切变形,试样侧壁宜做内倾。为了确保试验中试样能在没有约束条件下的自由场中振动,试样的长高比应大于 10。

(二)振动液化强度试验

振动必须是接近于地震时剪切波自基岩向上垂直输入的情况,故试样制备完毕后,须在试样上覆以密封角膜,其上施以气压或惯性压力装置以模拟液化层的上覆有效压力。试样内侧压可以真空方法施加。在试样的不同部位安装动孔隙水压力传感器和位移传感器,位移传感器应有高灵敏度测小应变的和大量程测大应变的两种。

按选定的频率、振幅、历时等参数激振。这时试样随着振动台的振动产生往复的动剪应力($\pm\tau_d$),记录振动台台面振动、孔隙水压力及位移传感器的读数随时间的变化。

当孔隙水压力明显上升,所测各点的孔隙水压力与试样上覆压力相等时,试样即开始出现液化。这时应注意观测位移传感器的变化。试样在液化前振动周期应变很小,出现液化时试样的周期应变会突然增大。

(三)剪切模量 G_d 试验

其方法是使振动台按选定的稳态振动对试样施加动荷载,试样产生稳态振动以后,切断振源,测试试样的振动反应,由测得的振动频率计算剪切模量 G_d。稳态振动的波形记录曲线如图 6-26 和图 6-27 所示。

四、试验结果的计算和整理

(1)振动台试验所得抗液化强度与振动单剪试验所得的抗液化强度相似,因此也根据剪应力比和液化周数绘制抗液化强度曲线,其形式与振动单剪试验结果相似。

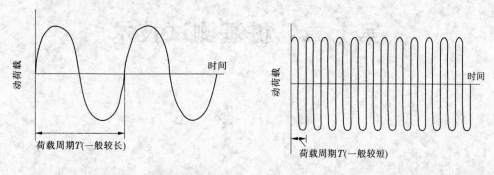

图 6-26 稳态振动——长周期慢振动　　　图 6-27 稳态振动——短周期快振动

剪应力比可由试样上覆压力和振动最大加速度计算。

（2）剪切模量 G_d（kPa）按下式计算

$$G_d = 16\rho H^2 f^2$$

式中　ρ——试样密度,g/cm^3;

H——试样高度,m;

f——振动频率,Hz。

第七章　桩基测试技术

第一节　概　述

一、桩基分类

（1）按桩身材料不同，桩可分为木桩、混凝土桩、钢筋混凝土桩、钢桩、其他组合材料桩。

（2）按桩的使用功能分类，桩可分为竖向抗压桩、竖向抗拔桩、水平受荷桩、复合受荷桩。

（3）按施工方法分类，桩可分为预制桩、灌注桩两大类。

预制桩：预制桩按材料不同可分为木桩、混凝土桩和钢筋混凝土桩、钢桩。沉桩方式有锤击或振动打入、静力压入或旋入等。

灌注桩：灌注桩可分为钻孔灌注桩、沉管灌注桩、人工挖孔桩、爆扩桩等。

（4）按桩径大小分类，桩可分为小直径桩（小于 250 mm）、中等直径桩（250 ~ 800 mm）、大直径桩（800 mm 以上）。

（5）按承载性状分类，桩可分为端承型桩和摩擦型桩两大类。

二、桩基检测的目的

桩基检测的目的是检测桩基的承载力及其完整性。

桩基承载力：竖向抗拔承载力、竖向抗压承载力、水平承载力等。

桩基完整性：完整桩、缩颈桩、扩颈桩、多缺陷桩等（见图 7-1）。

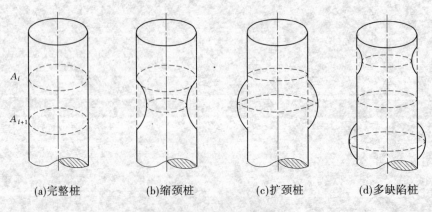

(a)完整桩　　　　(b)缩颈桩　　　　(c)扩颈桩　　　　(d)多缺陷桩

图 7-1　桩基完整性

三、桩基检测技术分类

桩基检测技术分类如图 7-2 所示。

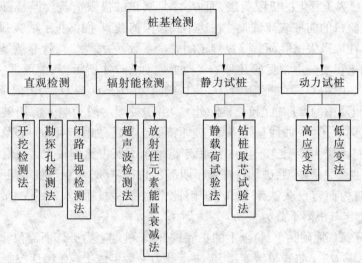

图 7-2　桩基检测技术分类

第二节　单桩载荷试验

一、单桩竖向抗压静载荷试验

(一)检测目的

单桩竖向抗压静载荷试验的检测目的是:确定单桩竖向抗压极限承载力,判断竖向抗压承载力是否满足设计要求,通过桩身内力及变形测试,测定桩侧阻力、桩端阻力,验证高应变法的单桩竖向抗压承载力检测结果。

(二)常见的 $Q \sim s$ 曲线形态

单桩 $Q \sim s$ 曲线与只受地基土性桩制约的平板载荷试验不同,它是总侧阻 Q_s、总端阻 Q_p 随沉降发挥过程的综合反映。因此,许多情况下不出现初始线性变形段,端阻力的破坏模式与特征也难以由 $Q \sim s$ 曲线明确反映出来。

一条典型的缓变型 $Q \sim s$ 曲线(见图 7-3)应具有以下四个特征:

(1)比例界限荷载 Q_p(又称第一拐点),它是 $Q \sim s$ 曲线上起始的拟直线段的终点所对应的荷载。

(2)屈服荷载 Q_y,它是曲线上曲率最大点所对应的荷载。

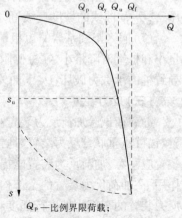

Q_p—比例界限荷载;
Q_y—屈服荷载;
Q_u—工程上的极限荷载;
Q_f—破坏荷载

图 7-3　典型的缓变型 $Q \sim s$ 曲线

（3）极限荷载 Q_u，它是曲线上某一极限位移 s_u 所对应的荷载。此荷载亦称为工程上的极限荷载。

（4）破坏荷载 Q_f，它是曲线的切线平行于 s 轴（或垂直于 Q 轴）时所对应的荷载。

事实上，Q_u 为工程上的极限荷载，而 Q_f 才是真正的极限荷载。但是，现今世界各国进行的多为检验目的的桩载荷试验往往达不到极限荷载 Q_f 便终止了试验，而单桩竖向承载力特征值往往取最大试验荷载除以规定的安全系数（一般为2），这显然是偏于安全的。

下面介绍工程实践中常见的几种 $Q \sim s$ 曲线，如图7-4所示，从中可进一步剖析传递和承载力状况。图中 Q_{su} 为桩侧阻力，Q_{pu} 为桩端阻力，$Q_u = Q_{su} + Q_{pu}$ 为极限承载力。

（1）软弱土层中的摩擦桩（超长桩除外）。由于桩端一般为刺入剪切破坏，桩端阻力分担的荷载比例小，$Q \sim s$ 曲线呈陡降型，破坏特征点明显，如图7-4(a)所示。

（2）桩端持力层为砂土、粉土的桩。由于桩端阻力所占比例较大，发挥桩端阻力所需位移大，$Q \sim s$ 曲线呈缓变型，破坏特征点不明显，如图7-4(b)所示。桩端阻力的潜力虽较大，但对于建筑物而言已失去利用价值，因此常以某一极限位移 s_u（一般取 $s_u = 40 \sim 60$ mm）控制确定其极限承载力。

（3）支承于砾、砂、硬黏土、粉土上的扩底桩，由于桩端阻力破坏所需位移量过大，桩端阻力占比例大，其 $Q \sim s$ 曲线呈缓变型，极限承载力一般可取 $s_u = 0.05D$ 控制，如图7-4(c)所示。

（4）泥浆护壁作业、桩端有一定沉淤的钻孔桩。由于桩底沉淤强度低、压缩性高，桩端一般呈刺入剪切破坏，接近于纯摩擦桩，$Q \sim s$ 曲线呈陡降型，破坏特征点明显，如图7-4(d)所示。

（5）桩周为加工软化型土（硬黏性土、粉土、高结构性黄土等）且无硬持力层的桩。由于桩侧阻力在较小位移发挥出来并出现软化现象，桩端承载力低，因而形成突变、陡降型 $Q \sim s$ 线型，与图7-4(d)所示孔底有沉淤的摩擦型桩的 $Q \sim s$ 曲线相似。

（6）干作业钻孔桩孔底有虚土。$Q \sim s$ 曲线前段与一般摩擦型桩相同，随着孔底虚土压密，$Q \sim s$ 曲线的坡度变缓，形成"台阶形"，如图7-4(e)所示。

（7）嵌入坚硬基岩的短粗端承桩。由于采用挖孔成桩，清底好，桩不太长，桩身压缩量小和桩端沉降量小，在桩侧阻力尚未充分发挥的情况下，便由于桩身材料强度的破坏而导致桩的承载力破坏，$Q \sim s$ 曲线呈突变、陡降型，如图7-4(f)所示。

（三）反力装置

静载荷试验加荷反力装置可根据现场条件选择锚桩横梁反力装置、压重平台反力装置、锚桩压重联合反力装置、地锚反力装置、岩锚反力装置、静力压桩机等。选择加荷反力装置应注意：加荷反力装置能提供的反力不得小于最大加荷量的1.2倍，在最大试验荷载作用下，加荷反力装置的全部构件不应产生过大的变形，应有足够的安全储备。应对加荷反力装置的全部构件进行强度和变形验算，当采用锚桩横梁反力装置时，还应对锚桩抗拔力（地基土、抗拔钢筋、桩的接头混凝土抗拉能力）进行验算，并应监测锚桩上拔量。

1.锚桩横梁反力装置

锚桩横梁反力装置如图7-5所示。该装置是历年来国家规范中规定和推荐的一种装置。该装置需要在被测桩的周边预先施工至少四根反力锚桩，因此成本较高，且测试时还

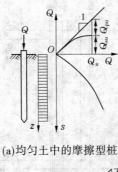

(a)均匀土中的摩擦型桩

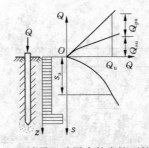

(b)端承于砂层中的摩擦型桩

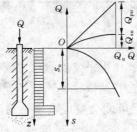

(c)扩底端承型桩

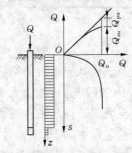

(d)孔底有沉淤的摩擦型桩

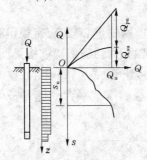

(e)孔底有虚土的摩擦型桩

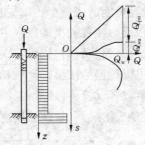

(f)嵌入坚实基岩的端承型桩

图7-4　不同岩土的单桩 $Q \sim s$ 曲线及侧阻 Q_s、端阻 Q_p 发挥性状

需吊车予以配合。《建筑基桩检测技术规范》（JGJ 106—2003）中还对锚桩与被测桩的距离,锚桩与基准桩的距离以及基准梁的架设方案都予以详细的说明,并给出了原始数据的记录表格等。锚桩、反力梁装置提供的反力不应小于预估最大试验荷载的 1.2 ~ 1.5 倍。当采用工程桩作为锚桩时,锚桩数量不少于 4 根,当要求加荷值较大时,有时需要 6 根甚至更多的锚桩。具体锚桩数量要通过验算各锚桩的抗拔力来确定。在试验过程中对锚桩的上拔量进行监控测量。

　　2.压重平台反力装置

　　压重平台反力装置如图 7-6 所示。压重重量不得少于预估值（试桩的破坏荷载）的1.2 倍,压重应在试验开始前一次加上,并均匀稳固地放置于平台上。压重物通常采用钢铁块、混凝土块及构件、钢筋、砂石,以及水箱等,测试过程与锚桩法一样。《建筑基桩检测技术规范》（JGJ 106—2003）中同样规定压重平台支墩边与试桩和基准桩之间的最小距离,以减小桩周土的影响。《建筑基桩检测技术规范》（JGJ 106—2003）要求压重施加于地

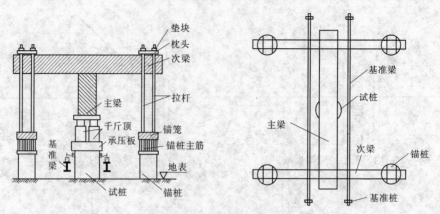

图 7-5　锚桩横梁反力装置

基土的压应力不宜大于地基土承载力特征值的 1.5 倍,压重平台支墩尺寸较小时,压重平台支墩施加于地基土的压应力可能会大于地基土承载力,造成地基土破坏或明显下沉,导致堆载平台倾斜甚至坍塌。当压重在试验前一次加足可能会造成支墩下地基土破坏时,少部分压重可在试验过程中加上,试验过程中应保证压重不小于试验荷载的 1.2 倍。这样做存在安全隐患,如果在较高荷载下桩身脆性破坏,全部压重作用于支墩下的地基土,使地基土破坏,极有可能造成整个压重平台坍塌。

　　一般压重平台反力装置的次梁放在主梁的上面,重物的重心较高,有稳定和安全方面的隐患,设计静载荷试验装置时,也可将次梁放在主梁的下面,类似锚桩横梁反力装置,通过拉杆将荷载由主梁传递给次梁,若干根次梁可以焊接组合成一个小平台,整个堆重平台可由 4 个小平台组成,该类反力装置尤其适合砂包堆载。压重平台的优点是可对基桩进行随机抽检,缺点是成本最高,且试验周期长。

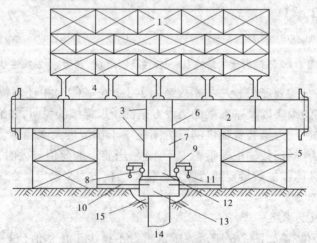

1—压载铁;2、4—通用梁;3—加劲板;5—十字撑;
6—测力环;7—支架;8—千分表;9、11—槽钢;10—距离不小于 2.0 m;
12—液压千斤顶;13—灌注在试验桩桩头上的桩帽;14—试验桩;15—空隙

图 7-6　压重平台反力装置

3.锚桩压重联合反力装置

当试桩最大加荷量超过锚桩的抗拔能力时,可在主梁和副梁上堆重或悬挂一定重物,由锚桩和重物共同承受千斤顶加荷反力,以满足试验荷载要求。采用锚桩压重联合反力装置应注意两个问题:一是当各锚桩的抗拔力不一样时,重物应相对集中在抗拔力较小的锚桩附近;二是重物和锚桩反力的同步性问题,拉杆应预留足够的空隙,保证试验前期锚桩暂不受力,先用重物作为试验荷载,试验后期联合反力装置共同起作用。

除上述三种主要加荷反力装置外,还有其他形式。例如地锚反力装置,如图 7-7 所示,适用于较小的试验加荷,采用地锚反力装置应注意基准桩、地锚锚杆、试验桩之间的中心距离应符合表7-1 的规定;对岩面浅的嵌岩桩,可利用岩锚提供反力;对于静力压桩工程,可利用静力压桩机的自重作为反力装置,进行静载荷试验,但应注意不能直接利用静力压桩机的加荷装置,而应架设合适的主梁,采用千斤顶加荷,且基准桩的设置应符合规范规定。

(四)荷载测量

静载荷试验均采用千斤顶与油泵相连的形式,由千斤顶施载。荷载测量可采用以下两种方式:一是通过用放置在千斤顶上的荷重传感器直接测定;二是通过并联于千斤顶油路的压力表或压力传感器测定油压,根据千斤顶率定曲线换算荷载。用荷重传感器测力,不需要考虑千斤顶活塞摩擦对出力的影响;用油压表(或压力传感器)间接测量荷载需对千斤顶进行率定,受千斤顶活塞摩擦的影响,不能简单地根据油压乘活塞面积计算荷载,同型号千斤顶在保养正常状态下,相同油压时的出力相对误差为 1% ~2%,非正常时可高达 5%。

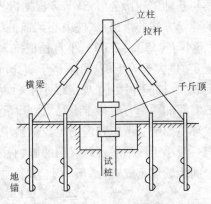

图 7-7 伞形地锚装置示意图

近几年来,许多单位采用自动化静载荷试验设备进行试验,采用荷重传感器测量荷重或采用压力传感器测定油压,实现加卸荷与稳压自动化控制,不仅减轻检测人员的工作强度,而且测试数据准确可靠。关于自动化静载荷试验设备的量值溯源,不仅应对压力传感器进行校准,而且应对千斤顶进行校准,或者对压力传感器和千斤顶整个测力系统进行校准。

压力表一般由接头、弹簧管、传动机构等测量系统,指针和度盘等指示部分,表壳、罩圈、表玻璃等外壳部分组成。在被测介质的压力作用下,弹簧管的末端产生弹性位移,借助抽杆经齿轮传动机构的传动并予放大,由固定于齿轮轴上的指针将被测压力值在度盘上指示出来。

采用荷重传感器和压力传感器同样存在量程和精度问题,一般要求传感器的测量误差不应大于 1%。

千斤顶校准一般从其量程的 20% 或 30% 开始,根据 5 ~ 8 个点的检定结果给出率定曲线(或校准方程)。选择千斤顶时,最大试验荷载对应的千斤顶出力宜为千斤顶量程的 30% ~80%。当采用两台及两台以上千斤顶加荷时,为了避免受检桩偏心受荷,千斤顶型号、规格应相同且应并联同步工作。

试验用油泵、油管在最大加荷时的压力不应超过规定工作压力的 80%，当试验油压较高时，油泵应能满足试验要求。

(五) 沉降测量

1. 基准梁

基准梁的一端应固定在基准桩上，另一端应简支于基准桩上，以减少温度变化引起的基准梁挠曲变形。在满足规范规定的条件下，基准梁不宜过长，并应采取有效遮挡措施，以减少温度变化和刮风下雨、振动及其他外界因素的影响，尤其在昼夜温差较大且白天有阳光照射时更应注意。一般情况下，温度对沉降的影响为 1~2 mm。

2. 基准桩

《建筑基桩检测技术规范》(JGJ 106—2003) 要求试桩、锚桩（压重平台支墩边）和基准桩之间的中心距离大于 4 倍试桩和锚桩的设计直径且大于 2.0 m。1985 年，国际土力学与基础工程协会 (ISSMFE) 根据世界各国对有关静载荷试验的规定，提出了静载荷试验的建议方法并指出：试桩中心到锚桩（压重平台支墩边）和到基准桩各自间的距离应分别"不小于 2.5 m 或 3D"，小直径桩按 3D 控制，大直径桩按 2.5 m 控制，这和我国现行规范规定的"大于等于 4D 且不小于 2.0 m"相比更容易满足。高层建筑物下的大直径桩试验荷载大、桩间净距小（规定最小中心距为 3D），往往受设备能力制约，采用锚桩法检测时，三者间的距离有时很难满足"大于等于 4D"的要求，加长基准梁又难避免产生显著的气候环境影响。考虑到现场验收试验中的困难，且加荷过程中锚桩上拔对基准桩、试桩的影响一般小于压重平台对它们的影响，因此《建筑基桩检测技术规范》(JGJ 106—2003) 对部分间距的规定放宽为"不小于 3D"，具体见表 7-1。

表 7-1　试桩、锚桩(压重平台支墩边)和基准桩之间的中心距离

反力装置	试桩中心与锚桩中心 （压重平台支墩边）	试桩中心与基准桩中心	基准桩中心与锚桩中心 （压重平台支墩边）
锚桩横梁	≥4(3)D 且 >2.0 m	≥4(3)D 且 >2.0 m	≥4(3)D 且 >2.0 m
压重平台	≥4D 且 >2.0 m	≥4(3)D 且 >2.0 m	≥4D 且 >2.0 m
地锚装置	≥4D 且 >2.0 m	≥4(3)D 且 >2.0 m	≥4D 且 >2.0 m

注：1. D 为试桩、锚桩或地锚的设计直径或宽边，取其较大者。

2. 如试桩或锚桩为扩底桩或多支盘桩，试桩与锚桩的中心距尚不应小于 2 倍扩大端直径。

3. 括号内数值可用于工程桩验收检测时多排桩设计试桩中心距离小于 4D 的情况。

4. 软土场地压重平台堆载重量较大时，宜增加支墩边与基准桩中心和试桩中心之间的距离，并在试验过程中观测基准桩的竖向位移。

3. 百分表和位移传感器

沉降测定平面宜在桩顶 200 mm 以下位置，最好不小于 0.5 倍桩径，测点应牢固地固定于桩身，即不得在承压板上或千斤顶上设置沉降观测点，避免因承压板变形导致沉降观测数据失实。直径或边宽大于 500 mm 的桩，应在其两个方向对称安置 4 个百分表或位移传感器，直径或边宽小于等于 500 mm 的桩可对称安置 2 个百分表或位移传感器。

沉降测量宜采用位移传感器或大量程百分表，对于机械式大量程（50 mm）百分表，

《大量程百分表检定规程》（JJG 379—2009）规定的 1 级标准为：全程示值误差和回程误差分别不超过 40 μm 和 8 μm，相当于满量程测量误差不大于 0.1%。因此，《大量程百分表检定规程》（JJG 379—2009）要求沉降测量误差不大于 0.1% FS，分辨力优于或等于 0.01 mm。常用的百分表量程有 50 mm、30 mm、10 mm，量程越大，周期检定合格率越低，但沉降测量使用的百分表量程过小，可能造成频繁调表，影响测量精度。

（六）桩头处理

试验过程中，应保证不会因桩头破坏而终止试验，但桩头部位往往承受较高的竖向荷载和偏心荷载，因此一般应对桩头进行处理。

预制方桩和预应力管桩，如果未进行截桩处理，桩头质量正常，单桩设计承载力合理，可不进行处理。预应力管桩，尤其是进行了截桩处理的预应力管桩，可采用填芯处理，填芯高度 h 一般为 1~2 m，可以放置钢筋也可以不放置钢筋，填芯用的混凝土宜按 C25~C30 配置，也可用特制夹具箍住桩头，如图 7-8（a）所示。为了便于两个千斤顶的安装，同时进一步保证桩头不受破损，可针对不同的桩径制作特定的桩帽，套在试验桩桩头上。图 7-8 是几种桩帽设计图，可供参考。

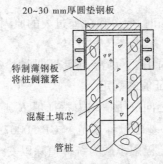

(a)管桩静载荷试验桩头处理

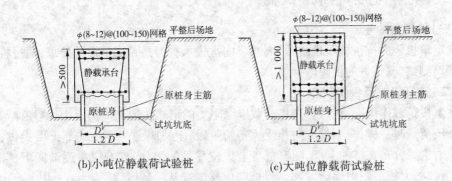

(b)小吨位静载荷试验桩　　　　　　(c)大吨位静载荷试验桩

图 7-8　静载荷试验桩桩帽设计示意图 （单位:mm）

（七）单桩竖向抗压极限承载力的确定

极限荷载的确定有时比较困难，应绘制荷载—沉降曲线（$Q \sim s$ 曲线）、沉降—时间曲线（$s \sim t$ 曲线）确定，必要时还应绘制 $s \sim \lg t$ 曲线、$s \sim \lg p$ 曲线（单对数法）、$s \sim (1 - p/p_{\max})$ 曲线（百分率法）等综合比较，确定比较合理的极限荷载取值。

（1）根据沉降随荷载变化的特征确定：对于陡降型 $Q \sim s$ 曲线，取其发生明显陡降的起始点对应的荷载值。

（2）根据沉降随时间变化的特征确定：取 $s \sim \lg t$ 曲线尾部出现明显向下弯曲的前一级荷载值。

（3）当某级荷载作用下，桩顶沉降量大于前一级荷载作用下沉降量的 2 倍，且经 24 h 未达稳定时，取前一级荷载值。

（4）对于缓变型 $Q \sim s$ 曲线，可根据沉降量确定，宜取 $s = 40$ mm 对应的荷载值；当桩长大于 40 m 时，宜考虑桩身弹性压缩量；对直径大于或等于 80 m 的桩，可取 $s = 0.05D$（D 为桩端直径）对应的荷载值。

说明：当按上述四款判定桩的竖向抗压承载力未达到极限时，桩的竖向抗压极限承载力应取最大试验荷载值。

（八）单桩竖向抗压极限承载力统计值的确定

（1）成桩工艺、桩径和单桩竖向抗压承载力设计值相同的受检桩数不少于 3 根时，可进行单位工程单桩竖向抗压极限承载力统计值计算。

（2）参加统计的试桩结果，当满足其极差不超过平均值的 30% 时，取其平均值为单桩竖向抗压极限承载力。

（3）当极差超过平均值的 30% 时，应分析极差过大的原因，结合工程具体情况综合确定，必要时可增加试桩数量。

（4）对桩数为 3 根或 3 根以下的柱下承台，或工程桩抽检数量少于 3 根时，应取低值。

（九）单桩竖向抗压承载力特征值的确定

单位工程同一条件下的单桩竖向抗压承载力特征值 R_a 应按单桩竖向抗压极限承载力设计值的一半取值。《建筑地基基础设计规范》（GB 50007—2011）规定的单桩竖向抗压承载力特征值是按单桩竖向抗压极限承载力统计值除以安全系数 2 得到的。

二、单桩竖向抗拔静载荷试验

（一）检测目的

确定单桩竖向抗拔极限承载力，判断竖向抗拔承载力是否满足设计要求，通过桩身内力及变形测试，测定桩的抗拔摩擦力。

（二）破坏机制及极限状态

在上拔荷载作用下，桩身首先将荷载以摩阻力的形式传递到周围土中，其规律与承受竖向下压荷载时一样，只不过方向相反。初始阶段，上拔阻力主要由浅部土层提供，桩身的拉应力主要分布在桩的上部，随着桩身上拔位移量的增加，桩身应力逐渐向下扩展，桩的中、下部的上拔土阻力逐渐发挥。当桩端位移超过某一数值（通常为 6～10 mm）时，就可以认为整个桩身的土层抗拔阻力达到极限，其后抗拔阻力就会下降。此时，如果继续增加上拔荷载，就会产生破坏。

承受上拔荷载单桩的破坏形态可归纳为图 7-9 所示的几种形态。

（三）反力装置

抗拔试验反力装置宜采用反力桩（或工程桩）提供支座反力，也可根据现场情况采用天然地基提供支座反力。反力架系统应具有 1.2 倍的安全系数。

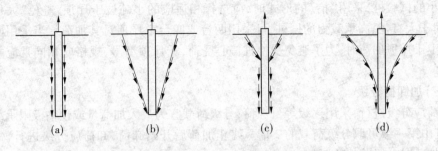

图 7-9　竖向抗拔荷载作用下单桩的破坏形态

采用反力桩(或工程桩)提供支座反力时,反力桩顶面应平整并具有一定的强度。为保证反力梁的稳定性,应注意反力桩顶面直径(或边长)不宜小于反力梁的梁宽,否则,应加垫钢板以确保试验设备安装稳定。

采用天然地基提供反力时,两边支座处的地基强度应接近,且两边支座与地面的接触面积宜相同,施加于地基的压应力不宜超过地基承载力特征值的 1.5 倍;避免加荷过程中两边沉降不均造成试桩偏心受拉,反力梁的支点重心应与支座中心重合。

加荷装置采用油压千斤顶,千斤顶的安装有两种方式:一种是千斤顶放在试桩的上方、主梁的上面,因拔桩试验时千斤顶安放在反力架上面,比较适用于一个千斤顶的情况,特别是穿心张拉千斤顶,当采用二台以上千斤顶加荷时,应采取一定的安全措施,防止千斤顶倾倒或其他意外事故发生。如对预应力管桩进行抗拔试验时,可采用穿心张拉千斤顶,将管桩的主筋直接穿过穿心张拉千斤顶的各个孔,然后锁定,进行试验,如图 7-10(a)所示。另一种是将两个千斤顶分别放在反力桩或支承墩的上面、主梁的下面,千斤顶主梁,如图 7-10(b)所示,通过"抬"的形式对试桩施加上拔荷载。对于大直径、高承载力的桩,宜采用后一种形式。

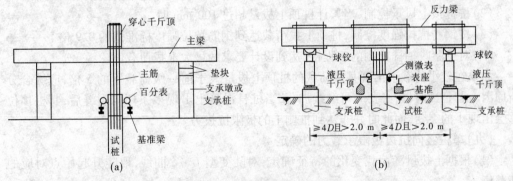

图 7-10　抗拔试验装置示意图

(四)荷载测量

静载荷试验均采用千斤顶与油泵相连的形式,由千斤顶施加荷载。荷载测量可采用以下两种形式:一是通过用放置在千斤顶上的荷重传感器直接测定;二是通过并联于千斤顶油路的压力表或压力传感器测定油压,根据千斤顶率定曲线换算荷载。一般说来,桩的抗拔承载力远低于抗压承载力,在选择千斤顶和压力表时,应注意量程问题,特别是试验荷载较小的试验桩,采用"抬"的形式时,应选择相适应的小吨位千斤顶,避免"大秤称轻物"。对于大直径、高承载力的试桩,可采用两台或四台千斤顶对其加荷。当采用两台及两台以上千斤顶加荷时,为了避免受检桩偏心受荷,千斤顶型号、规格应相同且应并联同步工作。

(五)加卸荷分级

加荷应分级进行,采用逐级等量加荷;分级荷载宜为最大加荷量或预估极限承载力的1/10,其中第一级可取分级荷载的 2 倍。终止加荷后开始卸荷,卸荷应分级进行,每级卸荷量取加荷时分级荷载的 2 倍。

加、卸荷时应使荷载传递均匀、连续、无冲击,每级荷载在维持过程中的变化幅度不得超过分级荷载的 ±10% 。

(六)桩顶上拔的测量

加荷时,每级荷载施加后按第 5 min、15 min、30 min、45 min、60 min 测读桩顶上拔量,以后每隔 30 min 测读一次。卸荷时,每级荷载维持 1 h,按第 15 min、30 min、60 min 测读桩顶下沉回弹量;卸荷至零后,应测读桩顶残余上拔量,维持时间为 3 h,测读时间为第 15 min、30 min,以后每隔 30 min 测读一次。

试验时应注意观察桩身混凝土开裂情况。

(七)变形相对稳定标准

在每级荷载作用下,桩顶的沉降量在每小时内不超过 0.1 mm,并连续出现两次,可视为稳定(由 1.5 h 内的沉降观测值计算)。当桩顶上拔速率达到相对稳定标准时,再施加下一级荷载。

(八)终止加荷条件

当出现下列情况之一时,可终止加荷:

(1)在某级荷载作用下,桩顶上拔量大于前一级上拔荷载作用下的上拔量的 5 倍。

(2)按桩顶上拔量控制,当累计桩顶上拔量超过 100 mm 时。

(3)按钢筋抗拉强度控制,桩顶上拔荷载达到钢筋抗拉强度标准值的 0.9 倍。

(4)对于验收抽样检测的工程桩,达到设计要求的最大上拔荷载值。

如果在较小荷载下出现某级荷载的桩顶上拔量大于前一级荷载下的 5 倍,应综合分析原因。若是试验桩,必要时可继续加荷,当桩身混凝土出现多条环向裂缝后,其桩顶位移会出现小的突变,而此时并非达到桩侧土的极限抗拔力。

(九)单桩竖向抗拔极限承载力的确定

(1)根据上拔量随荷载变化的特征确定:对陡变型 $U \sim \delta$ 曲线,取陡升起始点对应的荷载值。

(2)根据上拔量随时间变化的特征确定:取 $\delta \sim \lg t$ 曲线斜率明显变陡或曲线尾部明显弯曲的前一级荷载值。

(3)当在某级荷载下抗拔钢筋断裂时,取其前一级荷载值。

(十)单桩竖向抗拔极限承载力统计值的确定

(1)成桩工艺、桩径和单桩竖向抗拔承载力设计值相同的受检桩数不少于 3 根时,可进行单位工程单桩竖向抗拔极限承载力统计值计算。

（2）参加统计的试桩结果，当满足其极差不超过平均值的30%时，取其平均值为单桩竖向抗压极限承载力。

（3）当极差超过平均值的30%时，应分析极差过大的原因，结合工程具体情况综合确定，必要时可增加试桩数量。

（4）对桩数为3根或3根以下的柱下承台，或工程桩抽检数量少于3根时，应取低值。

（十一）单桩竖向抗拔极限承载力特征值的确定

单位工程同一条件下的单桩竖向抗拔承载力特征值应按单桩竖向抗拔极限承载力统计值的一半取值。当工程桩不允许带裂缝工作时，取桩身开裂的前一级荷载作为单桩竖向抗拔承载力特征值，并与按极限荷载一半取值确定的承载力特征值相比取小值。

三、单桩水平静载荷试验

（一）检测目的

单桩水平静载荷试验采用接近于水平受荷桩实际工作条件的试验方法，确定单桩水平临界荷载和极限荷载，推定土抗力参数，或对工程桩的水平承载力进行检验和评价。当桩身埋设有应变测量传感器时，可测量相应水平荷载作用下的桩身应力，并由此计算得出桩身弯矩分布情况，可为检验桩身强度，推求不同深度弹性地基系数提供依据。

（二）桩的水平承载性状

在水平荷载作用下，桩产生变形并挤压桩周土，促使桩周土发生相应的变形而产生水平抗力。水平荷载较小时，桩周土的变形是弹性的，水平抗力主要由靠近地面的表层土提供；随着水平荷载的增大，桩的变形加大，表层土逐渐产生塑性屈服，水平荷载将向更深的土层传递；当桩周土失去稳定或桩体发生破坏或桩的变形超过结构的允许值时，水平荷载也就达到极限。

水平承载桩的工作性能主要体现在桩与土的相互作用上，即利用桩周土的抗力来承担水平荷载。按桩土相对刚度的不同，水平荷载作用下的桩土体系有两类工作状态和破坏机制：一类是刚性短桩，因转动或平移而破坏，相当于 $\alpha h < 2.5$ 时的情况（α 为桩的水平变异系数，h 为桩的入土深度）；另一类是工程中常见的弹性长桩，桩身产生挠曲变形，桩下段嵌固于土中不能转动，相当于 $\alpha h > 4.0$ 的情况。$2.5 < \alpha h < 4.0$ 范围的桩称为有限长度的中长桩。

（三）弹性地基反力系数法

单桩在水平荷载作用下的变形和内力计算，通常采用按文克勒假定的弹性地基上梁的计算方法，即把承受水平荷载的单桩视为文克勒地基上的竖直梁，通过梁的挠曲微分方程解答，计算桩身的弯矩和剪力，并考虑由桩顶竖向荷载产生的轴力，进行桩的强度计算。

单桩受水平荷载时，可把土体视为直线变形体，假定深度 z 处的水平抗力 p 等于该点的水平抗力系数 k_x 与该点的水平位移 x 的乘积：$p = k_x x$，此时忽略桩土之间的摩擦阻力对水平抗力的影响以及邻桩的影响。

地基水平抗力系数 k_x 的分布和大小，将直接影响挠曲微分方程的求解和桩身截面内力的变化。各种计算理论假定的 k_x 分布图示不同，较为常用的有下列4种计算方法。

（1）常数法：假定 k_x 沿深度为均匀分布，即 $k_x = k_0$。这是我国学者张有龄在20世纪

30 年代提出的方法。

(2) k 法:假定 k_x 在桩身第一挠曲零点以上按直线分布 $k_x = k_z$;以下 k_x 为常数,即 $k_x = k$。

(3) m 法:假定 k_x 沿深度 z 成正比增加,即 $k_x = mz$。

(4) c 值法:假定 k_x 沿深度 z 按 $cz_{1/2}$ 的规律分布,即 $k_x = cz_{1/2}$。

(四)加荷装置与反力装置

(1)水平推力加荷装置宜采用油压千斤顶,加荷能力不得小于最大试验荷载的 1.2 倍。

(2)水平推力的反力可由相邻桩提供;当专门设置反力结构时,其承载能力和刚度应大于试验桩的 1.2 倍。

(3)水平力作用点宜与实际工程的桩基承台底面标高一致;千斤顶和试验桩接触处应安置球形支座,千斤顶作用力应水平通过桩身轴线;千斤顶与试桩的接触处宜适当补强。

反力装置应根据现场具体条件选用,最常见的方法是利用相邻桩提供反力,即两根试桩对顶,如图 7-11 所示;也可利用周围现有的结构物作为反力装置或专门设置反力结构,但其承载力和作用方向上刚度应大于试桩的 1.2 倍。

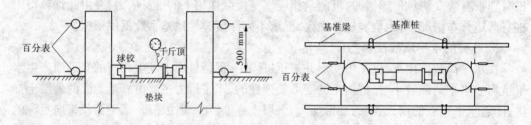

图 7-11　水平静载荷试验装置

(五)测量装置

桩的水平位移测量宜采用大量程位移计。在水平力作用平面的受检桩两侧应对称安装两个位移计,以测量地面处的桩水平位移;当需测量桩顶转角时,尚应在水平力作用平面以上 50 cm 的受检桩两侧对称安装两个位移计,利用上下位移计差与位移计算距离的比值可求得地面以上桩的转角。

固定位移计的基准点宜设置在试验影响范围之外(影响区见图 7-12),与作用力方向垂直且与位移方向相反的试桩侧面,基准点与试桩净距不小于 1 倍桩径。在陆上试桩可用入土 1.5 m 的钢钎或型钢作为基准点,在港口码头工程设置基准点时,因水深较大,可采用专门设置的桩作为基准点,同组试桩的基准点一般不少于 2 个。搁置在基准点上的基准梁要有一定的刚度,以减少晃动,整个基准装置系统应保持相对独立。为减少温度对测量的影响,基准梁应采取简支的形式,顶上有篷布遮阳。

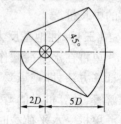

图 7-12　试桩影响区

(六)加卸荷方式和水平位移测量

单向多循环加荷法的分级荷载应小于预估水平极限承载力或最大试验荷载的 1/10。每级荷载施加后,恒载 4 min 后可测读水平位移,然后卸荷至零,停 2 min 测读残余水平位移,至此完成一个加卸荷循环。如此循环5次,完成一级荷载的位移观测。试验不得中间停顿。

慢速维持荷载法的加卸荷分级、试验方法及稳定标准应按"单桩竖向抗压静载荷试验"一节的相关规定进行。测量桩身应力或应变时,测试数据的测读宜与水平位移测量同步。

(七)终止加荷条件

出现下列情况之一时,可终止加荷:

(1)桩身折断。对长桩和中长桩,水平承载力作用下的破坏特征是桩身弯曲破坏,即桩发生折断,此时试验自然终止。

(2)水平位移超过30~40 mm(软土取40 mm)。本条是根据《建筑桩基技术规范》(JGJ 94—2008)的要求提出的。

(3)水平位移达到设计要求的水平位移允许值。本条主要针对水平承载力验收监测。

(八)单桩的水平临界荷载的确定

对中长桩而言,桩在水平荷载作用下,桩侧土体随着荷载的增加,其塑性区自上而下逐渐开展扩大,最大弯矩断面下移,最后形成桩身结构的破坏。所测水平临界荷载 H_{cr} 即当桩身产生开裂时所对应的水平荷载。因为只有混凝土桩才会开裂,故只有混凝土桩才有临界荷载。

(1)取单向多循环加荷法时的 $H \sim t \sim Y_0$ 曲线(见图7-13)或慢速维持荷载法时的 $H \sim Y_0$ 曲线(见图7-14)出现拐点的前一级水平荷载值。

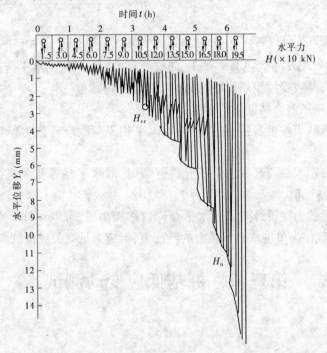

图7-13　单向多循环加荷法 $H \sim t \sim Y_0$ 曲线

(2)取 $H \sim Y_0/\Delta H$ 曲线或 $\lg H \sim \lg Y_0$ 曲线上第一拐点对应的水平荷载值。

(3)取 $H \sim \sigma_s$ 曲线第一拐点对应的水平荷载值。

(九)单桩的水平极限承载力的确定

(1)取单向多循环加荷法时的 $H \sim t \sim Y_0$ 曲线产生明显陡降的前一级或慢速维持荷载法时的 $H \sim Y_0$ 曲线发生明显陡降的起始点对应的水平荷载值。

(2)取慢速维持荷载法时的 $Y_0 \sim \lg t$ 曲线尾部出现明显弯曲的前一级水平荷载值(见图 7-15)。

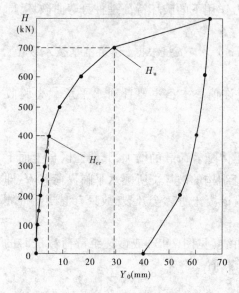

图 7-14　$H \sim Y_0$ 曲线

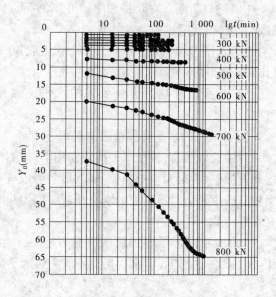

图 7-15　$Y_0 \sim \lg t$ 曲线

(3)取 $H \sim \Delta Y_0/\Delta H$ 曲线或 $\lg H \sim \lg Y_0$ 曲线上第二拐点对应的水平荷载值。

(4)取桩身折断或受拉钢筋屈服时的前一级水平荷载值。

(十)单桩水平承载力特征值的确定

(1)当水平承载力按桩身强度控制时,取水平临界荷载统计值为单桩水平承载力特征值。

(2)当桩受长期水平荷载作用且不允许开裂时,取水平临界荷载统计值的 0.8 作为单桩水平承载力特征值。

(3)当水平承载力按设计要求的水平允许位移控制时,可取设计要求的水平允许位移对应的水平荷载作为单桩水平承载力的特征值,但应满足有关规范抗裂设计的要求。

第三节　桩基低应变动测试

一、概述

桩基动力检测技术包括高应变法和低应变法。当作用在桩顶上的能量较大,直接测得的打击力与设计极限值相当时,这便是高应变法;作用在桩上的能量较小,仅能使桩土间产生微小扰动,这类方法称为低应变法。目前,高应变法主要有动力打桩公式法、波动方程法、Case 法、曲线拟合法、锤击贯入法和动静法等。低应变法主要有机械阻抗法、应力波反射法、球击法、动力参数法和水电效应法等。桩基动力检测具有费用低、快速、轻便、适于普及等优点,这大大地促进了桩基动测技术的研究和应用。

二、桩的低应变检测

(一)桩的低应变检测目的

检测单桩的完整性,检查是否存在缺陷以及缺陷位置,定性判别缺陷的严重程度(但对缺陷位置不能作定量判别)。

(二)基本原理与方法

(1)桩顶击发一压缩波,并向下传播,当遇到波阻抗界面(接桩部位、扩径缺陷、桩尖),压缩波即反射回来。将桩顶接收到的各种反射波与击发波比较,根据时间差及频谱特性即可判断波阻抗界面的性质。

桩顶激发可以是瞬态激发(如冲击),也可以是稳态激发,输入某一频率振动测得振幅,然后改变激振频率,记录各频率的振幅,并绘制频谱图即可分析。

图 7-16 给出的是一根自有扩径桩的特例,即上段桩体长度与中部扩径段桩体长度之比恰好为 1/2。当然,实际工程桩动测波形受诸多因素的耦合影响,如桩身材料阻尼、频散、尺寸效应、波形畸变,特别是土阻力以及地层与成桩工艺交互作用,使波形的"精确"解释更具复杂性。

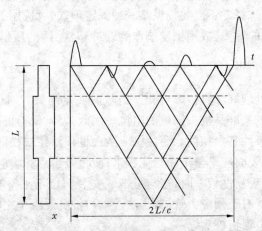

图 7-16　波在两个阻抗变化截面(扩径)自由桩中的
特征线传播图示

(2)基本公式

$$t = \frac{2L}{c}$$

式中　c——压缩波在桩身中的传播速度;

　　　L——桩顶至反射界面的距离;

t——压缩波自桩顶激发,传至反射界面后,反射回桩顶所需时间。

由此可知,如能测到弹性波的传输时间,当波速已知时,即可确定反射波的位置;反之,如桩长已知,即可测到混凝土波速。

(三)低应变法检测技术

1. 测量响应系统

建议低应变动力检测采用的测量响应传感器为压电式加速度传感器。根据压电式加速度计的结构特点和动态性能,当传感器的可用上限频率在其安装谐振频率的 1/5 以下时,可保证较高的冲击测量精度,且在此范围内,相位误差完全可以忽略。所以,应尽量选用自振频率较高的加速度传感器。

2. 激振设备

瞬态激振操作应通过现场试验选择不同材质的锤头或锤垫,以获得低频宽脉冲或高频窄脉冲。除大直径桩外,冲击脉冲中的有效高频分量可选择不超过 2 000 Hz(钟形力脉冲宽度为 1 ms,对应的高频截止分量约为 2 000 Hz)。桩直径小时脉冲可稍窄一些。选择激振设备没有过多的限制,如力锤、力棒等。锤头的软硬或锤垫的厚薄和锤的质量都能起到控制脉冲宽窄的作用,通常前者起主要作用;而后者(包括手锤轻敲或加力锤击)主要是控制力脉冲幅值。因为不同的测量系统灵敏度和增益设置不同,灵敏度和增益都较低时,加速度或速度响应弱,相对而言降低了测量系统的信噪比或动态范围;两者均较高时又容易产生过载和削波。通常手锤即使在一定锤重和加力条件下,由于桩顶敲击点处凹凸不平、软硬不一,冲击加速度幅值变化范围很大(脉冲宽窄也发生较明显变化),有些仪器没有加速度超载报警功能,而削波的加速度波形积分成速度波形后可能不容易被察觉。所以,锤头及锤体质量选择并不需要拘泥某一种固定形式,可选用工程塑料、尼龙、铝、铜、铁、硬橡胶等材料制成的锤头,或用橡皮垫作为缓冲垫层,锤的质量也可几百克至几十千克不等。

3. 桩头处理

桩顶条件和桩头处理好坏直接影响测试信号的质量高低。对低应变动测试而言,判断桩身阻抗相对变化的基准是桩头部位的阻抗。因此,要求受检桩桩顶的混凝土质量、截面尺寸应与桩身设计条件基本相同。灌注桩应凿去桩顶浮浆或松散、破损部分,并露出坚硬的混凝土表面;桩顶表面应平整干净且无积水;应将敲击点和响应测量传感器安装点部位磨平,多次锤击信号重复性较差时,多与敲击或安装部位不平整有关;妨碍正常测试的桩顶外露主筋应割掉。对于预应力管桩,当法兰盘与桩身混凝土之间结合紧密时,可不进行处理,否则,应采用电锯将桩头锯平。

当桩头与承台或垫层相连时,相当于桩头处存在很大的截面阻抗变化,对测试信号会产生影响。因此,测试时桩头应与混凝土承台断开;当桩头侧面与垫层相连时,除非对测试信号没有影响,否则应断开。

4. 测试参数设定

从时域波形中找到桩底反射位置,仅仅是确定了桩底反射的时间,根据 $\Delta T = 2L/c$,只有已知桩长 L 才能计算波速 c,或已知波速 c 计算桩长 L。因此,桩长参数应以实际记录的施工桩长为依据,按测试点至桩底的距离设定。测试前桩身波速可根据本地区同类桩型的测试值初步设定。根据前面测试的若干根桩的真实波速的平均值,对初步设定的波速进行调整。

对于时域信号,采样频率越高,则采集的数字信号越接近模拟信号,越有利于缺陷位置的准确判断。一般应在保证测得完整信号(时段 $2L/c + 5$ ms,1 024 个采样点)的前提下,选用较高的采样频率或较小的采样时间间隔。但是,若要兼顾频域分辨率,则应按采样定理适当降低采样频率或增加采样点数。如采样时间间隔为 50 μs,采样点数 1 024,FFT 频域分辨率仅为 19.5 Hz。

5. 传感器安装和激振操作

(1)传感器用耦合剂黏结时,黏结层应尽可能薄;必要时可采用冲击钻打孔安装方式,但传感器底安装面应与桩顶面紧密接触。激振以及传感器均应沿桩的轴线方向安装。

(2)激振点与传感器安装点应远离钢筋笼的主筋,其目的是减少外露主筋振动对测试产生干扰信号。若外露主筋过长而影响正常测试,应将其割断。

(3)测桩的目的是激励桩的纵向振动振型,但相对桩顶横截面尺寸而言,激振点处为集中力作用,在桩顶部位难免出现与桩的径向振型相对的高频干扰。当锤击脉冲变窄或桩径增加时,这种由三维尺寸效应引起的干扰加剧。传感器安装点与激振点距离和位置不同,所受干扰的程度各异。实心桩安装点在距桩中心约 $2R/3$ 时,所受干扰相对较小;空心桩安装类似实心桩安装,该处相当于径向耦合低阶振型的驻点。另外应注意,加大安装与激振两点间距离或平面夹角,将增大锤击点与安装点响应信号的时间差,造成波速或缺陷定位误差。

(4)当预制桩、预应力管桩等桩顶高出地面很多,或灌注桩桩顶部分桩身截面很不规则,或桩顶与承台等其他结构相连而不具备传感器安装条件时,可将两个测量响应传感器对称安装在桩顶以上的桩侧表面,且宜远离桩顶。

(5)瞬态激振通过改变锤的重量及锤头材料,可改变冲击入射波的脉冲宽度及频率成分。锤头质量较大或刚度较小时,冲击入射波脉冲较宽,以低频成分为主;当冲击力大小相同时,其能量较大,应力波衰减较慢,适合于获得长桩桩底信号或下部缺陷的识别。锤头质量较轻或刚度较大时,冲击入射波脉冲较窄,含高频成分较多;冲击力大小相同时,虽其能量较小并加剧大直径桩的尺寸效应影响,但较适宜于桩身浅部缺陷的识别及定位。

(6)稳态激振在每个设定的频率下激振时,为避免频率变换过程产生失真信号,应具有足够的稳定激振时间,以获得稳定的激振力和响应信号,并根据桩径、桩长及桩周土约束情况调整激振力。稳态激振器的安装方式及好坏对测试结果有很大的影响。为保证激振系统本身在测试频率范围内不出现谐振,激振器的安装宜采用柔性悬挂装置,同时在测试过程中应避免激振器出现横向振动。

(7)为了能对室内信号分析发现的异常提供必要的比较或解释,检测过程中,同一工程的同一批试桩的试验操作宜保持同条件,不仅要对激振操作、传感器和激振点布置等某一条件的改变进行记录,也要记录桩头外观尺寸和混凝土质量的异常情况。

(8)桩径增大时,桩截面各部位的运动不均匀性也会增加,桩浅部的阻抗变化往往表现出明显的方向性。因此,应增加检测数量,通过各接收点的波形差异,大致判断浅部缺陷是否存在方向性。每个检测点有效信号数不宜少于 3 个,而且应具有良好的重复性,通过叠加平均提高信噪比。

（四）检测数据分析与判定

1. 通过统计确定桩身波速平均值

为分析不同时段或频段信号所反映的桩身阻抗信息、核验桩底信号并确定桩身缺陷位置，需要确定桩身波速及其平均值。

当桩长已知、桩底反射信号明确时，在地质条件、设计桩型、成桩工艺相同的基桩中，选取不少于 5 根 I 类桩的桩身波速值按下列三式计算其平均值

$$c_m = \frac{1}{n}\sum_{i=1}^{n} c_i \tag{7-1}$$

$$c_i = \frac{2L}{\Delta T} \tag{7-2}$$

$$c_i = 2L\Delta f \tag{7-3}$$

式中　c_m——桩身波速的平均值；

　　　c_i——第 i 根受检桩的桩身波速值，《建筑基桩检测技术规范》（JGJ 106—2003）要

　　　　　求 c_i 取值的离散型不能太大，即 $\frac{|c_i - c_m|}{c_m} \leqslant 5\%$ ；

　　　L——测点下桩长；

　　　ΔT——速度波第一峰与桩底反射波峰间的时间差，见图 7-17；

　　　Δf——幅频曲线上桩底相邻谐振峰间的频差，见图 7-18；

　　　n——参加波速平均值计算的基桩数量（$n \geqslant 5$）。

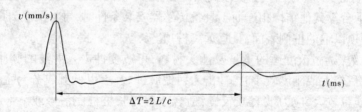

图 7-17　完整桩典型时域信号特征

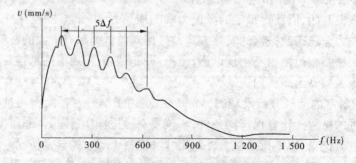

图 7-18　完整桩典型速度幅频信号特征

需要指出,桩身平均波速确定时,要求$\dfrac{|c_i - c_m|}{c_m} \leqslant 5\%$的规定在具体执行中并不宽松,因为如前所述,影响单桩波速确定准确性的因素很多。如果被检工程数量较高,尚应考虑尺寸效应问题,即参加平均波速统计的被检桩的测试条件应尽可能一致,桩身也不应有明显扩径。

当无法按上述方法确定时,波速平均值可根据本地区相同桩型及成桩工艺的其他桩基工程的实测值,结合桩身混凝土的骨料品种和强度等级综合确定。虽然波速与混凝土强度二者并不呈一一对应关系,但考虑到二者整体趋势上呈正相关关系,且强度等级是现场最易得到的参考数据,故对于超长桩或无法明确找出桩底反射信号的桩,可根据本地区经验并结合混凝土强度等级,综合确定波速平均值,或利用成桩工艺、桩型相同且桩长相对较短并能够找出桩底反射信号的桩确定的波速,作为波速平均值。

此外,当某根桩露出地面且有一定的高度时,可沿桩长方向隔一可测量的距离段安置两个测振传感器,通过测量两个传感器的响应时间差,计算该桩段的波速值,以该值代表整根桩的波速值。

2. 桩身缺陷位置计算

桩身缺陷位置计算采用以下两式之一

$$x = \frac{1}{2}\Delta t_x c \tag{7-4}$$

$$x = \frac{1}{2}\frac{c}{\Delta f'} \tag{7-5}$$

式中　x——桩身缺陷至传感器安装点的距离;

　　　Δt_x——速度波第一峰与缺陷反射波峰间的时间差,见图7-19;

　　　c——受检桩的桩身波速,无法确定时间用c_m值替代;

　　　$\Delta f'$——幅频信号曲线上缺陷相邻谐振峰间的频差,见图7-20。

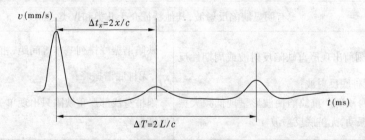

图7-19　缺陷桩典型时域信号特征

3. 桩身完整性类别判定

(1)建议采用时域和频域波形分析相结合的方法进行桩身完整性判定,也可根据单独的时域或频域波形进行完整性判定。一般在实际应用中以时域分析为主、频域分析为辅。

依据实测时域或幅频信号特征进行桩身完整性判定的分类标准见表7-2,显然缺陷类别的判定是定性的。这里需特别强调,仅依据信号特征判定桩身完整性是不够的,需要

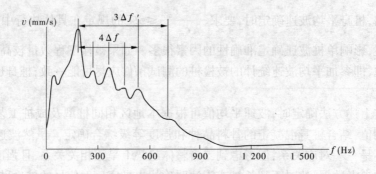

图 7-20　缺陷桩典型速度幅频信号特征

检测分析人员结合缺陷出现的深度、测试信号衰减特性以及设计桩型、成桩工艺、地质条件、施工情况等综合分析判定。

表 7-2　桩身完整性判定的分类标准

类别	时域信号特征	幅频信号特征
I	$\frac{2L}{c}$ 时刻前无缺陷反射波,有桩底反射波	桩底谐振峰排列基本等间距,其相邻频差 $\Delta f \approx \frac{c}{2L}$
II	$\frac{2L}{c}$ 时刻前出现轻微缺陷反射波,有桩底反射波	桩底谐振峰排列基本等间距,其相邻频差 $\Delta f \approx \frac{c}{2L}$,轻微缺陷产生的谐振峰与桩底谐振峰之间的频差 $\Delta f' > \frac{c}{2L}$
III	有明显缺陷反射波,其他特征介于 II 类和 IV 类之间	
IV	$\frac{2L}{c}$ 时刻前出现严重缺陷反射波或周期性反射波,无桩底反射波; 因桩身浅部严重缺陷使波形呈现低频大振幅衰减振动,无桩底反射波	缺陷谐振峰排列基本等间距,相邻频差 $\Delta f' > \frac{c}{2L}$,无桩底谐振峰; 因桩身浅部严重缺陷只出现单一谐振峰,无桩底谐振峰

表 7-2 没有列出桩身无缺陷或有轻微缺陷但无桩底反射这种信号特征的类别划分。事实上,低应变法测不到桩底反射信号这类情形受多种因素影响,例如:软土地区的超长桩,长径比很大;桩周土约束很大,应力波衰减很快;桩身阻抗与持力层阻抗匹配良好;桩身截面阻抗显著突变或沿桩长渐变;预制桩接头缝隙影响。

其实,当桩侧阻力和桩端阻力很强时,高应变法同样也测不出桩底反射。所以,上述原因造成无桩底反射也属正常。此时的桩身完整性判定,只能结合经验、参照本场和本地区的同类型桩综合分析或采用其他方法进一步检测。

（2）时域信号曲线拟合法。将桩划分为若干单元，以实测或模拟的力信号作为已知边界条件，设定并调整桩身阻抗及土参数，通过一维波动方程数值计算，计算出速度时域波形并与实测的波形进行反复比较，直至两者吻合程度达到满意，从而得出桩身阻抗的变化位置及变化量。该计算方法类似于高应变的曲线拟合法，只是拟合所用的桩土模型没有高应变拟合法那么复杂。

（3）根据速度幅频曲线或导纳曲线中基频位置（如理论上的刚性支承桩的基频为 $\frac{\Delta f}{2}$），利用实测导纳几何平均值与计算导纳值的相对高低、实测动刚度的相对高低进行判断。此外，还可对速度幅频信号曲线进行二次谱分析。

导纳理论计算值 N_c、实测导纳几何平均值 N_m 和动刚度 K_d 分别按下列公式计算：

导纳理论计算值

$$N_c = \frac{1}{\rho c_m A} \tag{7-6}$$

实测导纳几何平均值

$$N_m = \sqrt{P_{max} Q_{min}} \tag{7-7}$$

动刚度

$$K_d = \frac{2\pi f_m}{\left| \dfrac{v}{F} \right|_m} \tag{7-8}$$

式中　ρ——桩材质量密度，kg/m^3；

　　　c_m——桩身波速平均值，m/s；

　　　A——设计桩身截面面积，m^2；

　　　P_{max}——导纳曲线上谐振波峰的最大值，$m/s \cdot N^{-1}$；

　　　Q_{min}——导纳曲线上谐振波谷的最小值，$m/s \cdot N^{-1}$；

　　　f_m——导纳曲线上起始近似直线段上任一频率值，Hz；

　　　$\left| \dfrac{v}{F} \right|_m$——与 f_m 对应的导纳幅值，$m/s \cdot N^{-1}$。

理论上，实测导纳值 N_m、计算导纳值 N_c 和动刚度 K_d 就桩身质量好坏而言存在一定的相对关系：完整桩，N_m 约等于 N_c，K_d 值正常；缺陷桩，N_m 大于 N_c，K_d 值低，且随缺陷程度的增加，其差值增大；扩径桩，N_m 小于 N_c，K_d 值高。

第四节　桩基高应变动测试

高应变检测是当今国内外广泛使用的一种快速测桩技术，世界上许多国家和地区都已将此项技术列入有关规范或规程。我国目前的《建筑基桩检测技术规范》（JGJ 106—2003）、交通部《港口工程桩基动力检测规程》（JTJ 249—2001）以及上海、广东、深圳、天津等许多地方规范、规程中均对桩的高应变检测技术作了规定，并将检测人员和单位的资质列入专项管理范围。

一、检测仪器和设备

（一）概述

目前,我国桩基工程中应用较多的高应变检测仪有武汉岩海公司生产的 RS 系列基桩动测仪,中国建筑科学研究院地基基础研究所的 FEI 桩基动测仪,美国 PDI 公司的 PDA 型和 PAK 型打桩分析仪,中国科学院武汉岩土力学研究所的 RSM 基桩动测仪以及荷兰建筑材料和结构研究所的 TNO 基桩诊断系统等。上述仪器各有特点,但是其基本原理和主要功能大致相同,仪器的主要技术指标能达到我国现行行业标准《基桩动测仪》（JG/T 3055—1999）中有关规定,且具有一定的信号存储、处理和分析功能,可以满足工程检测的需要。

（二）传感器选择

传感器的优劣是高应变检测中的重要一环,应慎重选择。目前,采用的传感器大多为环式应变传感器和压电晶体式（或压阻式）加速度传感器。环式应变传感器主要用于量测桩身因锤击产生的应变量,直接关系到检测结果的精度,若安装不当或保管不善,易发生扭曲变形,使实测的应变信号失真。压电晶体式加速度传感器的稳定性相对应变计要好一些,但需注意其灵敏度的变化,并要选择与被测桩型相匹配的传感器,如钢桩一般宜选用 30 000 ~ 50 000 m/s² 量程范围,混凝土桩宜选用 10 000 ~ 20 000 m/s² 量程范围。传感器量程太小容易损坏,量程太大又会影响测试的精度。

（三）冲击锤选择

冲击锤选择直接影响到测试结果。目前,采用冲击试验的锤大致有两种:一种是借用打桩工程中的柴油锤（或液压锤、蒸汽锤）,另一种是检测专用的自落锤。前面一种锤有良好的导向装置和垫层,锤击时不易产生大偏心,测出的波形较好。常遇到的问题是桩打入土中间隙一段时间后,原施工用的锤击力偏小,不易使桩达到高应变检测所需的贯入度,得不出桩的极限承载力,解决办法是增大落锤高度或锤重。

二、高应变检测

（一）测试前的准备

测试前应首先进行现场调查,包括测试场地的条件、成桩（或沉桩）后的间隙时间、安全问题及桩顶是否需要加固等。

混凝土预制桩和钢桩,一般不进行加固,若桩顶破损严重,则需修复或加固。混凝土灌注桩一般应进行桩顶加固:凿除顶部原有强度较低的混凝土,将桩接长至试验所需高度,接长部分的混凝土强度应高于原桩身混凝土强度 1 ~ 2 级;为防止锤击时桩顶出现纵向裂缝,宜在加固段四周设置钢套箍或在顶部设置 2 ~ 3 层钢筋网片。有条件时也可用环氧砂浆加固桩顶。桩顶接长部分的形状和面积应与原桩身相同,这样可以避免界面反射波的干扰。

应详细了解桩型尺寸、桩长和有关地质资料,以便选择合适的冲击设备。

（二）传感器安装

传感器安装是高应变动测工作中很重要的一环,它直接影响到测试的精度,甚至关系到测试的成败。按目前的常规方法,高应变检测锤击时桩顶附近同一截面处的锤击力和质点运动速度,锤击力是由桩身实测应变换算得出的,质点运动速度是通过实测加速度积分得出的(目前在中国和美国也有通过实测锤体加速度转换成桩顶冲击力,但必须使用整体铸造的且具有一定高径比的铁锤,才能视锤为一刚体)。

为减少偏心锤击对实测数据的影响,传感器应成对且对称于桩轴线安装,通常是每根桩安装应变式力传感器和加速度传感器各二只。四只传感器的中心应处在与桩轴线垂直的同一个平面上,且与桩顶相距不小于2倍桩径,对钢桩该距离还应大些。传感器一般应安装在桩身,传感器不能安装在桩身截面突变处的附近,尤其要注意那些外表看不出的空心混凝土方桩,检测前应准确弄清桩截面变化部位。对桩顶加固段四周设有钢套箍的灌注桩,试验前应在钢套上开孔,使传感器直接安装在混凝土桩身,传感器安装示意图见图7-21。

采用膨胀螺栓固定传感器时,螺母顶端应低于桩身表面,使传感器紧贴桩身。安装完毕的传感器纵轴线应与桩身纵轴线平行,且应变传感器安装后不得扭曲变形。

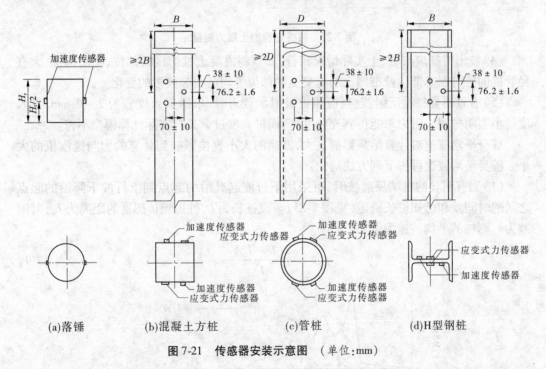

图7-21 传感器安装示意图 (单位:mm)

三、基桩承载力分析

(一)一般规定

高应变实测波形直接影响到承载力计算结果,为此首先要对实测波形进行筛选。好的波形应符合以下一些条件:

(1)4个通道测试数据齐全,无高频振荡信号,且桩身两侧的力信号幅值相差不大。

(2)力和速度时程曲线最终应回零。

(3)力时程曲线($F \sim t$ 曲线)与速度 v 和阻抗 Z 乘积曲线($vZ \sim t$ 曲线)在第一峰值前

的起始段应重合,第一峰值出现在同一时刻且幅值相差不大。由于桩侧阻力作用,第一峰值后从土阻力作用时开始至 $2L/c$ 时段内两条曲线逐渐分离,且 $F \sim t$ 曲线在上,$vZ \sim t$ 曲线在下(见图 7-22),曲线形状特征与桩周土的性状相对应。摩阻力愈大,二曲线分开愈大,从二曲线拉开的距离和规律大致可以判断桩侧阻力的变化。

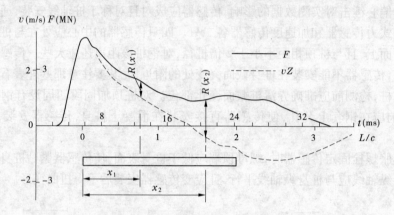

图 7-22　打桩过程的土阻力测量

(4)波形特征应与桩、土实际情况相符,如预制混凝土桩的接桩部位、泥面部位、大直径管桩的管内泥芯部位及桩侧土层有突变的部位等均会引起波形的变化。

(5)有较明显桩端反射波,当检测桩极限承载力时,单锤贯入度宜为 2 ~ 6 mm,贯入度过小表明桩周土阻力未能得到充分发挥,而贯入度过大又与实际计算模型不符。

桩身平均波速对计算结果影响甚大,波速的大小直接影响到计算的力与速度值的大小。桩身平均波速可按下列方法确定:

(1)当有明显的桩端反射波时,可采用下行波起升沿的起点到上行波下降沿的起点之间的时间差和已知桩长确定(见图 7-23)。设桩长为 L,桩顶到传感器的距离为 L_0,时间差为 t,则桩的平均波速为

$$c = \frac{2(L - L_0)}{t} \tag{7-9}$$

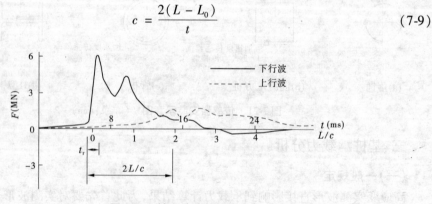

图 7-23　桩身波速的确定

当然也可以根据速度波起升沿的起点到桩端反射波起升沿的起点的时间差或者速度波的第一峰值到桩端反射波峰值之间的时间差确定。

(2)当桩底反射波不明显时,可采用同一工程中相同条件下(即成桩工艺、桩长、桩身

材质相同)桩的实测波速代替,但不能用低应变检测得出的波速去代替。

(二)CASE 法判定承载力

CASE 法是美国 Goble 等在 20 世纪 60 年代开发的一种快速估算桩承载力、测定锤与打桩系统性能、打桩应力及桩身完整性的分析方法,该法是建立在牛顿第二定律的基础上的一维波动方程。所谓一维波动方程,是指一自由支承的等截面杆件,在杆的一端受撞击后,杆内产生的弹性波的传递。该方程为

$$\frac{\partial^2 u}{\partial x^2} = \frac{1}{c^2}\frac{\partial^2 u}{\partial t^2} \tag{7-10}$$

式中　u——杆件某点位移;

　　　x——空间坐标;

　　　t——时间;

　　　c——杆内弹性波波速,$c = \sqrt{\dfrac{E}{\rho}}$;

　　　E——杆件弹性模量;

　　　ρ——杆的质量密度。

在式(7-10)推导的基础上,得到等截面桩打桩时的总土阻力计算公式

$$R_{\mathrm{T}} = \frac{1}{2}\left[F(t_1) + F\left(t_1 + \frac{2L}{c}\right)\right] + \frac{Z}{2}\left[v(t_1) - v\left(t_1 + \frac{2L}{c}\right)\right] \tag{7-11}$$

式中　R_{T}——总土阻力;

　　　F——桩顶锤击力;

　　　v——桩顶锤击时的质点运动速度;

　　　t_1——速度第一峰值对应的时刻;

　　　Z——桩身截面阻抗,$Z = EA/c$,其中 A 是桩身截面面积;

　　　E——桩材弹性模量;

　　　L——测点以下桩长;

　　　c——应力波在桩内的传播速度。

打桩时的总土阻力又可分为两个部分

$$R_{\mathrm{T}} = R_{\mathrm{s}} + R_{\mathrm{d}} \tag{7-12}$$

式中　R_{s}——总的静土阻力,即单桩竖向承载力;

　　　R_{d}——动土阻力(速度产生的阻力分量)。

CASE 法又假定动土阻力集中在桩尖,且与桩尖处的运动速度 v_{b} 成正比,即

$$R_{\mathrm{d}} = J_{\mathrm{c}}Zv_{\mathrm{b}} \tag{7-13}$$

在上述公式推导的基础上得到

$$R_{\mathrm{s}} = \frac{1}{2}(1 - J_{\mathrm{c}})\left[F(t_1) + Zv(t_1)\right] + \frac{1}{2}(1 + J_{\mathrm{c}})\left[F\left(t_1 + \frac{2L}{c}\right) - Zv\left(t_1 + \frac{2L}{c}\right)\right] \tag{7-14}$$

J_{c} 称为 CASE 阻尼系数,实质上是一个与土的颗粒大小等因素有关的经验修正系数。一般地讲,土颗粒越大,J_{c} 值越小。

（三）实测曲线拟合法判定承载力

实测曲线拟合法就是利用实测的桩顶力（或速度、上行波）曲线作为边界条件，对各种桩单元和土的力学模型进行假定，再通过波动方程计算分析，反演出桩顶的速度（或力、下行波）曲线，并将计算曲线与原实测曲线比较，如果不吻合，则调整参数或修正模型，这样反复调整比较，直至最终的计算曲线与实测曲线吻合，同时计算得出的贯入度也接近实测贯入度，并由此得出一组符合实际的参数值，这些值包括桩的静土阻力（承载力）、桩周土阻力分布、土阻尼系数以及土的最大弹性变形值等。图 7-24 为实测波形、相应拟合曲线和静动对比 $Q \sim s$ 曲线。

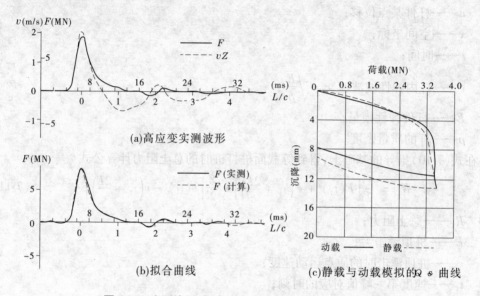

(a)高应变实测波形

(b)拟合曲线

(c)静载与动载模拟的 $Q \sim s$ 曲线

图 7-24　实测波形、相应拟合曲线和静动对比 $Q \sim s$ 曲线

为方便曲线拟合，下面介绍几个主要参数对拟合曲线的影响（仅指力波）：

（1）将某桩单元处的土阻力增加（或减小），会使力的拟合曲线从该单元往后抬高（或降低），反之亦然。如图 7-25 所示，从 6 单元起力拟合曲线过高，只要分别将 6、7 单元土阻力适当下降，使它与实测曲线重合，则 7 单元后面的平行曲线会自动重合。又如图 7-26 所示，要先分别增加 4、5、6 单元土阻力，之后再适当降低 7 单元及以后各单元土阻力，直到两曲线吻合。

图 7-25　土阻力对拟合曲线的影响

（2）将总土阻力增加，会使整个力的拟合曲线上抬。若在土阻力不变的前提下降低桩端土阻力，会使桩端附近的力曲线下降而前面部分曲线抬高。

（3）增大土阻尼系数可以减小力拟合曲线在 $2L/c$ 附近及以后时段的振荡，但同时也会使桩端附近的拟合曲线下降。图 7-27 是拟合波形在 $2L/c$ 附近及其后产生剧烈振荡，

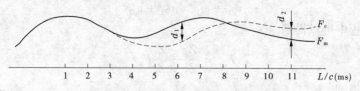

图 7-26　桩端土阻力对拟合曲线的影响

遇到此情况应首先用增大土阻尼来光滑曲线的方法,然后视曲线情况作其他调整。

图 7-27　土阻尼系数对拟合曲线的影响

（4）降低桩端最大弹性变形值会引起桩底土快速加荷,从而使 $2L/c$ 时刻以后的力曲线下降。图 7-28 力的拟合曲线在 $2L/c$ 时刻后明显上抬,此时只要降低桩端土的最大弹性变形值,$2L/c$ 时刻后面的力拟合曲线会下降,但这又会引起 $2L/c$ 处曲线上抬,需再用下移静阻力法调整。

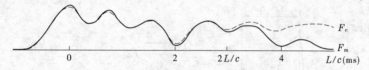

图 7-28　桩端弹性变形对拟合曲线的影响

四、桩身质量判别

用高应变法去普查工程桩的质量是不经济的,一是设备重、成本高,二是速度慢。但当低应变难以判定或对低应变判别为Ⅲ类桩的,宜用高应变进一步验证。高应变判别桩身质量有以下优点:

（1）高应变检测时作用在桩顶的锤击能量大,可测出长桩下部缺陷或桩身多个缺陷,并可得到桩端土密实度信息,这些是低应变法难以得到的。

（2）可对桩身缺损程度作定量分析。

（3）当低应变判断预制桩接缝处有明显反射时,可先将此类桩按低应变检测结果进行分类,再选一些有代表性的桩用高应变法进一步判别是接头断开还是施工时缝隙偏大,以便决定是否要进行处理。

高应变判别桩身质量的理论依据是桩身阻抗变化对应力波的影响,如图 7-29 所示。

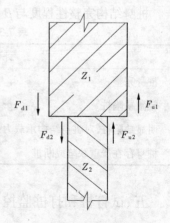

图 7-29　桩身阻抗变化
对应力波的影响

设桩身阻抗由 Z_1 变到 Z_2,由平衡条件可以得出

$$F_{d1} + F_{u1} = F_{d2} + F_{u2} \qquad (7-15)$$

$$v_{d1} + v_{u1} = v_{d2} + v_{u2} \tag{7-16}$$

从上述方程中可以得到

$$F_{u1} = \frac{Z_2 - Z_1}{Z_2 + Z_1} F_{d1} \tag{7-17}$$

解方程后得到

$$F_{u1}Z_2 + F_{u1}Z_1 = F_{d1}Z_2 - F_{d1}Z_1 \tag{7-18}$$

用缺损截面阻抗 Z_2 与正常截面阻抗 Z_1 的比 β 描述桩的完整性程度,称 β 为桩完整性系数,即

$$\beta = \frac{Z_2}{Z_1} = \frac{F_{d1} + F_{u1}}{F_{d1} - F_{u1}} \tag{7-19}$$

通常只能测得桩顶附近力和速度信号,式(7-19)经进一步推导后可得等截面桩计算 β 的公式

$$\beta = \{[F(t_1) + Zv(t_1)]/2 - \Delta R + [F(t_x) - Zv(t_x)]/2\}/$$
$$\{[F(t_1) + Zv(t_1)]/2 - [F(t_x) - Zv(t_x)]/2\} \tag{7-20}$$

式中　t_x——缺陷反射波峰值对应的时刻(见图7-30);

ΔR——缺陷以上部位的土阻力估算值。

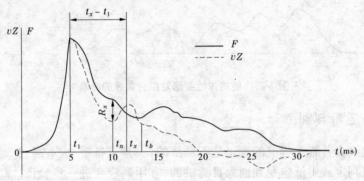

图 7-30　符号示意

桩身结构完整性程度与 β 值的关系可参考表7-3。

表 7-3　桩身结构完整性程度与 β 值的关系

评价	β 值
桩身完整	$\beta = 1.0$
轻微缺陷桩	$0.8 \le \beta < 1.0$
明显缺陷桩,对桩身结构承载力有影响	$0.6 \le \beta < 0.8$
桩身存在严重缺陷或断桩	$\beta < 0.6$

五、试打桩和打桩监控

高应变另一个重要功能可用于工程桩正式施工前的试打桩和施工过程中进行打桩监控,以使桩基础的设计和施工更加合理。

（一）试打桩

一般桩基工程是先由设计人员根据结构物要求和工程地质勘察资料确定该工程使用的桩型尺寸，施工部门再按照设计的桩型选择沉桩设备，包括锤型、垫层材料等，但这种桩型和锤型的选择往往是根据各自的经验，一旦选型不合理，将会造成施工困难，影响工期甚至影响桩的质量，为此在桩基工程正式施工前有必要进行试打桩，尤其是一些大型桩基工程以及地质条件复杂的地区。试打桩有两个作用：一是检验设计选择的桩型是否合理，二是为施工选择合理的沉桩设备和沉桩工艺。

在试打桩前应先确定试打的位置，一般应选择在该工程有代表性的地方，如地质有软弱夹层，估计会出现"溜桩"的区域；有硬夹层，估计沉桩会遇到困难的区域；持力层埋置深度较浅、工程桩较短的位置等，按事先约定的桩型及沉桩设备进行试打桩。试打桩应进行全过程监测，内容包括贯入度、锤击数、桩身锤击压应力、桩身锤击拉应力、落锤高度、传至桩身的有效锤击能量、打桩对邻近建筑物及岸坡的影响等。上述内容可根据不同工程情况有选择地进行测试，数据的采集可以是全过程的，也可以按桩端进入不同土层和不同深度分别采样，其中对开始锤击、桩端穿透硬层进入软弱土层以及桩端进入密实土层和持力层等几种关键工况时要重点监测并详细记录。对于同一根桩，当落锤高度和垫层材料不变时，桩身最大锤击压应力一般出现在桩端进入密实土层或岩层时，最大锤击拉应力往往出现在刚开始打桩时的软土层中或桩端穿透硬层进入软弱夹层的一瞬间。除上述监测内容外，对每一根试打桩还应记录垫层材料（桩垫、锤垫）的种类、开锤前的厚度及打桩结束时的厚度和状态。根据需要也可以在同一根试打桩上采用不同落锤高度、不同桩垫进行对比试验。

通过试打桩还可以了解特定桩型在不同入土深度时打桩遇到的总土阻力和静土阻力值，这时应尽量选择桩端进入硬土层及最终持力层进行测试，在桩端达设计标高前的 $50\sim100\ \mathrm{cm}$ 要连续监测，通过现场 CASE 法分析，可以得出桩端进入不同深度时的总土阻力和静土阻力值。由打桩时遇到的总土阻力可以判断大致的地质情况，进而判别使用的桩锤能量是否合理。由静土阻力值可大致判别设计的桩型及桩入土深度能否满足设计承载力要求。值得注意的是，打桩时测出的桩的静土阻力值与土体恢复后的单桩竖向极限承载力是两个不同的概念，一般情况下前者小于后者，在灵敏度较高的黏性土中，这种差别可达 $2\sim3$ 倍。若要确切了解试打桩的单桩竖向极限承载力，应按照有关规范要求，在桩打入土中休止一定时间后再进行复打试验，如砂中的桩休止期为 1 周以上，黏性土中桩的休止期为 $2\sim4$ 周。复打试验时必须有足够的锤击能量，使桩周土阻力得到充分发挥，然后通过曲线拟合法得出桩的静土阻力。

试打桩可以得到许多有价值的资料，为设计、施工及时调整方案提供依据。

（二）打桩监控

在某些情况下仅有静载试桩和施工前的试打桩资料还不够，如地质条件的差异、沉桩设备性能的改变、群桩挤土影响等，都会使工程桩的施工情况发生改变，这时就需要在工程桩施工过程中进行打桩监控。打桩监控的抽样率应根据具体工程而定，检测内容可参照试打桩。

在地质条件复杂、持力层起伏很大的地区，既不能按桩端标高作为单一的停锤依据，也不能仅按贯入度作为停锤标准,而是要在桩承载力满足设计要求的前提下,结合桩的入土深度、贯入度和桩端持力层综合考虑,这在我国东南沿海的码头桩基工程中较为多见。按地质勘察资料,将一个工程的桩基划为若干区段,同一区段地质情况基本相似,在进入某区段打桩施工时,首先对若干根工程桩进行打桩监控,总结出规律性的东西,再由检测、设计、施工、监理共同定出该区段沉桩停锤控制标准,即锤击能量(在锤型不变时,按落锤高度控制)、贯入度、入土深度等进行综合判别。在某些地质条件复杂的工程中,打桩监控的抽样率可达工程桩总数的 20% ~50%,确保了每一根工程桩都能满足设计要求。

对工程桩需穿透密实砂层或有软弱夹层的地区,除施工前试打桩外,还应有选择的抽样进行工程打桩监控,掌握桩在进入不同土层时的桩身锤击拉、压应力大小,以便及时采取有效措施,如及时调整柴油锤油门大小或液压锤油压、调整混凝土桩的桩垫厚度、溜桩时暂停锤击等,必要时甚至调换沉桩设备或改变沉桩工艺,以确保工程桩既能按设计要求沉到预定深度,又使桩身锤击应力控制在一定范围内。根据多年的试验成果并参照国内有关规范,本书提出如下的桩身锤击应力控制范围:

(1)混凝土桩的桩身最大锤击压应力值不应超过桩身混凝土轴向抗压强度设计值。

(2)普通混凝土桩的桩身最大锤击拉应力值不应超过桩身混凝土轴心抗拉强度标准值的 1.3 ~1.4 倍(允许出现环向裂缝的除外)。如 C40 混凝土桩的最大锤击拉应力不应超过 $2.45 \times (1.3 \sim 1.4) = 3.2 \sim 3.4$ MPa。

(3)预应力混凝土桩的桩身最大锤击拉应力不应超过桩身混凝土轴心抗拉强度标准值与有效预压应力值之和的 1.3 ~1.4 倍。如某强度为 C80 的预应力混凝土管桩,桩身有效预压应力为 5.58 MPa,该桩的最大锤击拉应力不应超过 12 ~13 MPa。

(4)钢桩的锤击压应力值不应超过钢材的屈服强度。

(5)对有接头的混凝土桩,桩身最大锤击拉应力控制值除应考虑自身混凝土抗拉强度及有效预应力外,还应考虑接桩处的抗拉强度。

第五节　桩基完整性声波测试

一、声波透射法检测

(一)基本原理及方法

混凝土是由多种材料组成的多相非均质体。对于正常的混凝土,声波在其中传播的速度有一定范围,传播路径遇到混凝土有缺陷时,如断裂、裂缝、夹泥和密实度差等,声波要绕过缺陷或在传播速度较慢的介质中通过,声波将发生衰减,造成传播时间延长,使声时增大,计算声速降低,波幅减小,波形畸变。因此,可利用超声波在混凝土中传播的这些声学参数的变化,来分析判断桩身混凝土质量。声波透射法检测桩身混凝土质量,是在桩身中预理 2~4 根声测管。将超声波发射、接收探头分别置于 2 根导管中,进行声波发射和接收,使超声波在桩身混凝土中传播,用超声仪测出超声波的传播时间 t、波幅 A、频率 f 及深度等物理量,就可判断桩身结构完整性。

(二)使用范围

声波透射法适用于检测桩径大于 0.6 m 的混凝土灌注桩的完整性。因为桩径较小时,声波换能器与检测管的声耦合会引起较大的相对测试误差。其桩长不受限制。

(三)仪器设备

(1)声波透射法试验装置包括超声检测仪、超声波发射及接收换能器(亦称探头)、预埋测管等,也有加上孔口深度滑轮和数据处理的计算机。检测系统见图 7-31。

(2)超声检测仪的技术性能应符合下列规定:

①具有实时显示和记录接收信号的时程曲线,以及频率测量或频谱分析功能。

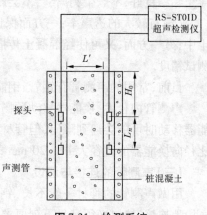

②声时测量分辨力优于或等于 0.5 μs,声波幅值测量相对误差小于 5%,系统频带宽度为 1~200 kHz,系统最大动态范围不小于 100 dB。

图 7-31　检测系统

(3)声测管是声波透射法检测装置的重要组成部分,宜采用钢管、塑料管或钢制波纹管,其内径宜为 50~60 cm。

二、检测技术

(一)声测管的埋设及要求

声测管是声波透射法测桩时,径向换能器的通道,其埋设数量决定了检测剖面的个数,同时也决定了检测精度:声测管埋设数量越多,则两两组合形成的检测剖面越多,声波对桩身混凝土的有效检测范围更大、更细致,但需消耗更多的人力、物力,增加了成本;减少声测管数量虽然可以缩减成本,但同时也减小了声波对桩身混凝土的有效检测范围,降低了检测精度和可靠性。

声测管的埋设数量由桩径大小决定,如图 7-32 所示。

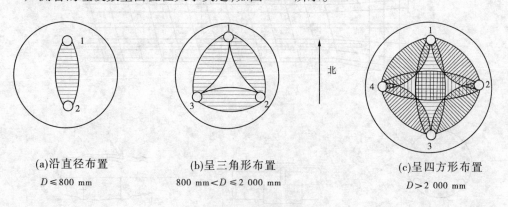

(a)沿直径布置　　　　　(b)呈三角形布置　　　　　　　(c)呈四方形布置

　$D \leqslant 800$ mm　　　800 mm$<D \leqslant 2\,000$ mm　　　　　$D > 2\,000$ mm

图 7-32　声测管布置图

注:图中阴影为声波的有效检测范围。

(二)声测管管材、规格

对声测管的材料有以下几个方面的要求:

(1)有足够的强度和刚度,保证混凝土灌注过程中不会变形、破损,声测管外壁与混凝土黏结良好,不产生剥离缝,不会影响测试结果。

(2)有较大的透声率:一方面保证发射换能器的声波能量尽可能多地进入被测混凝土中;另一方面,又可使经混凝土传播后的声波能量尽可能多地被接收换能器接收,提高测试精度。

目前,常用的声测管有钢管、钢制波纹管和塑料管 3 种。

声测管内径大,换能器移动顺畅,但管材消耗大,且换能器居中情况差;内径小,则换能器移动时可能会遇到障碍,但管材消耗小,换能器居中情况好。因此,声测管内径通常比径向换能器的直径大 10 ~ 20 mm 即可。

(三)声测管的连接与埋设

用做声测管的管材一般不长(钢管为 6 m 长一根),当受检桩较长时,需把管材一段一段地连接,接口必须满足下列要求:

(1)有足够的强度和刚度,保证声测管不致因受力而弯折、脱开。

(2)有足够的水密性,在较高的静水压力下不漏浆。

(3)接口内壁保持平整通畅,不应有焊渣、毛刺等凸出物,以免妨碍接头的上、下移动。

声测管通常有两种连接方式:螺纹连接和套筒连接。

声测管一般用焊接或绑扎的方式固定在钢筋笼内侧,在成孔后,灌注混凝土之前随钢筋笼一起放置于桩孔中,如图 7-33 所示,声测管应一直埋到桩底,声测管底部应密封,如果受检桩不是通长配筋,则在无钢筋笼间应设加强箍,以保证声测管的平行度。

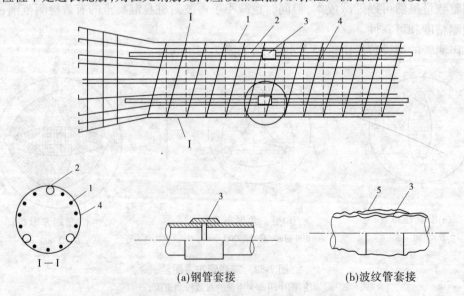

(a)钢管套接   (b)波纹管套接

1—钢筋;2—声测管;3—套接管;4—箍筋;5—密封胶布

图 7-33 声测管的安装方法

安装完毕后,声测管的上端应用螺纹盖或木塞封口,以免落入异物,阻塞管道。声测管的连接和埋设质量是保证现场检测工作顺利进行的关键,也是决定检测数据的可靠性以及试验成败的关键环节,应引起高度重视。

(四)声测管的其他用途

(1)替代一部分主钢筋截面。

(2)当桩身存在明显缺陷或桩底持力层软弱达不到设计要求时,声测管可以作为桩身压浆补强或桩底持力层压浆加固的工程事故处理通道。

(五)现场测试

1. 检测前的准备工作

(1)按照《建筑基桩检测技术规范》(JGJ 106—2003)3.2.1 的要求,安排检测工作的程序。

(2)按照《建筑基桩检测技术规范》(JGJ 106—2003)3.2.2 的要求,调查、收集待检工程及受检桩的相关技术资料和施工记录。比如桩的类型、尺寸、标高、施工工艺、地质状况、设计参数、桩身混凝土参数、施工过程及异常情况记录等信息。

(3)检查测试系统的工作状况,必要时(更换换能器、电缆线等)应按"时—距"法对测试系统的延时 t_0 重新标定,并根据声测管的尺寸和材质计算耦合声时 t_w、声测管壁声时 t_p。

(4)将伸出桩顶的声测管切割到同一标高,测量管口标高,作为计算各测点高程的基准。

(5)向管内注入清水,封口待检。

(6)在放置换能器前,先用直径与换能器略同的圆钢做吊绳,检查声测管的通畅情况,以免换能器卡住后取不上来或换能器电缆被拉断,造成损失。有时,对局部漏浆或焊渣造成的阻塞可用钢筋导通。

(7)用钢卷尺测量桩顶面各声测管之间外壁净距离,作为相应的两声测管组成的检测剖面各测点测距,测试误差小于 1%。

(8)测试时径向换能器宜配置扶正器,尤其是声测管内径明显大于换能器直径时,换能器的居中情况对首波波幅的检测值有明显影响。扶正器就是用 1~2 mm 厚的橡皮剪成一齿轮形,套在换能器上,齿轮的外径略小于声测管内径。扶正器既保证换能器在管中能居中,又保护换能器在上下提升中不致与管壁碰撞,损坏换能器。软的橡皮齿又不会阻碍换能器通过管中的某些狭窄部位。

2. 检测前对混凝土龄期的要求

原则上,桩身混凝土满 28 d 龄期后进行声波透射法检测是最合理的,也是最可靠的。但是,为了加快工程建设进度、缩短工期,当采用声波透射法检测桩身缺陷和判定其完整性等级时,可适当将检测时间提前。特别是针对施工过程中出现异常情况的桩,可以尽早发现问题,及时补救,赢得宝贵时间。

3. 检测步骤

现场的检测过程一般分为两个步骤进行:首先是采用平测法对全桩各个检测剖面进行普查,找出声学参数异常的测点;然后,对声学参数异常的测点采用加密测试、斜测或扇形扫测等细测方法进一步检测,这样一方面可以验证普查结果,另一方面可以进一步确定异常部位的范围,为桩身完整性类别的判定提供可靠的依据。

1)平测普查

平测普查可以按照下列步骤进行:

(1)将多根声测管以两根为一个检测剖面进行全组合,并按本节"声测管的埋设及要求"部分进行剖面编码。

(2)将发、收换能器分别置于某一剖面的两声测管中,并放至桩的底部,保持相同标高。

(3)自下而上将发、收换能器以相同的步长(一般不宜大于250 mm)向上提升。每提升一次,进行一次测试,实时显示和记录测点的声波信号的时程曲线,读取声时、首波幅值和周期值(模拟式声波仪),宜同时显示频谱曲线和主频值(数字式仪器)。重点是声时和波幅,同时也要注意实测波形的变化。

(4)在同一桩的各检测剖面的检测过程中,声波发射电压和仪器设置参数应保持不变。由于声波波幅和主频的变化对声波发射电压和仪器设置参数很敏感,而目前的声波透射法测桩,对声参数的处理多采用相对比较法,为使声参数具有可比性,仪器性能参数应保持不变。

2)对可疑测点的细测(加密平测、斜测、扇形扫测)

通过对平测普查的数据分析,可以根据声时、波幅和主频等声学参数相对变化及实测波形的形态,找出可疑测点。

对可疑测点,先进行加密平测(换能器提升步长为10～20 cm),核实可疑点的异常情况,并确定异常部位的纵向范围,再用斜测法对异常点缺陷的严重情况进行进一步的探测。斜测就是让发、收换能器保持一定的高程差,在声测内以相同步长同步升降进行测试,而不是像平测那样让发、收换能器在检测过程中始终保持相同的高程。斜测又分为单向斜测和交叉斜测。

由于径向换能器在铅垂面上存在指向性,因此斜测时,发、收换能器中心连线与水平面的夹角不能太大,一般可取30°～40°。

3)对桩身缺陷在桩横截面上的分布状况的推断

对单一检测剖面的评测、斜测结果进行分析,我们只能得出缺陷在空间的分布是一个不规则的几何体,要进一步确定缺陷的范围(在桩身横截面上的分布范围),则应综合分析各个检测剖面在同一高程或邻近高程上的测点的测试结果。

桩身缺陷的纵向尺寸可以比较准确地检测,因为测点间距可以任意小,所以在桩身纵剖面上可以有任意多条测线。而桩身缺陷在桩横截面上的分布则是一个粗略的推断,因为在桩身横截面上最多只有 C_n^2(n 为声测管埋设数量)个。

第八章　岩土工程监测技术

第一节　概　述

　　岩土工程监测就是使用精密仪器,于事先设定的点位上,按规定的时间间隔,对岩、土体在自然状态下或人工改造过程中产生的应力和变形等进行现场观测。

　　岩土工程专业经常需要涉及建筑基础、矿井、隧道和边坡等的稳定问题,历史经验表明,此类构筑物一旦发生稳定性问题,往往会导致巨大的经济损失或人员损失。其中,边坡、隧道等工程失稳不仅仅是设计的缺陷,更重要的是,由于岩、土介质自身极其复杂所致。目前,设计所依据的岩土介质的应力—应变本构关系是基于理想状态得出的,即便是严格依据岩土工程勘察资料进行设计,由于岩土介质自身的复杂性,仍然存在着相当的不确定性。因此,在岩土工程施工过程中,加强对岩土体稳定性监测就成为确保施工安全的一个重要方面。例如,在硐室施工方面,国际上流行的新奥法把监测作为监控设计的重要环节。本文重点分析基坑工程、地下工程和边坡工程的监测。

第二节　基坑工程监测

　　在深基坑开挖过程中,基坑内外土体应力状态的改变将引起支护结构承受的荷载发生变化,并导致支护结构和土体的变形。支护结构内力和变形以及土体变形中的任一量值超过允许的范围,就会造成基坑的失稳破坏或对周围环境造成不利影响。而由于岩、土体介质的复杂性,目前基坑工程设计在相当程度上仍依赖经验。在进行基坑设计时,常常对地层条件和支护结构进行一定的简化与假定,如此,对结构内力计算以及结构和土体变形的预估往往与工程实际情况之间存在较大差异。因此,基坑施工过程中,在理论分析的指导下,对基坑支护结构、基坑周围的土体和相邻的建(构)筑物进行全面、系统的监测就显得十分必要。通过监测才能对基坑工程自身的安全性和基坑工程对周围环境的影响程度有全面的了解,及早发现工程事故隐患,并能在出现异常情况时,及时调整设计和施工方案,并为采取必要的工程应急措施提供依据,从而减少工程事故的发生,确保基坑工程施工的顺利进行。

一、基坑监测的目的和内容

　　(1)确保支护结构的稳定和安全以及基坑周围建筑物、构筑物、道路及地下管线等的安全与正常使用。根据监测结果,判断基坑工程的安全性和对周围环境的影响,防止工程事故和周围环境事故的发生。

　　(2)指导基坑工程的施工。通过现场监测结果的信息反馈,采用反分析方法求得更合理的设计参数,并对基坑后续施工工况的工作性状进行预测,指导后续施工的开展,达到优化设计方案和施工方案的目的,并为工程应急措施的实施提供依据。

(3)验证基坑设计方法,完善基坑设计理论。基坑工程现场实测资料的积累为完善现行的设计方法和设计理论提供依据。监测结果与理论预测值的对比分析,有助于验证设计和施工方案的正确性,总结支护结构和土体的受力与变形规律,推动基坑工程的深入研究。

二、基坑监测项目与监测方案设计

(一)基坑监测项目

基坑现场监测的主要项目及测试方法见表8-1。

表 8-1　基坑现场监测的主要项目及测试方法

序号	监测项目	测试方法	基坑工程安全等级		
			一级	二级	三级
1	墙顶水平位移、沉降	水准仪和经纬仪	☆	☆	☆
2	墙体水平位移	测斜仪	☆	△	※
3	土体深层竖向位移、侧向位移	分层沉降标、测斜仪	☆	△	※
4	孔隙水压力、地下水位	孔隙水压力计、地下水位观察孔	☆	☆	△
5	墙体内力	钢筋应力计	☆	△	※
6	土压力	土压力计	△	※	※
7	支撑轴力	钢筋应力计、混凝土应变计或轴力计	☆	△	※
8	坑底隆起	水准仪	☆	△	※
9	锚杆拉力	钢筋应力计或轴力计	☆	△	※
10	立柱沉降	水准仪	☆	△	※
11	邻近建筑物沉降和倾斜	水准仪和经纬仪	☆	☆	☆
12	地下管线沉降和水平位移	水准仪和经纬仪	☆	☆	☆

注:☆为应测项目,△为宜测项目,※为可测项目。

在制订监测方案时可根据基坑工程安全等级和监测目的选定监测项目。基坑工程安全等级划分参见表8-2。

(二)基坑监测方案设计

基坑监测方案设计是否合理直接影响到监测结果的可靠性。因此,基坑监测方案设计是基坑监测能否顺利实施的重要环节。要编制一份技术可行、操作简便、经济合理的基坑监测方案,首先需要收集并掌握基坑工程所处场地的地质条件、结构构造物以及周围环境的基本资料。这类资料通常有岩土工程勘察报告,围护结构、主体结构桩基,综合管线以及基础施工组织等的图纸以及报告等。通过资料分析,确定监测的基本思路。其次需要对设计部门或委托方提出的基坑工程监测技术要求进行分析,如对监测内容、测点布置、仪器设备、监测频率等设计方或委托部门有否具体要求,以便编制方案时尽量满足对方要求。最后,进行现场踏勘,进一步掌握基坑工程施工场地环境以及它与周围环境的关系,确认方案设计的可行性。

表 8-2　基坑工程安全等级划分

安全等级	破坏后果	工程复杂程度			
		基坑深度（m）	地下水位埋深（m）	软土层厚度（m）	基坑边缘与已有建筑浅基础或重要管线边缘净距(m)
一级	支护结构破坏、土体失稳、过大变形对基坑周边环境及地下结构施工影响很严重	>14	<2	>5	<0.5h
二级	支护结构破坏、土体失稳、过大变形对基坑周边环境及地下结构施工影响一般	9～14	2～5	2～5	(0.5～1.0)h
三级	支护结构破坏、土体失稳、过大变形对基坑周边环境及地下结构施工影响不严重	<9	>5	<2	>1.0h

注:h 为基坑深度。

　　基坑监测方案通常包括工程概况、设计依据、监测目的、监测内容、测点布置、监测方法、监测精度、所需监测仪器设备、监测频率、监测报警值、异常情况下的监测措施、监测数据的记录制度和处理方法、工序管理及信息反馈制度、监测人员配备等内容。

　　监测方案设计完毕,应提交相关各方审定、认可。必要时还须与有关单位如市政、人防、自来水以及燃气等部门进行沟通,以便顺利实施。

（三）基坑监测的基本要求

　　(1)为了使监测数据具有可靠性和真实性,应确保监测仪器的精度,监测前,必须对所用的仪器设备按有关规定进行校检;确保测点可靠,应定期进行稳定性检测;监测人员应相对固定,并使用同一仪器和设备;所有监测数据必须以原始记录为依据。

　　(2)监测数据应在现场及时处理,发现监测数据变化速率突然增大或监测数据超过警戒值时应及时复测和分析原因,以保证及时发现隐患,采取相应的应急措施。

　　(3)应根据工程的具体情况,对变形值、内力值及其变化速率等预设警戒值。当监测值超过警戒值时,应根据连续监测资料和各项监测内容综合分析其产生原因及发展趋势,确定是否考虑采取应急补救措施。

　　(4)基坑监测应该有完整的监测记录,并提交相应的图表、曲线和监测报告等。

三、变形监测

　　变形监测可分为水平位移监测和竖向位移（沉降）监测。主要监测项目有支护结构、土体、地下管线水平位移监测;地面、邻近建筑物、地下管线和深层土体沉降监测等。

（一）水平位移监测

　　水平位移监测项目包括地表与地下管线水平位移和深层水平位移监测。基坑水平位移主要监测项目、监测仪器及监测方法见表 8-3。

表 8-3　基坑水平位移主要监测项目、监测仪器及监测方法

序号	监测项目	监测仪器	监测方法
1	墙（坡）顶水平位移	GPS、全站仪、水准仪、经纬仪、测斜仪等	视准线法、小角度法、前方交会法、三角测量法等
2	墙体水平位移		
3	土体深层水平位移		
4	地下管线水平位移		

1. 地表水平位移监测

地表水平位移一般包括挡墙顶面、地表面及地下管线等的水平位移。最常用的监测方法是视准线法，简单介绍如下。

如图 8-1 所示，沿基坑边设置一条视准线，连接两个永久工作基点 A、B。根据需要沿基坑边设置若干测点，定期监测测点偏离固定方向的距离，并加以比较，即可求出这些测点的水平位移量。

1）基点及测点的设置原则

（1）基点（通常为钢筋混凝土观测墩）应设置在深基坑两端不动位置处，并经常检查基点的稳定性（即检查基点有无移动现象）。

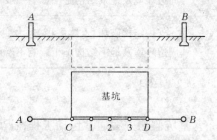

图 8-1　视准线法测水平位移

（2）测点应布置在基坑边 AB 方向线上有代表性的位置，也可布置在支护结构混凝土圈梁上，采用铆钉枪打入铝钉，或钻孔埋设膨胀螺钉，作为标记。

（3）测点的间距一般为 8～15 m，可等距布置，也可根据现场通视条件、地面堆载等具体情况随机布置。测点间距的确定应能够反映出基坑支护结构的变形特性。对水平位移变化剧烈的区域，测点可适当加密。当基坑有支撑时，测点宜设置在两根支撑的跨中。

（4）对于有支撑的地下连续墙或大直径灌注桩类的围护结构，通常基坑角点的水平位移较小，这时可在基坑角点部位设置临时基点 C、D，在每个工况内可以用临时基点监测，变换工况时用基点 A、B 测量临时基点 C、D 的水平位移，再用此结果对各测点的水平位移值进行校正。

2）监测方法

用视准线法监测水平位移时，活动觇标法是在一个端点 A 上安置经纬仪，在另一个端点 B 上设置固定觇标，并在每一测点上安置活动觇标。观测时，经纬仪先后视固定觇标进行定向，然后观测基坑边各测点上的活动觇标。在活动觇标的读数设备上读取读数，即可得到该点相对于固定方向上的偏离值。比较历次观测所得的数值，即可求得该点的水平位移量。

每个测点应照准三次，观测时的顺序是由近到远，再由远到近往返进行。测点观测结束后，再应对准另一端点 B，检查在观测过程中仪器是否有移动，如果发现照准线移动，则重新观测。在 A 端点上观测结束后，应将仪器移至 B 点，重新进行以上各项观测。

第一次观测值与以后观测所得读数之差，即为该点水平位移值。

视准线法具有精度较高、直观性强、操作简易、确定位移量迅速等优点。当位移量较小时,可使用活动觇标法进行监测;当位移量增大,超出觇标活动范围时,可使用小角度法监测。该法的缺点是只能测出垂直于视准线方向的位移分量,难以确切地测出位移方向。要较准确地测位移方向,可采用前方交会法测量。

2. 深层水平位移监测

土体和围护结构的深层水平位移通常采用钻孔测斜仪观测。当被测土体产生变形时,测斜管轴线产生挠度,用测斜仪测量测斜管轴线与铅垂线之间夹角的变化量,从而获得土体内部各点的水平位移。

1) 监测设备

深层水平位移的测量仪器为测斜仪。测斜仪分固定式和活动式两种。目前,普遍采用活动式测斜仪,该仪器只使用一个测头,即可连续测量,测点数量可以任选。

2) 测斜仪基本原理

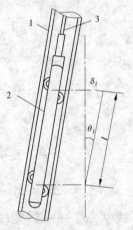

测斜仪主要由测头、测读仪、电缆和测斜管四部分组成。使用时,将测斜管划分成若干段,由测斜仪测量不同测段上测头轴线与铅垂线之间的倾角 θ,进而计算各测段位置的水平位移,如图 8-2 所示。

由测斜仪测得第 i 测段的应变差 $\Delta\varepsilon_i$,换算得该测段的测斜管倾角 θ_i,则该测段的水平位移 δ_i 为

$$\sin\theta_i = f\Delta\varepsilon_i \tag{8-1}$$

$$\delta_i = l_i\sin\theta_i = l_i f\Delta\varepsilon_i \tag{8-2}$$

式中　δ_i——第 i 测段的水平位移,mm;

　　　l_i——第 i 测段的管长,通常取为 0.5 m、1.0 m;

　　　θ_i——第 i 测段的倾角值,(°);

　　　f——测斜仪率定常数;

　　　$\Delta\varepsilon_i$——测头在第 i 测段正、反两次测得的应变读数差之

半,$\Delta\varepsilon_i = \dfrac{\varepsilon_i^+ - \varepsilon_i^-}{2}$。

1—导管;2—测头;3—电缆
图 8-2　倾斜角与区间水平位移

当测斜管管底进入基岩或足够深的稳定土层时,则可认为管底不动,作为基准点(见图 8-3(a)),从管底向上计算第 n 测段处的总水平位移

$$\Delta_i = \sum_{i=1}^{n}\delta_i = \sum_{i=1}^{n}(l_i\sin\theta_i) = f\sum_{i=1}^{n}(l_i\Delta\varepsilon_i) \tag{8-3}$$

当测斜管管底未进入基岩或埋置较浅时,可以管顶作为基准点(见图 8-3(b)),实测管顶的水平位移 δ_0,并由管顶向下计算第 n 测段处的总水平位移

$$\Delta_i = \delta_0 - \sum_{i=1}^{n}\delta_i = \delta_0 - \sum_{i=1}^{n}(l_i\sin\theta_i) = \delta_0 - f\sum_{i=1}^{n}(l_i\Delta\varepsilon_i) \tag{8-4}$$

由于测斜管在埋设时不可能使得其轴线为铅垂线,测斜管埋设好后,总存在一定的倾斜或挠曲,因此各测段处的实际总水平位移 Δ_i' 应该是各次测得的水平位移与测斜管的初始水平位移之差,即

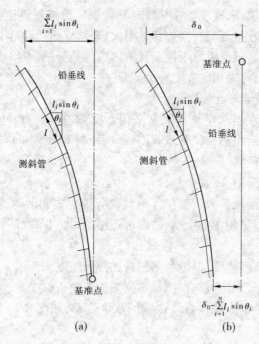

图 8-3　测斜管基准点

$$\Delta_i' = \Delta_i' - \Delta_{0i}' = \sum_{i=1}^{n} \left[l_i (\sin\theta_i - \sin\theta_{0i}) \right] \quad \text{管底作为基准点} \tag{8-5}$$

$$\Delta_i' = \Delta_i' - \Delta_{0i}' = \delta_0 - \sum_{i=1}^{n} \left[l_i (\sin\theta_i - \sin\theta_{0i}) \right] \quad \text{管顶作为基准点} \tag{8-6}$$

式中　　θ_{0i}——第 i 测段的初始倾角值,(°)。

测斜管可以用于测单向位移,也可以用于测双向位移。测双向位移时,可由两个方向的位移值求出其矢量和,得位移的最大值和方向。

3. 测斜管的埋设

测斜管的埋设有两种方式:一种是绑扎预埋式,另一种是钻孔后埋设。

1)绑扎预埋式

绑扎预埋式主要用于桩墙体深层挠曲监测,埋设时将测斜管在现场组装后绑扎固定在桩墙钢筋笼上,随钢筋笼一起下到孔槽内,并将其浇筑在混凝土中,随结构的加高同时接长测斜管。浇筑之前应封好管底底盖,并在测斜管内注满清水,以防止测斜管在浇筑混凝土时浮起和水泥浆渗入管内。

2)钻孔后埋设

首先在土层中预钻孔,孔径略大于所选用测斜管的外径,然后将测斜管封好底盖逐节组装逐节放入钻孔内,并同时在测斜管内注满清水,直至放到预定的标高。随后在测斜管与钻孔之间空隙内回填细砂,或用水泥和黏土拌和的材料固定测斜管,配合比取决于土层的物理力学性质。

采用钻孔埋设时,应注意以下几方面问题:

(1)首先用钻探工具形成合适口径的孔,然后将测斜管放入孔内。测斜管连接部分应防止污泥进入,测斜管与钻孔壁之间用砂充填密实。

（2）测斜管连接采用连接管,为了避免测斜管的纵向旋转,采用凹凸式插入法,在管节连接时必须将上、下管节的滑槽严格对准,并用自攻螺钉固定使纵向的扭曲减小到最小程度。放入测斜管时,应注意十字形槽口对准所测的水平位移方向。

（3）为了消除测斜管周围土体变形对导管产生负摩擦的影响,还可在管外涂润滑剂等。

（4）在可能的情况下,尽量将测斜管底埋入硬土层中,作为固定端,否则需采用导管顶端位移进行校正。

（5）测斜管埋设完成后,需经过一段时间使钻孔中的填土密实,贴紧测斜管,并测量测斜管导槽的方位、管口坐标及高程。

（6）要及时做好测斜管的保护工作,如在测斜管外局部设置金属套管加以保护,测斜管管口处砌筑窨井并加盖。

4.监测方法

（1）基准点设定。基准点可设在测斜管的管顶或管底。当测斜管管底进入基岩或较深的稳定土层时,则以管底作为基准点。对于测斜管底部未进入基岩或埋置较浅时,可以管顶作为基准点,每次测量前须用经纬仪或其他手段确定基准点的坐标。

（2）将电缆线与测读仪连接,测头的感应方向对准水平位移方向的导槽,自基准点管顶或管底逐段向下或向上,每50 cm或100 cm测出测斜管的倾角。

（3）测读仪读数稳定后,提升电缆线至欲测位置。每次应保证在同一位置上进行测读。

（4）将测头提升至管口处,旋转180°,再按上述步骤进行测量,以消除测斜仪本身的固有误差。

5.监测与资料整理

根据施工进度,将测斜仪探头沿管内导槽放入测斜管内,根据测读仪测得的应变读数,求得各测面处的水平位移,并绘制水平位移随深度的分布曲线,可将不同时间的监测结果绘于同一图中,以便分析水平位移发展的趋势。

（二）沉降监测

沉降监测主要采用精密水准测量。监测的范围宜从基坑边线起到开挖深度2~3倍的距离。水准仪可采用(WILD)N3精密水准仪或S1精密水准仪,并配用钢钢水准尺。监测过程中应使用固定的仪器和水准尺,监测人员也应相对固定。

1.基准点设置原则

（1）监测基坑必须设3个沉降监测基准点。

（2）基准点要设置在距基坑开挖深度5倍距离以外的稳定地方。

（3）基准点应设在基岩或原状土层上,或设置在沉降稳定的建筑物或构筑物基础上。土层较厚时,可采用下水井式混凝土基准点。当受条件限制时,可在变形区内采用钻探手段,在基岩里埋设深层钢管基准点。

（4）基准点应尽量设置在测量和通视的便利地点,避免转站引点导致误差。

2. 邻近建筑物沉降监测

邻近建筑物变形监测点布设的位置和数量应根据基坑开挖有可能影响到的范围和程度,同时考虑建筑物本身的结构特点和重要性综合确定。

监测点设置的数量和位置应根据建筑物的体型、结构型式、工程地质条件、沉降规律等因素综合考虑,尽量将其设置在监测建筑物具有代表性的部位。同时,应注意便于监测和不易遭到破坏。

监测点一般可设在下列各处:

(1)建筑物的角点、中点及沿周边每隔 6 ~ 12 m 设一测点;圆形、多边形的构筑物宜沿纵横轴线对称布点。

(2)基础类型、埋置深度和荷载明显不同处,沉降缝处,新老建筑物连接处两侧,伸缩缝的任一侧。

(3)工业厂房各轴线的独立柱基上。

(4)箱形基础底板除四角和中部外。

(5)软基或地基局部加固处。

(6)重型设备基础和动力基础的四角。

3. 地表沉降监测

地表沉降监测宜采用精密水准测量(二等水准精度)。水准仪可采用(WILD) N3 精密水准仪或 S1 精密水准仪,并配用钢钢水准尺。

基准点设置原则与建筑物沉降监测大致相同。即在一个测区内,应设立 3 个以上基准点,基准点要设置在距基坑开挖深度 5 倍距离以外的稳定地方。在基坑开挖前可采用 $\phi15$ 左右,长 1 ~ 1.5 m 的钢筋打入地下,地面用混凝土加固,作为基准点;亦可将基准点设置在年代较老且结构坚固的建筑物墙体上。

4. 地下管线沉降监测

一般地,应根据管线的重要性及对变形的敏感性来设置监测点。

一般情况下上水管承接式接头应按 2 ~ 3 个节段设置 1 个监测点,管线越长,在相同位移下产生的变形和附加弯矩就越小,因而测点间距可适当增大,弯头和十字形接头处对变形比较敏感,测点间距可适当加密。

管线监测点可用抱箍直接固定在管道上,标志外可砌筑窨井。在不宜开挖的地方,亦可用钢筋直接打入地下,其深度应与管底深度一致,作为监测点。

监测点设置之前,要收集基坑周围地下管线和建筑物的位置及状况,以利于基坑周围环境的保护。

5. 土体分层沉降监测

土体分层沉降是指离地面不同深度处土层内点的沉降或隆起,通常用磁性分层沉降仪(由沉降管、磁性沉降环、测头、测尺和输出信号指示器组成)量测。通过在钻孔中埋设一根硬塑料管作为引导管,再根据需要分层埋入磁性沉降环,用测头测出各磁性沉降环的初始位置。在基坑施工过程中分别测出各沉降环的位置,便可算出各测点处的沉降值。

1)基本原理

埋设于土中的磁性沉降环会随土层沉降而同步下沉。当探头从引导管中缓慢下放遇到预埋的磁性沉降环时,干簧管的触点便在沉降环的磁场力作用下吸合,接通指示器电路,电感探测装置上的峰鸣器就发出叫声,这时根据测量导线上标尺在孔口的刻度以及孔口的标高,就可计算沉降环所在位置的标高,测量精度可达 1 mm。

沉降环所在位置的标高可由下式计算

$$H = H_j - L \tag{8-7}$$

式中　H——沉降环标高;

　　　H_j——基准点标高,可将沉降管管顶作为测量的基准点;

　　　L——测头至基准点的距离。

在基坑开挖前通过预埋分层沉降管和沉降环,并测读各沉降环的起始标高,与它在基坑开挖施工过程中测得的相应标高的差值,即为各土层在施工过程中的沉降或隆起。

$$\Delta H = H_0 - H_t \tag{8-8}$$

式中　ΔH——某高程处土的沉降;

　　　H_0——基坑开挖前沉降环标高;

　　　H_t——基坑开挖后沉降环标高。

式(8-8)可测量某一高程处土的沉降值。但基准点水准测量的误差,可导致沉降环的高程误差。也可只测土层变形量,假定埋置较深处的沉降环为不动的基点,用沉降仪测出各沉降环的深度,即可求得各土层的变形量。

2)沉降管和沉降环的埋设

用钻机在预定位置钻孔,孔底标高略低于欲测量土层的标高,取出的土分层堆放。提起套管 30～40 cm,将引导管插入钻孔中,引导管可逐节连接直至略深于预定的最深监测点深度,然后,在引导管与孔壁间用膨胀黏土球填充并捣实至最低的沉降环位置,另用一只铝质开口送筒装上沉降环,套在导管上,沿导管送至预埋位置,再用 φ50 的硬质塑料管将沉降环推出并轻轻压入土中,使沉降环的弹性爪牢固地嵌入土中,提起套管至待埋沉降环以上 30～40 cm,往钻孔内回填该层土做的土球(直径不大于 3 cm),至另一个沉降环埋设标高处,重复上述步骤进行埋设。埋设完成后,固定孔口,做好孔口的保护装置,并测量孔口标高和各磁性沉降环的初始标高。

6. 基坑回弹监测

基坑回弹监测可采用回弹监测标和深层沉降标两种,当分层沉降环埋设于基坑开挖面以下时,所监测到的土层隆起也就是土层回弹量。

1)回弹标埋设方法

(1)钻孔至基坑设计标高以下 200 mm,将回弹标连接于钻杆下端,顺钻孔徐徐放至孔底,并将回弹标压入孔底土中 400～500 mm,旋转钻杆,使回弹标脱离钻杆。

(2)放入辅助测杆,用辅助测杆上的测头进行水准测量,确定回弹标顶面标高。

(3)监测完毕后,将辅助测杆、保护管(套管)提出地面,用砂或素土将钻孔回填,为了便于开挖后找到回弹标,可先用白灰回填 500 mm 左右。

2)沉降标埋设方法

深层沉降标由一个三卡锚头、一根 1/4″的内管和一根 1″的外管组成。内管和外管都为钢管。内管连接在锚头上,可在外管中自由滑动。用光学仪器测量内管顶部的标高,标高的变化就相当于锚头位置土层的沉降或隆起。

埋设方法如下：

（1）用钻机在预定位置钻孔，孔底标高略高于需测量土层的标高约一个锚头长度。

（2）将1/4″钢管旋在锚头顶部外侧的螺纹连接器上，用管钳旋紧。将锚头顶部外侧的左旋螺纹用黄油润滑后，与1″钢管底部的左旋螺纹相连，不必太紧。

（3）将装配好的深层沉降标慢慢地放入钻孔内，并逐步加长，直到放入孔底，用外管将锚头压入预测土层的指定标高位置。

（4）在孔口临时固定外管，将内管压下约150 mm，此时锚头上的三个卡子会向外弹，卡在土层里，卡子一旦弹开就不会再缩回。

（5）顺时针旋转外管，使外管与锚头分离。上提外管，使外管底部与锚头之间的距离稍大于预估的土层隆起量。

（6）固定外管，将外管与钻孔之间的空隙填实，做好测点的保护装置，孔口一般以高出地面200～1 000 mm为宜。

3）监测点的设置

监测点的平面布置应以最少的点数能测出所需的基坑纵横断面的回弹量为原则。因此，一般在基坑平面的中心及通过中心的纵横轴线上布置监测点。基坑不大时，纵横断面各布一条测线；基坑较大时，可各布置3～5条测线，各断面线上的监测点必要时应延伸到坑外一定范围内。

4）基坑回弹监测方法

基坑回弹量监测，通常采用精密水准仪测出布置监测点的高程变化，即基坑开挖前后监测点的高程差作为基坑的回弹量。

基坑回弹量随基坑开挖的深度而变化，监测工作应随基坑开挖深度的进展而随时进行监测，这样可得出基坑回弹量随开挖深度的变化曲线。但由于开挖现场施工条件的限制，开挖中途进行测量很困难，因此每个基坑一般不得少于三次监测。第一次在基坑开挖之前，即监测点刚埋置之后；第二次在基坑开挖到设计标高，立即进行监测；第三次在打基础垫层或浇灌混凝土基础之前。对于分阶段开挖的深基坑，可在中间增加监测次数。

变形监测的观测周期，应根据变形速率、观测精度要求、不同施工阶段和工程地质条件等因素综合考虑。在观测过程中，可根据变形量和变形速率的情况，作适当的调整。

变形监测的初始值，应具有可靠的监测精度，因此对基准点或工作基点应定期进行稳定性监测。监测前，必须对所用的仪器设备按有关规定进行校检，并作好记录。监测过程中应采用相同的监测路线和监测方法。原始记录应说明监测时的气象情况、施工进度和荷载变化，以供分析参考。

四、土压力与孔隙水压力监测

（一）土压力监测

土压力监测就是测定作用在挡土结构上的土压力大小及其变化速率，以便判定土体的稳定性，控制施工速度。

土压力监测通常采用土压力传感器（又称土压力盒）进行测量。常用的土压力盒有钢弦式和电阻式两种。其中,由于钢弦式土压力盒耐久性好,且可在较复杂环境中使用,因此在现场监测中使用较广泛。本节主要介绍钢弦式土压力盒。

目前采用的钢弦式土压力盒,可分为竖式和卧式两种。图8-4为卧式钢弦式土压力盒的构造简图,其直径为100~150 mm,厚度为20~50 mm。薄膜的厚度视所量测的压力的大小来选用,厚度为2~3.1 mm不等,它与外壳用整块钢轧制成形,钢弦的两端夹紧在支架上,弦长一般采用70 mm。在薄膜中央的底座上,装有铁芯及线圈,线圈的两个接头与导线相连。

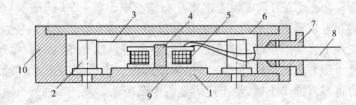

1—弹性薄膜;2—钢弦柱;3—钢弦;4—铁芯;5—线圈;6—盖板;
7—密封塞;8—电缆;9—底座;10—外壳

图8-4 卧式钢弦式土压力盒构造

1. 土压力盒工作原理

根据施工进度,采用频率仪测得土压力计的频率,由下式换算出土压力盒所受的总压力

$$p = k(f_0^2 - f^2) \tag{8-9}$$

式中 p——作用在土压力计上的总压力,kPa;

k——压力计率定常数,kPa/Hz^2;

f_0——压力计零压时的频率,Hz;

f——压力计受压后的频率,Hz。

但在实际测量时,土压力盒实测的压力为土压力和孔隙水压力的总和,因此扣除孔隙水压力计实测的压力值才是实际的土压力值。

注意事项如下:

(1)应选择合适的土压力盒,当长期量测静态土压力时,土压力盒的量程一般应比预计压力大2~4倍,避免超量程使用。

(2)土压力盒在使用之前必须在与其使用条件相似的状态下进行标定(静态标定和动态标定)。通过标定建立压力与频率之间的关系,绘制压力—频率标定曲线,以及确定不同使用条件或不同标定条件下的误差关系。

2. 土压力盒布置原则

通常将测点布设在有代表性的结构断面上和土层中。为了研究土反力分布规律,在布设土压力盒时,在反力变化较大的区域应布置得较密一些。

3. 测量方法

(1)土压力盒通常采用钻孔法埋设。在指定位置用钻机钻孔,把钢弦式土压力盒装入特制的铲子内,用钻杆铲子徐徐放至孔底,并将铲子压至所需标高。因此,一般情况下,孔深应比土压力盒埋设深度浅 50 cm。钻孔法也可在一孔内埋设多个土压力盒,此时钻孔深度应略大于最深的土压力盒埋设位置,将土压力盒固定在定制的薄型槽钢或钢筋架上,一起放入钻孔中,就位后回填细砂。根据薄型槽钢或钢筋架的沉放深度和土压力盒的相对位置,可以确定土压力盒所处的测点标高。该埋设方法由于钻孔回填砂石的密实度难以控制,测得的土压力与土中实际的土压力存在一定的差异,通常实测数据偏小。

钻孔法埋设土压力盒的工程适应性强,但钻孔位置与桩墙之间不可能直接密贴,需要保持一段距离,因而测得的数据与实际作用在桩墙上的土压力相比具有一定的近似性。

(2)地下连续墙侧土压力盒埋设通常用挂布法。取 1/3~1/2 的槽段宽度的布帘,在预定土压力盒的布置位置缝制放置土压力盒的口袋,将土压力盒放入口袋后封口固定,然后将布帘铺设在地下连续墙钢筋笼迎土面一侧,并通过纵横分布的绳索将布帘固定于钢筋笼上。布帘及土压力盒随同钢筋笼一起吊入槽孔内。浇筑混凝土时,借助于流态混凝土的侧向挤压力将布帘推向土壁,使土压力盒与土壁密贴。除挂布法外,也可采用活塞压入法、弹入法等埋设土压力盒。

4. 监测及资料整理

土压力盒埋设好后,根据施工进度,采用频率仪测得埋设土压力盒的频率数值,从而换算出土压力盒所受的压力,扣除孔隙水压力后得实际的土压力值,并绘制土压力变化过程图线及随深度的分布曲线。

(二)土中孔隙水压力监测

土体中的应力状态与地基土中的孔隙水压力和排水条件密切相关。监测土体中孔隙水压力在施工过程中的变化,可以直观、快速地得到土体中孔隙水压力的状态和消散规律,也是基坑支护结构稳定性控制的依据。

1. 监测设备

监测土体中的孔隙水压力最常用的仪器是孔隙水压力计。孔隙水压力计可分为水管式、钢弦式、差动电阻式和电阻应变片式等多种类型。其中,钢弦式结构牢固,长期稳定性好,不受埋设深度的影响,施工干扰小,埋设和操作简单。国内外多年使用经验表明,它是一种性能稳定、监测数据可靠、较为理想的孔隙水压力计。

2. 钢弦式孔隙水压力计工作原理

用频率仪测定钢弦的频率大小,孔隙水压力与钢弦频率间有如下关系

$$u = k(f_0^2 - f^2) \tag{8-10}$$

式中　u——孔隙水压力,kPa;

　　　k——孔隙水压力计率定常数,kPa/Hz²,其数值与承压膜和钢弦的尺寸及材料性质有关,由室内标定给出;

　　　f_0——测头零压力(大气压)下的频率,Hz;

　　　f——测头受压后的频率,Hz。

3. 孔隙水压力计埋设方法

孔隙水压力计埋设前应首先将透水石放入纯净的清水中煮沸 2 h,以排除其孔隙内气泡和油污。煮沸后的透水石需浸泡在冷开水中,测头埋设前,应量测孔隙水压力计在大气中测量的初始频率,然后将透水石在水中装在测头上,在埋设时应将测头置于有水的塑料

袋中连接于钻杆上,避免与大气接触。现场埋设方法有钻孔法和压入法。

(三)地下水位监测

地下水位监测可视地下水位埋深选择合适的测量仪器。当地下水位埋藏较浅时,可用钢尺直接量测;当地下水位埋藏较深时,应选择灵敏度较高的水位计量测。

需要特别强调的是,当地下水埋藏类型为承压水时,设置观测孔时一定要采取有效的分层止水措施,使其与非观测层绝对隔离开来。

通常测管的花管长度根据测试土层厚度确定,一般花管长度不应小于 2 m。花管外面包裹无纺土工布,起过滤作用。套管与孔壁间用干净细砂填实,然后用清水冲洗孔底,以防泥浆堵塞测孔,保证水路畅通,测管高出地面约 200 mm,管顶加盖,不让雨水进入,并做好观测井的保护装置。

地下水位监测亦可以与基坑井点降水结合进行。但要注意,作为监测孔的降水井孔深度宜在最低设计水位以下 2 ~ 3 m。

地下水位监测应在取得初始值的基础上保持连续性,一般应逐日连续监测。监测误差不宜超过 ± 10 mm。

五、支护结构内力监测

支护结构是指深基坑工程中采用的围护墙(桩)、支锚结构、围檩等。支护结构的内力量测(应力、应变、轴力与弯矩等)是深基坑监测中的重要内容,也是进行基坑开挖反分析获取重要参数的主要途径。通常在有代表性位置的围护墙(桩)、支锚结构、围檩上布设钢筋应力计和混凝土计等监测设备,以监测支护结构在基坑开挖过程中的应力变化。

(一)桩(墙)体内力监测

1. 监测点布置

监测点布置应考虑以下几个因素:①计算的最大弯矩所在位置和反弯点位置;②各土层的分界面;③结构变截面或配筋率改变截面位置;④结构内支撑或拉锚所在位置等。

2. 墙体内力监测

采用钢筋混凝土材料制作的支护结构,通常采用在钢筋混凝土中埋设钢筋计,测定构件受力钢筋的应力或应变,然后根据钢筋与混凝土共同工作、变形协调条件计算求得其内力或轴力。钢筋计有钢弦式和电阻应变式两种,监测仪表分别用频率计和电阻应变仪。

3. 支撑内力监测

支撑内力的监测一般可采用下列途径进行:

(1)对于钢筋混凝土支撑,可采用钢筋应力计和混凝土应变计分别量测钢筋应力和混凝土应变,然后换算得到支撑轴力。

(2)对于钢支撑,可在支撑上直接粘贴电阻应变片量测钢支撑的应变,即可得到支撑轴力,也可采用轴力传感器(轴力计)量测。

(二)土层锚杆监测

在基坑开挖过程中,锚杆要在受力状态下工作数月,为了检查锚杆在整个施工期间是否按设计预定的方式工作,有必要选择一定数量的锚杆进行长期监测,锚杆监测一般仅监测锚杆拉力的变化。锚杆受力监测有专用的锚杆测力计。锚杆测力计安装在承压板与锚头之间。钢筋锚杆可采用钢筋应力计和应变计监测,其埋设方法与钢筋混凝土中的埋设方法类似,但当锚杆由几根钢筋组合时,必须在每根钢筋上都安装钢筋计,它们的拉力总和才是锚杆总拉力,而不能只测其中几根钢筋的拉力求其平均值,再乘以钢筋总数来计算锚杆总拉力,因为多根钢筋组合的锚杆,各锚杆的初始拉紧程度是不一样的,所受的拉力与初始拉紧程度的关系很大。锚杆钢筋计(锚杆测力计)安装和锚杆施工完成后,进行锚杆预应力张拉时,要记录锚杆钢筋计和锚杆测力计上的初始荷载,同时也可根据张拉千斤顶的读数对锚杆钢筋计和锚杆测力计的结果进行校核。在整个基坑开挖过程中,宜每天测读一次,监测次数宜根据开挖进度和监测结果及其变化情况而适当增减。当基坑开挖到设计标高时,锚杆上的荷载应是相对稳定的。如果每周荷载的变化量大于5%锚杆所受的荷载,就应当及时查明原因,并采取适当措施保证基坑工程的安全。

六、监测频率与监测警戒值

(一)监测频率

基坑监测工作伴随基坑开挖和地下结构施工的全过程,即从基坑开挖开始直至地下结构施工到 ±0.000 标高。现场监测工作一般需连续开展 3~8 个月,基坑越大,监测期限则越长。

基坑工程监测频率应以能系统反映监测对象所测项目的重要变化过程,又不遗漏其变化时刻为原则。对有特殊要求的周边环境的监测应根据需要延续至变形趋于稳定后才能结束。

监测项目的监测频率应考虑基坑工程等级、基坑及地下工程的不同施工阶段以及周边环境、自然条件的变化。当监测值相对稳定时,可适当降低监测频率。对于应测项目,在无数据异常和事故征兆的情况下,开挖后仪器监测频率的确定可参照表8-4。

当出现下列情况之一时,应加强监测,提高监测频率,当有危险事故征兆时,应实时跟踪监测,并及时向甲方、施工方、监理及相关单位报告监测结果:

(1)监测数据变化量较大或者速率加快或者监测数据达到报警值。

(2)发现勘察中未发现的不良地质条件。

表 8-4　现场仪器监测频率

基坑工程安全等级	施工进程		基坑设计开挖深度(m)			
			≤5	5~10	10~15	>15
一级	开挖深度 (m)	≤5	1次/d	1次/2 d	1次/2 d	1次/2 d
		5~10		1次/d	1次/d	1次/d
		>10			2次/d	2次/d
	底板浇筑后时间(d)	≤7	1次/d	1次/d	2次/d	2次/d
		7~14	1次/3 d	1次/2 d	1次/d	1次/d
		14~28	1次/5 d	1次/3 d	1次/2 d	1次/d
		>28	1次/7 d	1次/5 d	1次/3 d	1次/3 d

续表 8-4

基坑工程安全等级	施工进程		基坑设计开挖深度(m)			
			≤5	5~10	10~15	>15
二级	开挖深度(m)	≤5	1 次/2 d	1 次/2 d		
		5~10		1 次/d		
	底板浇筑后时间(d)	≤7	1 次/2 d	1 次/2 d		
		7~14	1 次/3 d	1 次/3 d		
		14~28	1 次/7 d	1 次/5 d		
		>28	1 次/10 d	1 次/10 d		

注:1. 当基坑工程安全等级为三级时,监测频率可视具体情况适当降低。

2. 基坑工程施工至开挖前的监测频率视具体情况而定。

3. 宜测、可测项目的仪器监测频率可视具体情况适当降低。

4. 有支撑的围护结构各道支撑开始拆除到拆除完成后 3 d 内监测频率应为 1 次/d。

5. 地下水位监测频率为 1 次/d,当支护结构有渗漏水现象时,要加强监测。

(3)超深、超长开挖或未及时加撑等未按设计施工或基坑工程发生事故后重新组织施工。

(4)基坑及周边大量积水、长时间连续降雨、市政管道出现泄漏或基坑底部、坡体或支护结构出现管涌、渗漏或流砂等现象。

(5)基坑附近地面荷载突然增大或超过设计限值。

(6)周边地面突然出现较大沉降或严重开裂。

(7)围护结构出现开裂或者邻近的建(构)筑物突然出现较大沉降、不均匀沉降或严重开裂。

(8)出现其他影响基坑及周边环境安全的异常情况。

对基坑周围环境的监测:监测期限从支护桩的施工到主体结构施工至 ±0.000 标高,周围环境的沉降和水平位移需每天监测 1 次,建筑物倾斜和裂缝的监测频率为每周监测 1~2 次。

监测数据必须在现场整理,对监测数据有疑问时应及时复测。

此外,需要指出的是:监测设备必须在开挖前埋设并读取初读数。初读数是监测的基准值,需复校无误后才能确定,通常是在连续三次测量无明显差异时,取其中一次的测量值作为初读数。否则应增加测读次数,以获取稳定的初始值。

土压力盒、孔隙水压力计、测斜管和分层沉降环等测试元件最好在基坑开挖一周前埋设完毕,以便被扰动的土有一定的恢复和稳定时间,从而保证初读数的可靠性。

混凝土支撑内的钢筋计、钢支撑轴力计、土层锚杆测力计及锚杆应力计等需随施工进度而埋设的元件,在埋设后也应读取初读数。

(二)监测警戒值的确定

在基坑工程监测中,每一监测项目都应根据工程的实际情况、周边环境和设计要求,事先确定相应的警戒值,以判断位移或受力状况是否会超过允许的范围,判断工程施工是否安全可靠,是否需调整施工步序或优化原设计方案。

一般情况下,每个警戒值应由两部分控制,即总允许变化量和单位时间内允许变化量。

1. 监测警戒值确定的一般原则

(1)满足设计计算的要求,不可超出设计值,通常以支护结构内力控制。

(2)满足现行相关规范、规程的要求,通常以位移或变形控制。

(3)满足保护对象的要求。

(4)在保证工程和环境安全的前提下,综合考虑工程质量、施工进度、技术措施和经济等因素。

2. 警戒值的确定

确定警戒值时还要综合考虑基坑的规模、工程地质和水文地质条件、周围环境的重要程度以及基坑施工方案等因素。确定预警值主要参照现行相关规范和规程的规定值、经验类比值以及设计预估值这三个方面的数据。随着基坑工程经验的积累和增多,各地区的工程管理部门以地区规范、规程等形式对基坑工程预警值作了规定,其中大多警戒值是最大允许位移或变形值。表 8-5 为《深圳地区建筑深基坑支护技术规范》(SJG 05—96)给出的支护结构最大水平位移允许值,表 8-6 为《上海市基坑工程设计规程》(DBJ 08—61—97)给出的基坑变形监控允许值。确定变形控制标准时,应考虑变形的时空效应,并控制监测值的变化速率,一级工程宜控制在 2 mm/d 之内,二级工程在 3 mm/d 之内控制。表 8-7 为工程建设行业标准《建筑基坑工程技术规程》(JCJ 120—99)给出的重力式挡墙最大水平位移的预估值。

表 8-5　深圳地区支护结构最大水平位移允许值

基坑工程安全等级	支护结构最大水平位移允许值(一)	
	排桩、地下连续墙、放坡、土钉墙	钢板桩、深层搅拌桩
一级	0.002 5h	
二级	0.005 0h	0.010 0h
三级	0.010 0h	0.020 0h

注:h 为监控开挖深度。

表 8-6　上海地区基坑变形监控允许值

基坑工程安全等级	墙顶位移(mm)	墙体最大位移(mm)	地面最大沉降(mm)	最大差异沉降
一级	30	60	30	6/1 000
二级	60	90	60	12/1 000

表 8-7　重力式挡墙最大水平位移的预估值

土层条件	墙的纵向长度		
	≤30 m	30～50 m	>50 m
良好地基	$(0.005 \sim 0.010)H$	$(0.010 \sim 0.015)H$	$>0.015H$
一般地基	$(0.015 \sim 0.020)H$	$(0.020 \sim 0.025)H$	$>0.025H$
软弱地基	$(0.025 \sim 0.035)H$	$(0.035 \sim 0.045)H$	$>0.045H$

注:H 为监控开挖深度。

根据大量工程实践经验的积累,本书提出如下警戒值作为参考:

(1)支护墙体位移。对于只存在基坑本身安全的监测,最大位移一般取 80 mm,每天发展不超过 10 mm;对于周围有需严格保护构筑物的基坑,应根据保护对象的需要来确定。

(2)煤气管道的变位。沉降或水平位移均不得超过 10 mm,每天发展不得超过 2 mm。

(3)自来水管道变位。沉降或水平位移均不得超过 30 mm,每天发展不得超过 5 mm。

(4)基坑外水位。坑内降水或基坑开挖引起坑外水位下降不得超过 1 000 mm,每天发展不得超过 500 mm。

(5)立柱桩差异隆起式差异沉降。基坑开挖中引起的立柱桩隆起或沉降不得超过 10 mm,每天发展不超过 2 mm。

(6)支护结构内力。一般控制在设计允许最大值的 80%。

(7)对于支护结构墙体侧向位移和弯矩等光滑的变化曲线,若曲线上出现明显的转折点,也应作出报警处理。

以上是确定警戒值的基本方法和原则,在具体的监测工程中,应根据实际情况取舍,以达到监测的目的,保证工程的安全和周围环境的安全,使主体工程能够顺利进行。

3. 施工监测报警

在施工险情预报中,应综合考虑各项监测内容的量值和变化速度,结合对支护结构、场地地质条件和周围环境状况等的现场调查作出预报。设计合理可靠的基坑工程,在每一工况的挖土结束后,表征基坑工程结构、地层和周围环境力学性状的物理量应随时间渐趋稳定;反之,如果监测得到的表征基坑工程结构、地层和周围环境力学性状的某一种或某几种物理量,其变化随时间不是渐趋稳定,则可认为该基坑工程存在不稳定隐患,必须及时分析原因,采取相关的措施,保证工程安全。

报警制度宜分级进行,如深圳地区深基坑地下连续墙安全性判别标准给出了安全、注意、危险三种指标,达到这三类指标时,应分别采取不同的措施。

达到警戒值的 80% 时,口头报告施工现场管理人员,并在监测日报表上提出报警信号。

达到警戒值的 100% 时,书面报告建设单位、监理和施工现场管理人员,并在监测日报表上提出报警信号和建议。

达到警戒值的 110% 时,除书面报告建设单位、监理和施工现场管理人员,应通知项目主管立即召开现场会议,进行现场调查,确定应急措施。

七、监测资料整理

(一) 监测报表

在基坑监测前要设计好各种记录表和报表。记录表和报表应根据监测项目和监测点的数量合理地设计,记录表的设计应以数据的记录和处理方便为原则,并预留一栏用于记录基坑的施工情况和监测中观测到的异常情况。

监测报表一般形式有当日报表、周报表、阶段报表,其中当日报表最为重要,通常作为施工方案调整的依据。周报表通常作为参加工程例会的书面文件,对一周的监测成果作简要的汇总。阶段报表作为基坑施工阶段性监测成果的小结,用以掌握基坑工程施工中基坑的工作性状和发展趋势。

监测当日报表应及时提交给工程建设、监理、施工、设计、管线与道路监察等有关单位,并另备一份经工程建设或现场监理工程师签字后返回存档,作为报表收到及监测工程量结算的依据。报表中应尽可能采用图形或曲线反映监测结果,如监测点位置图、地面沉降曲线及桩身深层水平位移曲线图等,使工程施工管理人员能够直观地了解监测结果和掌握监测值的发展趋势。报表中必须给出原始数据,不得随意修改、删除,对有疑问或由人为因素和偶然因素引起的异常点应该在备注中说明。

在监测过程中除了要及时给出各种监测报表和测点位置布置图,还要及时绘制各监测项目的各种曲线,用以反映各监测内容随基坑开挖施工的发展趋势,指导基坑施工方案实施和调整。主要的监测曲线包括:

(1)监测项目的时程曲线。

(2)监测项目的速率时程曲线。

(3)监测项目在各种不同工况和特殊日期的变化趋势图。如支护桩桩顶、建筑物和管线的沉降平面图,深层侧向位移、深层沉降、支护结构内力、孔隙水压力和土压力随深度分布的剖面图。

在绘制监测项目时程曲线、速率时程曲线时,应将施工工况、监测点位置、警戒值以及监测内容明显变化的日期标注在各种曲线和图件上,以便能直观地掌握监测项目物理量的变化趋势和变化速度,以及反映与警戒值的关系。

(二) 监测报告

在基坑工程施工结束时应提交完整的监测报告,监测报告是监测工作的回顾和总结,监测报告主要包括如下几部分内容:

(1)工程概况。

(2)监测项目、监测点的平面和剖面布置图。

(3)仪器设备和监测方法。

(4)监测数据处理方法和监测成果汇总表与监测曲线。

在整理监测项目汇总表、时程曲线、速率时程曲线的基础上,对基坑及周围环境等监测项目的全过程变化规律和变化趋势进行分析,给出特征位置位移或内力的最大值,并结合施工进度、施工工况、气象等具体情况对监测成果进行进一步分析。

(5)监测成果的评价。

根据基坑监测成果,对基坑支护设计的安全性、合理性和经济性进行总体评价,分析基坑围护结构受力、变形以及相邻环境的影响程度,总结设计施工中的经验教训,尤其要总结监测结果的信息反馈在基坑工程施工中对施工工艺和施工方案的调整和改进所起的作用,通过对基坑监测成果的归纳分析,总结相应的规律和特点,对类似工程有积极的借鉴作用,促进基坑支护设计理论和设计方法的完善。

第三节　地下工程监测与监控

随着新奥法的推广,监测和监控已成为硐室工程施工中一个不可或缺的内容。除了能预见险情,它还是指导施工作业、控制施工进程的必要手段。如可根据量测结果来确定二次支护的时间,及时调整地下工程开挖方案等。

地下工程监测主要解决如下问题:

(1)为监控设计提供合理的依据和计算参数。

通过现场岩体力学性质测试,或者通过围岩与支护的变位与应力量测反推岩体的力学参数,以及地应力大小、围岩的稳定度与支护的安全度等信息,为监控设计提供合理的依据和计算参数。

(2)指导施工,预报险情。

对那些地质条件复杂的地层,如塑性流变岩体、膨胀性岩体、明显偏压地层等,由于不能采用以经验作为设计基准的惯用设计方法,所以施工期间须通过现场测试和监视,以确保施工安全。此外,在拟建工程附近有已建工程时,为了弄清并控制施工的影响,有必要在施工期间对地表及附近已建工程进行测试,以确保已建工程安全。

(3)作为工程运营时的监视手段。

通过一些耐久的现场测试设备,可对已运营的工程进行安全监视,这样可对接近危险值的区段或整个工程及时地进行补强、改建,或采取其他措施,以保证工程安全运营。如我国一些矿山井巷中利用测杆或滑尺来测顶板的相对下沉,当顶板相对位移达到危险值时,电路系统即自动报警。

(4)用做理论研究及校核理论,并为工程类比提供依据。

以前地下工程的设计完全依赖于经验。但随着理论分析手段的迅速发展,其分析结果越来越被人们所重视,因而对地下工程理论问题的物理方面——模型及参数,也提出了更高的要求,理论研究结果须经实测数据检验。因此,系统地组织现场监测,研究岩体和结构的力学性态,对发展地下工程理论具有重要意义。

(5)为地下工程设计和施工积累资料。

一、地下工程监控范围与监测项目

(一)地下工程监控范围

地下工程监测的精度和监控范围,或者说对地下工程进行较为系统的监测监控,还是只进行局部监测,取决于工程的规模和围岩的类别。根据相应的规范和地下工程监测的实践来看,当地下工程的跨度小于5 m,且围岩类别较高(如Ⅰ～Ⅳ类围岩)时,只需进行局部适当监测即可;而当地下工程跨度大于 20 m(如水电站地下厂房等)时,即便是 I 类围岩也应进行较为系统的现场监测监控。例如《锚杆喷射混凝土支护技术规范》(GB 50086—2001)对监测监控对象的规定如表 8-8 所示。

表 8-8　地下隧洞现场监测监控选定表

围岩分类	跨度 B(m)				
	≤5	5 < B ≤ 10	10 < B ≤ 15	15 < B ≤ 20	20 < B ≤ 25
I	—	—	—	△	√
II	—	—	△	√	√
III	—	—	√	√	√
IV	—	√	√	√	√
V	√	√	√	√	√

注:1.“√”项为应进行现场监控量测的地下隧洞。

　　2.“△”项为选择局部地段进行量测的地下隧洞。

但从施工安全角度考虑,任何规模的隧道或地下工程均应进行监测。

(二)地下工程监测的内容与项目

系统而完整的地下工程监测监控过程,应包括以下基本监测内容和监测手段。

1. 现场观测

现场观测包括掌子面附近的围岩稳定性、围岩构造情况、支护变形与稳定情况及校核围岩分类观测。

2. 岩体力学参数测试

岩体力学参数测试包括抗压强度、变形模量、黏聚力、内摩擦角及泊松比等测试。

3. 应力应变测试

应力应变测试包括岩体原岩应力,围岩应力、应变,支护结构的应力、应变及围岩与支护和各种支护间的接触应力测试。

4. 压力测试

压力测试包括支撑上的围岩压力和渗水压力等测试。

5. 位移测试

位移测试包括围岩位移(含地表沉降)、支护结构位移及围岩与支护倾斜度测试。

6. 温度测试

温度测试包括岩体温度、洞内温度及气温测试。

7. 物理探测

物理探测包括弹性波(声波)测试和视电阻率测试。

(三)监测方案设计

1. 监测项目的确定原则

监测项目的确定应坚持以下原则:

(1)安全第一的原则。以安全观测项目为主。地下工程施工过程中最重要的是安全。地下工程监控的首要任务就是确保安全,因此在确定监测项目时,首先要考虑可反映围岩稳定的指标,如位移观测和应力观测,应成为最主要的观测项目。

(2)系统全面的原则。观测项目应满足地下工程建设的全面需求。地下工程监测的目的是多方面的,不仅要考虑围岩安全,还要考虑荷载条件及变化、设计计算等要求。因此,要求观测项目不仅要重点突出,还要考虑全面需求。

(3)少而精、经济适用的原则。对长期观测项目(包括施工期和运行期),应在反映地下工程围岩实际工作状况的前提下,力求做到少而精。例如,在保证观测仪器质量的前提下,应适当考虑观测仪器的经济性,以及人力成本投入高低等。

2. 监测断面、监测点设置及监测频率确定

1) 监测断面设置

监测断面又可分为系统监测断面和一般监测断面。系统监测断面观测内容较多,设置的观测点、使用的观测手段也较多。仅布置有单项观测内容的监测断面称为一般监测断面(通常指收敛监测断面或称必测项目断面)。

一般来说,监测断面应布置在:

(1)围岩质量差及局部不稳定地段。

(2)具代表性的地段(反馈设计、评价支护参数)。

(3)特殊的工程部位(如洞口和分叉处)等。

监测断面间距可视监测目的及工程地质条件合理布置。例如《锚杆喷射混凝土支护技术规范》(GBJ 50086—2001)中对监测断面间距规定如下:对一般性监测断面(必测项目断面),监测断面间距为 20~50 m;对系统监测断面,仅规定选择有代表性的地段测试。

系统监测断面间距,其位置与数量由具体需要而定,对洞径小于 15 m 的长隧洞,在一般围岩条件下应每隔 200~500 m 设 1 个断面。

在一般的铁路和公路隧洞中,根据围岩类别,洞周收敛位移和拱顶下沉观测的断面间距定为:Ⅱ类,5.0~20.0 m;Ⅲ类,20.0~40.0 m;Ⅳ类,40.0 m 以上(注:铁路和公路隧洞围岩类别划分有所不同,详见相关规范)。

具有高边墙、大跨度等特点的水电站地下厂房,系统监测断面间距一般为 $1.5D~2.0D(D$ 为厂房跨度)。

2) 观测点布置

观测点依据隧洞断面尺寸、形状、围岩地质条件、开挖方式、程序、支护类型等因素而定。可依据具体情况进行适当的调整。

如图 8-5 为围岩周边收敛测点(线)布置方式,(a)为围岩稳定监控布点(线)方式;(b)、(c)为反算岩体地应力场和围岩力学参数,或计算边墙两侧中部下沉量监测的布点(线)方式;(d)为当地下隧洞边墙很高(如大于 30 m)时,为了观测可行和方便采取的布点(线)方式;(e)为求一侧边墙下沉量(如边墙中部有断层存在)时的布点(线)方式。

钻孔测斜观测孔布置则应根据地下硐室规模和围岩地质条件布置。对高边墙、大跨度地下厂房,钻孔测斜观测孔可布置在边墙两侧中部距边墙 2.0~2.5 m 的围岩内;而当围岩地质条件均一时,可仅在边墙一侧布置。中小地下隧洞边墙两侧也可不布置钻孔测斜仪。

混凝土衬砌(喷层)应力应变监测点布置,除应与锚杆应力观测孔布置相对应外,还

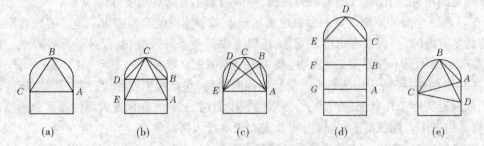

图 8-5　收敛测点(线)布置方式

应在有代表性的部位布置监测点,以便掌握混凝土衬砌(喷层)在整个断层上的受力状态和支护作用。此外,在支护结构应力应变观测点布置时,还应考虑特殊地质部位、特殊结构部位及地下隧洞是否有偏压、位移是否对称、有无底鼓可能性等因素,选择合适的监测点布置形式。在地下工程监测中,针对不同的监测仪器,也应该根据工程地质条件、硐室的断面形态和规模,选择合适的布置形式。如图 8-6、图 8-7 所示分别为钻孔位移计监测孔和锚杆应力计监测孔布置常用的几种形式。

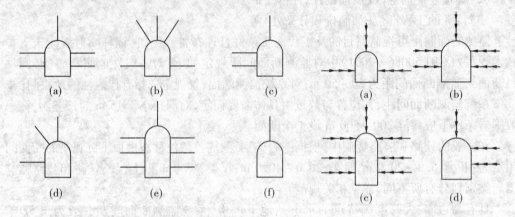

图 8-6　钻孔位移计监测孔布置示意图　　　图 8-7　锚杆应力计监测孔布置示意图

图 8-6(a)、(b)为围岩存在各向异性,而地下硐室高宽比近于 1 时的观测孔布置形式;(c)、(d)为围岩比较均一时的钻孔位移计布置形式;(e)为地下硐室规模大,且高宽比大于 2.0 时,钻孔位移计监测孔布置形式;当需要掌握隧洞围岩位移变化的全过程时,则可选择由地表向下钻孔,通过钻孔向预定开挖的隧洞围岩中预埋钻孔位移计,如图(f)所示。

图 8-7(a)为硐室高宽比近于 1,硐径(宽)小于 10 m 时的锚杆应力计监测孔布置形式;(b)为硐室高宽比近于 1,硐径(宽)大于 10 m、小于 20 m 时的锚杆应力计监测孔布置形式;(c)为当地下隧洞规模大,且高宽比大于 2.0 时的锚杆应力计监测孔布置形式;当围岩比较均一时,锚杆应力计也可仅布置在隧洞一侧,如(d)所示。

3)监测频率

各监测项目原则上应根据其变化的大小和距工作面距离来确定观测频率。如洞周收敛位移和拱顶下沉的观测频率可根据位移速度及离开挖面的距离而定。当测线不同、测点位移量值和速度不同时,应以产生最大的位移者来决定监测频率,整个断面内各测线和测点应采用相同的观测频率。

《锚杆喷射混凝土支护技术规范》(GBJ 50086—2001)规定的观测频率为:在隧洞开挖或支护后的半个月内,每天应观测 1~2 次;半个月后到一个月内,或掌子面推进到距观测断面大于 2 倍洞径的距离后,每 2 天观测一次;1~3 个月期间,每周测读 1~2 次;3 个月以后,每月测读 1~3 次。若设计有特殊要求,则可按设计要求执行。若遇突发事件或原因参量发生异常变化,则应按特殊观测要求执行,即应加强观测,增加观测频率。

3. 监测仪器的选择

采用何种监测仪器,主要取决于围岩工程地质条件和力学性质,以及测试的环境条件。通常,对于软弱围岩中的隧洞工程,由于围岩变形量值较大,因而可以采用精度稍低的仪器和装置;而在硬岩中则必须采用高精度监测仪器。在一些干燥无水的隧洞工程中,电测仪表往往能很好地工作;而在地下水发育的地层中进行电测就较为困难。因此,应视具体工程地质条件选择性价比合适的监测仪器。

表 8-9 为地下工程现场监控量测项目及量测方法,可供参考。

表 8-9 地下工程现场监控量测项目及量测方法

项目名称	方法及工具	观测布置	量测间隔时间			
			1~15 d	16 d~1 个月	1~3 个月	大于 3 个月
地质和支护状况观察*	岩性结构面及支护裂缝观察或描述,地质罗盘等	开挖后及初期支护后进行	每次爆破后进行			
周边位移*	各种类收敛计	每 10~50 m 1 个断面,每断面 2~3 对测点	1~2 次/d	1 次/2 d	1~2 次/周	1~3 次/月
拱顶下沉*	水平仪、水准尺、钢尺或测杆	每 10~50 m 1 个断面	1~2 次/d	1 次/2 d	1~2 次/周	1~3 次/月
锚杆或锚索内力及抗拔力*	各类电测锚杆、锚杆测力计及拉拔器	每 10 m 1 个断面,每个断面至少做 3 根锚杆	—	—	—	—
地表下沉	水平仪、水准尺	每 5~50 m 1 个断面,每断面至少 7 个测点;每隧道至少 2 个断面;中线每 5~20 m 一个测点	开挖面距量测断面前后 <2B 时,1~2 次/d;开挖面距量测断面前后 <5B 时,1 次/d;开挖面距量测断面前后 >5B 时,1 次/周			
围岩体内位移(洞内设点)	洞内钻孔中安设单点、多点杆式或钢丝式位移计	每 5~100 m 1 个断面,每断面 2~11 个测点	1~2 次/d	1 次/2 d	1~2 次/周	1~3 次/月

续表 8-9

项目名称	方法及工具	观测布置	量测间隔时间			
			1 ~ 15 d	16 d ~ 1 个月	1 ~ 3 个月	大于 3 个月
围岩体内位移(地表设点)	地面钻孔中安设各类位移计	每代表性地段 1 个断面,每断面 3 ~ 5 个钻孔	同地表下沉要求			
围岩压力及两层支护间压力	各种类型压力盒	每代表性地段 1 个断面,每断面宜为 15 ~ 20 个测点	1 ~ 2 次/d	1 次/2 d	1 ~ 2 次/周	1 ~ 3 次/月
钢支撑内力及外力	支柱压力计或其他测力计	每 10 柱钢拱支撑 1 对测力计	1 ~ 2 次/d	1 次/2 d	1 ~ 2 次/周	1 ~ 3 次/月
支护、衬砌内应力、表面应力及裂缝量测	各类混凝土内应变计、应力计、测缝计及表面应力解除法	每代表性地段 1 个断面,每断面宜为 11 个测点	1 ~ 2 次/d	1 次/2 d	1 ~ 2 次/周	1 ~ 3 次/月
围岩弹性波测试	各种声波仪及配套探头	在有代表性地段设置	—	—	—	—

注:B 为隧道开挖宽度,带 * 内容为必测项目。

4.监测数据警戒值及围岩稳定性判断准则

在硐室施工险情预报中,应同时考虑收敛或变形速度、相对收敛量或变形量及位移—时间曲线,结合观察到的洞周围岩喷射混凝土和衬砌的表面状况等综合因素作出预报。

常用做警戒值的有容许位移量和容许位移速率。

1)容许位移量

容许位移量是指在保证地下硐室不产生有害松动和保证地表不产生有害下沉的条件下,自隧洞开挖起到变形稳定,在起拱线位置的隧洞壁面间水平位移总量的最大容许值,或拱顶的最大容许下沉量。在地下硐室开挖过程中若发现监测到的位移总量越过该值,或者根据已测位移预计最终位移将超过该值,则意味着围岩不稳定,支护系统必须加强。

容许位移量与岩体条件、地下硐室埋深、断面尺寸及地表建筑物等因素有关。例如,城市地铁,通过建筑群时一般要求地表下沉不超过 5 ~ 10 mm;对于山岭隧道,地表沉降的容许位移量可由围岩的稳定性确定。

2)容许位移速率

容许位移速率是指在保证围岩不产生有害松动的条件下,硐室壁面间水平位移速度的最大容许值。它同样与岩体条件、硐室埋深及断面尺寸等因素有关,容许位移速率目前尚无统一规定,一般根据经验选定。

此外,有时还可以根据位移—时间曲线来判断围岩的稳定性。

二、围岩压力监测

(一)围岩应力应变和围岩与支护间接触应力监测

1.监测方法

围岩应力应变监测,是在开挖前进行钻孔或在开挖后在硐室内紧跟掌子面钻孔,在孔中按要求埋设各种类型的应力计、应变计,对围岩应力、应变进行观测,以便及时掌握围岩内部的受力与变形状态,进而判断围岩的稳定性。

支护与围岩间接触应力监测,是指围岩与支护或喷层与现浇混凝间的接触应力的监测。它能反映出支护所承受的"山岩压力"(亦即支护给山体的抗力)。接触应力的量值和分布形态,除了同围岩与支护结构的特性有关,还与两者间的接触条件有很大关系(如密贴、回填等)。通常的监测方法是在围岩与支护间埋设各种压力盒等传感器,对接触应力进行观测,以及时掌握围岩与支护间的共同工作情况、稳定状态及支护的力学性能等。

2.监测设备

1)围岩应力应变监测设备

围岩应力应变监测仪器有电测类型的,也有机械测试类型的。可根据工程的具体情况和对量测信息的要求与设备、仪器条件等,决定所采用的设备类型。常用的监测仪器有钢弦式应变计、差动式电阻应变计、电阻片测杆(电测锚杆)。

2)接触应力监测常用的监测设备

接触应力监测常用的监测设备有钢弦式压力盒、变磁阻调频式土压力传感器、格鲁茨尔压力盒(应力计)(见图8-8)等。

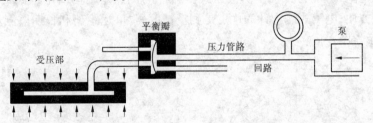

图 8-8　格鲁茨尔压力盒(应力计)示意图

(二)支护的应力应变监测

地下硐室支护的作用是为岩体提供支护力,调节围岩受力状态,充分发挥围岩的自承能力,确保围岩稳定。通过对支护的应力应变监测,不仅可直接提供关于支护结构的强度与安全度的信息,且能间接了解到围岩的稳定状态,并与其他测试手段相互验证。

1.锚杆轴力监测

锚杆轴力监测主要使用量测锚杆。量测锚杆的杆体是用中空的钢材制成的,其材质同锚杆一样。量测锚杆主要有机械式和电阻应变片式两类。

机械式量测锚杆是在中空的杆体内放入 4 根细长杆,将其头部固定在锚杆内预计的位置上(见图8-9)。量测锚杆一般长度在 6 m 以内,测点最多为 4 个,用千分表直接读数,量出各点间的长度变化,而后用被测点间距除以得出应变值,再乘以钢材的弹性模量,即得各测点间的应力。由此可了解锚杆轴力及其应力分布状态,再配合以岩体内位移的量测结果就可以设计锚杆长度及锚杆根数,还可以掌握岩体内应力重分布的过程。

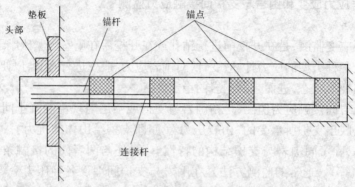

图 8-9　量测锚杆构造与安装

　　电阻应变片式量测锚杆是在中空锚杆内壁或在实际使用的锚杆上轴对称贴 4 块应变片,以 4 个应变片的平均值为量测应变值,这样可消除弯曲应力的影响,测得的应变值乘以钢材的弹性模量即可得该点的应力。

　　2. 钢支撑压力监测

　　如果硐室围岩类别低于Ⅳ类,开挖后常需要采用各种钢支撑进行支护。监测围岩作用在钢支撑上的压力,对维护支架承载能力、检验隧洞偏压、保证施工安全、优化支护参数等具有重要意义。

　　常用的监测仪器有液压式(液压盒、油压枕)测力计和电测式(应变式、钢弦式、差动变压式、差动电阻式)测力计两类。液压式测力计的优点是结构简单、可靠,现场直接读数,使用比较方便;电测式测力计的优点是测量精度高,可远距离和长期监测。图 8-10 为测力计安装示意图。

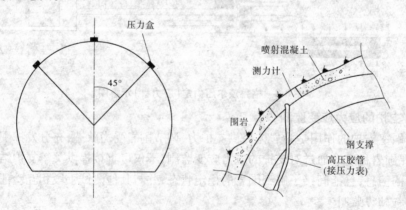

图 8-10　测力计安装示意图

　　3. 衬砌应力监测

　　衬砌应力监测的目的是研究复杂工作条件下的地压,检验设计并指导施工。衬砌应力量测通常是压力量测。因此,使用的监测仪器主要为压力传感器(压力盒),如钢弦式应力计等。

埋设压力盒应根据监测目的和对象采用合适的布置方式。但总的要求是:接触紧密和平稳,防止滑移,不损伤压力盒及引线,且需在上面盖一块厚 6~8 mm、直径与压力盒直径大小相等的铁板。

三、位移监测

位移监测的目的是用于指导施工、验证设计以及评价围岩与支护的稳定性。

(一)净空相对位移监测(收敛量测)

硐室内壁面两点连线方向的位移之和称为收敛,因此此项量测称收敛量测。收敛值为两次测量的距离之差。

1. 监测装置

净空相对位移监测装置由壁面测点、测尺(测杆)、测试仪器和连接部分等组成。

(1)壁面测点由埋入围岩壁面 30~50 cm 的埋杆与测头组成。由于观测的手段不同,测头有多种形式,一般为销孔测头与圆球测头。壁面测点可代表围岩壁面变形情况,因而加工要精确,埋设要可靠。

(2)测尺(测杆)一般是用打孔的钢卷尺或金属管对围岩壁面某两点间的相对位移测取粗读数。除对测尺的打孔、测杆的加工要精确外,观测中还要注意测尺(杆)长度的温度修正。

(3)测试仪器一般由测表、张拉力设施与支架组成,是净空位移测试的主要构成部分。测表多为 10 mm、30 mm 的百分表或游标尺,用此对净空变化量进行精读数。张拉力设施一般采用重锤、弹簧或应力环,观测时由它对测尺进行定量施加拉力,使每次施测时测尺本身长度处于同一状态。支架是组合测表、测尺、张拉力设施等的综合结构,在满足测试要求的情况下,以尺寸小、质量轻为宜。

(4)连接部分是连接测点与仪器(测尺)的构件,可用单向(销接)或万向(球铰接)连接,要求既要保证精度,又要连接方便,操作简单,能做任意方向测试。

2. 工程上常用的收敛测试手段

1)位移测杆

位移测杆由数节可伸缩的异径金属管组成。管上装有游标尺或百分表,用以测定测杆两端测点间的相对位移。它适用于小断面硐室监测。

2)净空变化测定计(收敛计)

目前国内收敛计种类较多,大致可分为如下三种。

(1)单向重锤式:主要由支架、百分表、钢尺(带孔)、连接销、测杆、重锤等几部分组成。

(2)万向弹簧式:主要由支架、百分表、带孔钢尺、弹簧、连接球铰、测杆等几部分组成。

(3)万向应力环式:主要由应力环、带孔钢尺、球铰、测杆等几部分组成。其特点是测尺张拉力的施加不用重锤或弹簧,而用经国家标定的量力元件应力环。因此,其测试精度高、性能稳定、操作方便。

3. 净空相对位移计算

根据测量结果,可通过如下方法计算净空相对位移

$$U_n = R_n - R_0 \tag{8-11}$$

式中 　U_n——第 n 次量测时净空相对位移值;

　　　R_n——第 n 次量测时的观测值;

　　　R_0——初始观测值。

测尺为普通钢尺时,还需要消除温度的影响。当硐室净空大(测线长)、温度变化大时,应进行温度修正,其计算式为

$$U_n = R_n - R_0 - \alpha L(t_n - t_0) \tag{8-12}$$

式中 　t_n——第 n 次量测时温度;

　　　t_0——初始量测时温度;

　　　L——量测基线长;

　　　α——钢尺线膨胀系数(一般 $\alpha = 12 \times 10^{-6}/℃$)。

当净空相对位移值比较大,需要换测试钢尺孔位时(即仪表读数大于测试钢尺孔距时),为了消除钻孔间距的误差,应在换孔前先读一次,并计算出净空相对位移值(U_n)。换孔后应立即再测一次,从此往后计算即以换孔后这次读数为基数(即新的初读数 R_{n0})。此后净空相对位移(总值)计算式为

$$U_k = U_n + R_k - R_{n0}(k > n) \tag{8-13}$$

式中 　U_k——第 k 次量测时净空相对位移值;

　　　R_k——第 k 次量测时观测值;

　　　R_{n0}——第 k 次量测时换孔后读数。

(二)拱顶下沉监测

隧道拱顶内壁的绝对下沉量称为拱顶下沉值,单位时间内拱顶下沉值称为拱顶下沉速度。

1. 监测方法

对于浅埋隧道,可由地面钻孔,使用挠度计或其他仪表测定拱顶相对于地面不动点的位移值。对于深埋隧道,可用拱顶变位计,将钢尺或收敛计挂在拱顶点作为标尺,后视点可视为设在稳定衬砌上,用水平仪进行观测,将前后两次后视点读数相减得差值 A,两次前视点读数相减得差值 B,计算 $C = B - A$,如 C 值为正,则表示拱顶向上位移;反之表示拱顶下沉。

2. 监测仪器

拱顶下沉监测主要用隧道拱部变位观测计,如图 8-11 所示,锚头用砂浆固定在拱顶时,钢丝一头固定在挂尺轴上,另一头通过滑轮可引到隧道下部,测量人员可在隧道底板上测量。测量时,用尼龙绳将钢尺拉上去,不测时收在边上,既不影响施工,测点布置又相对固定。

(三)地表下沉监测

洞顶地表沉降监测,是为了判定地下工程建筑对地面建筑物的影响程度和范围,并掌握地表沉降规律,为分析硐室开挖对围岩力学形态的扰动状况提供信息。一般是在浅埋

情况下观测才有意义。

(四)围岩内部位移监测

围岩内部位移监测,就是观测围岩表面、内部各测点间的相对位移值。因为能较好地反映出围岩受力的稳定状态、岩体扰动与松动范围,故一般工程均将项目作为位移观测的主要内容。

1.监测原理

埋设在钻孔内的各测点与钻孔壁紧密连接,岩层移动时能带动测点一起移动(见图 8-12)。变形前各测点钢带在孔口的读数为 S_{i0},变形后第 n 次测量时各测点钢带在孔口的读数为 S_{in}。测量钻孔不同深度岩层的位移,亦即测量各点相对于钻孔最深点的相对位移。第 n 次测量时,测点 1 相对于钻孔的总位移量为 $S_{1n} - S_{10} = D_1$,测点 2 相对于孔口的总位移量为 $S_{2n} - S_{20} = D_2$,测点 i 相对于孔口的总位移量 $S_{in} - S_{i0} = D_i$。于是,测点 2 相对于测点 1 的位移是 $\Delta S_{2n} = D_2 - D_1$,测点 i 相对于测点 1 的位移量是 $\Delta S_{in} = D_i - D_1$。

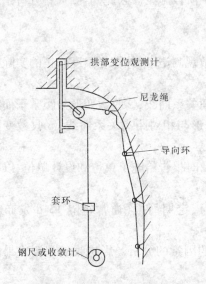

图 8-11　拱部变形监测装置

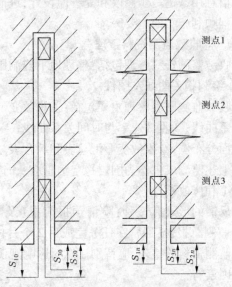

图 8-12　围岩内部位移监测示意图

当在钻孔内布置多个测点时,就能分别测出沿钻孔不同深度岩层的位移值。测点 1 的深度愈大,本身受开挖的影响愈小,所测出的位移值愈接近绝对值。

2.监测装置

围岩内部位移监测装置通常采用钻孔伸长计或位移计,由锚固部分、传递部分、孔口装置、传感器与测读仪表等部分组成。

1)锚固部分

把测试元件与围岩锚固为一整体,测试元件的变位即为该点围岩的变位。常用的形式有楔缝式、胀壳式、支撑式、压缩木式、树脂或砂浆浇筑式及全孔灌注式等。由于具体测试要求和使用环境不同,采用的锚固方式也不尽相同,一般情况下,软岩、干燥环境采用胀壳式、支撑式、砂浆灌注式为好,而硬岩、潮湿环境采用楔缝式、压缩木式较好。

2)传递部分

传递部分把各测点间的位移进行准确的传递。传递位移的构件可分为直杆式、钢带式、钢丝式等;传递位移的方式可分为并联式和串联式等。

3)孔口装置

孔口装置通常包括在孔口设置基准面、孔口保护、导线隐蔽及集线箱等。

4)传感器与测读仪表

通常采用机械式与电测式仪表。常用的机械式位移计有单点、两点、多点机械式位移计等;常用的电测式位移计有电感式、差动式、电阻式位移计等。

四、监测资料的分析与应用

地下工程的信息化施工方法是新奥法与智能化结合的新型施工方法。施工过程集施工、监测和设计于一体。要求对施工开挖和支护过程中的变形采取有效的监测措施,监控围岩和支护的动态,并通过及时对监测值进行反演分析,判定围岩的稳定性与安全性。反馈的信息用来进一步修改和完善原设计,进而指导下阶段施工。因此,监测资料分析是地下工程顺利施工的重要一环。

(一)收敛监测资料整理

收敛监测资料整理包括:整理地下隧洞围岩收敛观测记录,计算经温度修正的实际收敛值,绘制相关曲线及图件。

收敛监测图表整理主要包括:①收敛变形与时间关系曲线;②收敛变形与距掌子面距离关系曲线;③收敛速率与时间关系曲线;④相对变形与相对距离关系曲线;⑤收敛变形值断面分布图;⑥收敛变形汇总表和综合表。

上述监测成果作为围岩稳定信息应及时反馈,及时报告给施工单位和设计单位,以指导施工和修改设计。

反馈的形式有三种:险情预报简报(及时发出)、定期简报(通常每隔 15 d 发布一次)、监测总报告(通常在任务完成后 2 个月内提交)。

监测资料的整理,应特别注意对影响观测成果的因素的分析。影响收敛观测成果的重要因素有:

(1)收敛计的精度、灵敏度的影响。

(2)收敛测桩安装质量的影响。

(3)收敛测桩保护效果的影响。

(4)环境的影响,如放炮飞石碰动、振动甚至砸坏测桩,隧洞温度变化的影响。

(5)人为读数误差的影响,如不同测读人员操作水平及方法产生的影响。

(二)钻孔岩体轴向位移监测资料整理

钻孔岩体轴向位移及整理内容包括工程名称、观测断面和观测孔及测点的编号及位置,地质描述、轴向位移读数值、观测时间,观测断面与开挖掌子面的距离、观测数据校核及计算。

钻孔岩体轴向位移观测图表整理主要包括"4 线 2 图",即:

(1)围岩位移与时间关系曲线。

(2)围岩位移与开挖进尺关系曲线。

(3)围岩位移随埋设深度变化曲线。

（4）围岩位移—时间关系曲线（见图 8-13）。

（5）观测断面围岩位移分布图。

（6）钻孔位移计安装竣工图。

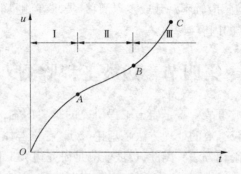

图 8-13　围岩位移—时间关系曲线

（三）锚杆应力监测资料整理

锚杆应力观测记录的整理包括工程名称、观测断面、观测孔及测点的编号及位置、地质描述、钢弦频率值或电阻值、观测时间、观测断面与开挖掌子面的距离。

锚杆应力观测表整理主要包括"4 线 1 表"，即：

（1）测点应力与时间关系曲线。

（2）测点应力与掌子面距观测断面距离关系曲线。

（3）测点应力与埋设深度关系曲线。

（4）锚杆应力变化率与时间关系曲线。

（5）锚杆应力综合汇总表。

资料整理时，应注意影响锚杆应力观测成果的因素。这些因素主要有：

（1）锚杆应力计的精度、稳定性和灵敏度。

（2）钻孔注浆质量。

（3）安装质量。

（4）测读人员技术素质。

（四）钻孔岩体横向位移观测资料整理

钻孔岩体横向位移观测记录及整理内容包括工程名称、导槽方位、测斜孔编号、测孔位置、地质描述、最大位移方向及垂直最大位移方向的读数值、观测时间、观测数据校核及计算等。

钻孔岩体横向位移观测图表整理主要包括"3 线 1 图"，即：

（1）测点变化值与深度关系曲线。

（2）水平位移量与深度关系曲线。

（3）测点位移与时间关系曲线。

（4）测斜仪安装竣工图。

上述观测资料的整理，应特别注意对影响观测结果的因素进行分析。影响钻孔岩体横向位移观测结果的主要因素有：

（1）测斜管及管接头的质量。

（2）灌斜管与孔壁之间的灌浆材料（应和围岩变形性质一致）。

（3）每次测点位置变化（要求每次测量都应严格固定在同一位置上）。

（4）测斜仪的轴心与感应轴不一致或零点漂移（要求在测量时,一组导槽必须正反测两次,以便自动消除仪器的固有误差）。

第四节　边坡工程监测

如何有效地预防边坡事故一直是岩土工程研究的重要内容,但迄今仍难以找到准确评价的理论和方法。比较有效的处理方法是理论分析、专家群体经验知识和监测控制系统相结合综合集成的理论和方法。因此,边坡监测是研究边坡工程的重要手段之一。

边坡监测受到诸如地形地貌、地质条件、工程施工情况、边坡的稳定性程度、监测经费等众多因素的制约,是一个复杂的系统。概括起来,岩土工程监测的目的是：

（1）检验岩土工程施工质量是否满足岩土工程设计和有关规程、规范的要求。

（2）指导岩土工程的施工方法、流程和施工进度。通过岩土工程监测反馈分析岩土工程设计与施工是否合理,并为后续设计与施工方案提供优化意见。

（3）检测岩土工程施工对环境的影响,验证岩土工程施工防护措施的效果。

（4）及时发现和预报岩土工程施工过程中所出现的异常情况,防止岩土工程施工事故,保障岩土工程施工安全。

（5）提供定量的岩土工程质量事故鉴定依据。

（6）为建（构）筑物的竣工验收提供所需的监测资料。

一、边坡工程监测内容、方法与设备

（一）边坡工程监测的内容

边坡工程监测的具体内容应根据边坡的等级、地质条件、加固结构特点等综合考虑。表 8-10 为各类边坡监测常见的内容。

表 8-10　边坡工程监测内容

序号	监测项目	监测内容
1	变形监测	①地表裂缝;②建筑物裂缝;③地表位移;④地下位移;⑤支护结构变形
2	滑动面监测	滑动面位置测定
3	地表水监测	①自然沟水的观测;②河、湖、水库水位观测;③湿地观测
4	地下水监测	①钻孔、井、泉,水位、水量、温度;②孔隙水压力
5	降水量监测	降雨量、降雪量
6	应力监测	滑带应力、建筑物受力,抗滑桩、锚杆（索）应力

（二）边坡工程监测方法及监测设备

常用的边坡工程监测方法有简易观测法、设站观测法、仪表观测法和远程观测法等。

1. 简易观测法

该方法主要观测边坡工程中可能出现的地表裂缝、地面鼓胀、沉降、坍塌、建筑物变形特征(发生、发展的位置,规模,形态,时间等)及地下水位变化、地温变化等现象。

通常是在边坡体关键裂缝处埋设骑缝式简易观测桩(见图8-14(a));在建(构)筑物(如房屋、挡土墙、浆砌块石沟等)裂缝上设简易玻璃条、水泥砂浆片、贴纸片(见图8-14(b));在岩石、陡壁面裂缝处用红油漆画线作观测标记;在陡坎(壁)软弱夹层出露处设简易观测标桩等(见图8-14(c)、(d))。定期用各种长度量具测量裂缝长度、宽度、深度变化及裂缝形态、开裂延伸的方向。

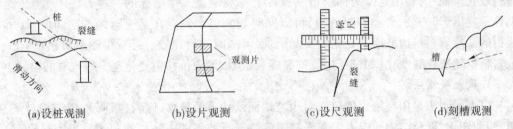

(a)设桩观测　　　　(b)设片观测　　　　(c)设尺观测　　　　(d)刻槽观测

图 8-14　边坡工程简易观测法

这种方法对诸如滑坡等地质灾害进行观测较为适合。可以从宏观上掌握崩塌、滑坡的变形动态及发展趋势,也可以结合仪器监测资料综合分析,初步判定崩滑体所处的变形阶段及中短期滑动趋势,是一种直接的、行之有效的观测方法。

2. 设站观测法

该方法通过在边坡体上设置变形观测点(呈线状、格网状等),在变形区影响范围之外稳定地点设置固定观测站。用测量仪器(经纬仪、水准仪、测距仪、摄影仪及全站型电子速测仪、GPS 接收机等)定期监测变形区内网点的三维(x,y,z)位移变化。设站观测法可细分为大地测量、GPS 测量、近景摄影测量与全站式电子测速仪等,这里只介绍前三种。

1) 大地测量法

常用的大地测量法主要有两方向(或三方向)前方交会法、双边距离交会法、视准线法、小角法、测距法及几何水准测量法、精密三角高程测量法等。常用前方交会法、距离交会法监测边坡变形的二维(x,y 方向)水平位移;用视准线法、小角法、测距法观测边坡的水平单向位移;用几何水准测量法、精密三角高程测量法观测边坡的垂直(z 方向)位移,利用高精度光学和光电测量仪器如精密水准仪、全站仪等仪器,通过测角、测距来完成。

大地测量法不仅可以对重点部位进行定点变形监测,而且监控面积大,可以有效地监测边坡变形范围。确定边坡变形的范围对边(滑)坡灾害的有效预报和工程施工都具有重要意义。此外,大地测量法量程不受限制。采用仪表观测法埋设的仪器都会受量程限制,当变形量较大超过仪器的量程时,仪器不能继续使用,使得监测中断。大地测量方法则不受量程的限制,因为大地测量法是设站观测,仪器量程能满足边坡变形监测,可以观测到边坡变形演变的全过程。大地测量方法以变形区外稳定的测站为基准(或参照物)进行观测,还能够直观测定边坡地表的绝对位移量,为评估边坡的稳定性提供可靠依据。但大地测量法往往易受到地形通视条件限制,以及气象条件(如风、雨、雾、雪等)的影响,且工作量大,周期长,连续观测能力较差。

2)GPS(全球定位系统)测量法

基本原理是用 GPS 卫星发送的导航定位信号进行空间后方交会测量,确定地面待测点的三维坐标。GPS 具有全天候、实时、连续三维位移高精度监测特点,不受通视条件的限制,还可进行远距离无线数据传输和监控,特别适合于地形条件复杂、起伏大或建筑物密集、通视条件差的边坡监测。

3)近景摄影测量法

这是把近景摄影仪安置在两个不同位置的固定测点上,同时对边坡范围内观测点摄影构成立体像片,利用立体坐标仪量测像片上各观测点三维坐标的一种方法。摄影(周期性重复摄影)方便,外业省时省力,可以同时观测多个测点在某一瞬间的空间位置,所获得的像片资料是边坡地表变化的实况记录,可随时进行比较。近景摄影测量法适合于危岩临空陡壁裂缝变化(如链子崖陡壁壁裂缝)或滑坡地表位移量变化速率较大时的监测。

3.仪表观测法

仪表观测法是用精密仪器仪表对边坡地面及地下的位移、倾斜(沉降),裂缝相对张、闭、错动变化,以及结构的应力应变等物理参数进行监测的方法。该观测成果资料直观、可靠度高,适用于边坡变形的中、长期监测。

按所采用的仪表不同,仪表观测法可分为机械仪表观测法(简称机测法)和电子仪表观测法(简称电测法)两类。

4.远程观测法

伴随着电子技术及计算机技术的发展,各种先进的自动遥控监测系统相继问世,为边坡工程特别是崩塌、滑坡的自动化连续遥测创造了有利条件。自动遥控监测系统基本上能实现连续观测、自动采集、存储、打印和显示观测数据,以及远距离无线传输。由于自动化程度高,可全天候连续观测,省时、省力、安全,远程自动化监测法是当前和今后一个时期滑坡监测发展的方向。

二、边坡工程监测方案设计

边坡工程监测方案,应在对边坡或滑坡进行全面工程地质调查,确定边坡的变形阶段,变形的范围、规模与可能破坏的方式之后进行设计。

(一)设计原则

(1)应遵循工程需要,目的明确,按照整体控制,多层次布置,突出重点,掌控关键(部位)的原则。边坡(滑坡)及边坡工程施工和运行期监测的主要目的在于确保边坡及相应工程的安全,因此边坡监测应以边坡整体稳定性监测为主。监测的内容应着重于影响边坡稳定性的因素,如地面和地下变形、岩石边坡中存在的不利结构面、地下水位、渗流、孔压及降雨入渗等。监测断面的布置、监测项目的确定和监测仪器的选型均应根据边坡稳定性监测的需要进行合理布局。

(2)施工期、运行期监测相结合,监测工作应贯穿工程活动(开挖、加固、运行)的全过程。

(3)监测仪器应根据监测对象和运行环境选择。例如,自然边坡监测的仪器应具有防潮、抗雷电、不易被人和动物破坏等特性；人工边坡监测仪器应具备牢固、抗施工干扰能力强、被破坏后易恢复等特性。精度和量程应根据边坡工程变形的阶段和岩土体特性确定。

（二）监测项目选择

监测项目要根据边坡工程性质（自然边坡、人工边坡）、工程的阶段（施工期、运行期）等确定。若边坡采取加固措施，还应根据加固方式（锚杆、锚索、抗滑桩、锚固洞、排水措施等）综合考虑监测项目。

无论是自然边坡还是人工边坡，以稳定性预测预报和控制为目的的边坡监测，应针对影响边坡稳定的关键问题和控制性观测来选择监测项目。边（滑）坡工程常见的监测项目见表8-11。

表 8-11　边（滑）坡工程监测项目

序号	监测项目	人工边坡		自然边坡		
		施工期	运行期	前期	整治期	整治后
1	大地测量水平变形	√	√	√	√	√
2	大地测量垂直变形	√	√	√	√	
3	正垂线、倒垂线		√			
4	表面倾斜	√		√	√	
5	地表裂缝	√	√	√	√	√
6	钻孔深部位移	√	√	√	√	
7	爆破影响监测	√				
8	渗流渗压监测	√	√			
9	雨量监测	√		√	√	
10	水位监测		√	√	√	√
11	松动范围监测	√				
12	加固效果监测		√		√	√
13	巡视检查	√	√	√	√	√

（三）监测断面与测点布置

1. 监测断面布置原则

监测断面应选在：①地质条件差、变形大、可能破坏的部位，如有断层、裂隙、危岩体存在的部位；②边坡坡度高、稳定性差的部位；③结构上有代表性的部位；④分析计算的典型部位等。根据地形地貌地质条件以及监测目的要求，可按十字形或放射形等布置监测断面，形成有效的监测网络。十字形布置方法对于主滑方向和变形范围明确的边坡较为合适和经济，通常在主滑方向上布设监测点（孔）。放射形布置则适用于边坡中主滑方向和变形范围不能明确估计的边坡，可考虑不同方向交叉布置监测点（孔）。总之，应尽量做到利用有限的工作量满足监测的要求。

2. 监测点布置原则

监测点应布置在对边坡稳定具有控制性或影响性的位置,如主滑面和可能滑动面上、地质分层及界限面、不同风化带上等。

1) 大地测量变形监测点

(1) 监测网点应设在稳定地区,远离滑坡体。

(2) 监测点的数量应能满足控制整个滑坡范围的需要。

(3) 滑坡体上监测点的布置应突出重点、兼顾全面,尽可能在滑坡前后缘、裂缝和地质分界线等处设点。当边坡上还有地下位移(如钻孔测斜仪、多点位移计等)测点时,应尽量在地下位移测点附近设点,以便相互比较、印证。

(4) 监测垂直位移的水准点应布置在滑坡体外,并必须与监测网点的高程系统统一。

2) 变形监测网的布置

变形监测网的布置应满足监测网点的三维坐标中误差不超过 $\pm(2 \sim 3)\,m$。

(1) 建立满足 xy 坐标精度的平行监测网,配合建立满足点位高程精度的精密水准网。

(2) 地形起伏大或交通不便、精密水准观测有困难时,应建立满足点位三维坐标精度要求的三维网。

3) 水平位移测点布置方法

(1) 视准线法:沿垂直于边坡滑动方向布置一排观测点,两端点为监测网点,中间为监测点。以两端为基准,观测中间测点的位移。

(2) 联合交会法:这是一种以角后方交会法为主,角侧方交会法为辅相结合的方法。在监测点上设站,均匀观测周围四个监测网点。

(3) 边交会法:以两个以上的监测网点为基准,观测监测网点到某测点的距离和高差。

(4) 角前方交会法:在两个以上的监测网点设站,观测某一个测点,求取测点坐标。

4) 垂直位移监测点的布置

垂直位移监测点一般采用水准测量法或测距高程导线法等大地测量法布置。

5) 边坡地面倾斜监测点的布置

边坡地面倾斜一般采用倾角计监测。

(1) 自然边坡应在边坡滑坡的前后缘、滑出口、主轴等特征点上布置测点。

(2) 人工边坡测点可布置在边坡的马道、排水洞、监测支洞的地表。

(3) 采取加固措施的边坡,可在抗滑挡墙、抗滑桩等结构物的顶部或侧面布置测点。

6) 地面裂缝监测的布置

地面裂缝常用测缝计、收敛计、钢丝位移计和位错计监测裂缝,监测仪器一般跨裂缝、断层、夹层、层面等布置,或在边坡马道、斜坡或滑坡的地表,排水洞、监测支洞裂缝出露的地方布置仪器监测点。

7) 地下位移监测布置

地下水平位移一般采用钻孔测斜仪监测。未确定边坡滑动面时,应采用活动式钻孔测斜仪;确定边坡滑动面后,可在滑动面上下安装固定式测斜仪。

8)边坡加固措施监测布置

边坡加固措施一般有锚杆、抗滑桩、锚固洞(阻滑键)等,应根据加固措施进行监测设计。

9)降雨量、水位和孔隙水压力监测

(1)降雨量一般使用雨量计监测,也可从当地气象部门收集。

(2)应进行地下水位长期监测,可在边坡顶部或不同高程马道上钻孔监测,监测点数量应视水文地质条件和监测目的确定。

(3)孔隙水压力监测点应布置在边坡监测断面与排水洞交会处,使用测压管或孔隙水压计进行监测。当有钻孔倾斜仪时,可在每个钻孔倾斜仪孔底布置孔隙水压力计。

3. 监测频率与周期

监测频率与周期应根据不同类型、不同阶段的边坡工程,工程所处的阶段、工程规模以及边坡变形的速率等确定。

边坡工程施工初期及大规模爆破阶段,以监测爆破振动为主,监测频率一般结合爆破工程而定。

处于初始蠕变和稳定蠕变状态的边坡,监测以地面及地下位移为主,一般在初测时每日或每两日一次,在施工阶段 3 ~ 7 日一次,在施工完成后进入运营阶段,且在变形及变形速率在控制的允许范围之内时一般以每一个水文年为一周期,每两个月左右监测一次,雨期加强到一个月一次。

三、边坡变形监测

边坡变形监测又分为地面变形监测和地下变形监测,包括边坡地表及地下变形的二维(x,y 二方向)或三维(x,y,z 三方向)位移、倾斜变化监测。通过对边坡表面和地下的位移监测,可以及时确定边坡变形的范围、破坏的可能性、破坏的方式、滑动面形态和位置、滑动方向等,对边坡稳定性的判断、边坡地质灾害的防治具有重要意义。

(一)地面变形监测

地面变形监测是边坡监测中最常见的项目。地面位移监测是在稳定的地段建立测量基准点,在被测量的地段上设置若干个监测点或设置有传感器的监测点,用仪器定期监测测点的位移变化。监测方法如前所述。

边坡表面裂缝监测包括裂缝的拉开速度和两端扩展情况。边坡地面的水平位移、垂直位移以及变化速率的测量,点位误差要求不超过 ±(2 ~ 5)mm,水准测量中误差不超过 ±(1.0 ~ 1.5)mm/km。对于土质边坡,要求水准测量中误差不超过 ±3.0 mm/km。

地面变形监测采用的仪器有两类:一类是大地测量仪器,如经纬仪、水准仪、红外测距仪、全站仪等;另一类是位移传感器、位移伸长计等。第一类仪器只能定期监测地面位移,不能连续监测。当地面明显出现裂缝及地面位移速度加快时,通常采用连续监测仪器(主要是第二类仪器)。这里主要介绍常见的位移传感器性能特点,第一类仪器及观测方法可参阅相关文献。常用的边坡地面变形监测仪器及特点见表8-12。

表 8-12　边坡地面变形监测仪器及特点

监测内容	主要监测方法	常用监测仪器	监测方法的特点	适用性评价
边坡地面变形	大地测量法（三角交会法、几何水准法、小角法、测距法、视准线法）	经纬仪水准仪测距仪	投入快,精度高,监测范围大,直观,安全,便于确定滑坡位移方向及变形速率	适用于不同变形阶段的位移监测;受地形通视和气候条件影响,不能连续观测
		全站式速测仪、电子经纬仪等	精度高,速度快,自动化程度高,易操作,省人力,自动连续观测,监测信息量大	适用于不同变形阶段的位移监测;受地形通视条件的限制;适用于变形速率较大的滑坡水平位移及危岩陡壁裂缝变化监测;受气候条件影响较大
	近景摄影法	陆摄经纬仪等	监测信息量大,省人力,投入快,安全,但精度相对较低	适用于变形速率较大的边坡水平位移及危岩陡壁裂缝变化监测;受气候条件影响较大
	GPS 法	GPS 接收机	精度高,投入快,易操作,可全天候观测,不受地形通视条件限制	适用于边坡体不同变形阶段地表三维位移监测
	测缝法（人工测缝法、自记测缝法）	钢卷尺、游标卡尺、裂缝量测仪、伸缩自记仪、测缝仪、位移计等	人工、自记测缝法投入快,精度高,测程可调,方法简易直观,资料可靠;遥测法自动化程度高,可全天候观测,安全,速度快,省人力,可自动采集、存储、打印和显示观测值,资料需要用其他监测方法校核后使用	适用于裂缝量测岩土体张开、闭合、位错、升降的变化

位移传感器主要有差动电阻式位移计、钢弦式位移计、引张线式水平位移计、滑线电阻式位移计、钻孔位移计、三向位移计等。

地面裂缝监测可采用伸缩仪或游标卡尺等,裂缝量测精度 $\pm(0.1 \sim 1.0)$ mm。在裂缝两侧设桩、固定标尺或在结构物裂缝量测贴片等方法,均可直接量测位移。

（二）地下变形监测

地下变形监测可确定边坡滑动深度,了解边坡岩土体内部变形特征,是边坡工程监测非常重要的内容。

地下变形监测包括地下岩土体深部位移与地下倾斜。监测方法有测斜法、应变测量法、重锤法和时间域反射技术等。监测仪器有钻孔倾斜仪、井壁位移计等,详见表 8-13。

表8-13　　边坡地下变形监测仪器

监测内容	监测方法	常用监测仪器	监测方法的特点	适用性评价
边坡地下变形监测	测斜法（钻孔测斜法、竖井）	钻孔倾斜仪、井壁位移计、位错计等	精度高,效果好,可远距离观测,易保护,受外界因素干扰少,资料可靠;但测程有限,成本较高,投入慢	主要适用于边坡体变形初期,在钻孔、竖井内测定边坡体内不同深度的变形特征及滑带位置
	测缝法（竖井）	多点位移计、井壁位移计、位错计等	精度较高,易保护,投入慢,成本高;仪器、传感器易受地下浸湿、锈蚀	一般用于监测竖井内多层堆积之间的相对位移,主要适用于初始蠕变变形阶段,即小变形、低速率,观测时间相对短的监测
	重锤法	重锤、极坐标盘、坐标仪、水平位错计等	精度高,易保护,机测直观、可靠;电测方便,量测仪器便于携带;但受潮湿、强酸、碱锈蚀等影响	适用于上部危岩相对下部稳定岩体的下沉变化及软层或裂缝垂直向收敛变化的监测
	沉降法			
	测缝法（硐室）	重锤、极坐标盘、坐标仪、水平位错计等	精度高,易保护,机测直观、可靠;电测方便,量测仪器便于携带;但受潮湿、强酸、碱锈蚀等影响	适用于危岩裂缝的三向位移（x,y,z 三方向）监测和危岩界面裂缝沿硐轴方向位移的监测
	时间域反射技术（TDR）	同轴测试电缆	一个钻孔内沿深度实时动态监测,自动采集与分析,不需特殊传感器	适用于边坡体变形初期,在钻孔、竖井内测定边坡体内不同深度的变形特征及滑带位置
	应变量测法	管式应变计,多点位移计,滑动测微计	精度高,易保护,机测直观、可靠;电测方便,量测仪器便于携带	主要适宜测定边坡不同深度的位移量和滑面(带)位置

1. 地下位移监测仪器

常用的地下位移监测仪器有位移计、测缝计、倾斜仪、沉降仪、垂线坐标仪、引张线仪、多点位移计和应变计等。

2. 地下倾斜监测仪器

测倾斜类仪器主要有钻孔倾斜仪（活动式与固定式）、倾斜计（仪）及倒垂线。用于钻孔中测斜管内的仪器,称为测斜仪;设置在基岩或建筑物表面,用做测定某一点转动量的仪器称为倾斜计（仪）。

测斜仪是通过量测测斜管轴线与铅垂线之间夹角的变化,来监测边坡岩土体的侧向位移。倾斜计也称点式倾斜仪,测斜仪可以快速便捷地监测岩土体和结构的水平倾斜或垂直倾斜。测斜仪可以是便携式的,也可以固定在结构物表面一起运动,一般适合于边坡施工期和滑坡整治期的监测。

倒垂线观测系统一般由倒垂锚块、垂钱、浮筒、观测墩、垂线观测仪等组成。垂线下端固定在基岩深处的孔底锚块上,上端与浮筒相连。在浮力的作用下,钢丝铅直方向被拉紧并保持不动。在各测点设观测墩进行观测,即得各测点对基岩深处的绝对挠度值。

四、边坡应力、水、环境条件等监测

边坡应力监测包括岩土体的地应力和应力变化、自然边坡的滑动、人工边坡的开挖施工、爆破引起的边坡应力变化、围岩应力的改变等。当有抗滑桩、锚杆等支挡结构物时,边坡工程监测设计也必须包括对这些结构物的变形和内力的监测。

水是诱发边坡失稳的最主要原因。边坡监测中应根据具体情况对地表(下)水的水质、水温、流量、孔隙水压力、水位、排水设施的排水量等选择监测内容。

环境条件的监测包括降雨量、降雨强度、温度、湿度、地震、风力、冰冻、气压的监测,通过这些内容的监测资料,可以全面地分析边坡状态受各种因素的影响程度。

(一)边坡压力与应力监测

边坡体地下应力、支护结构应力测试主要包括边坡岩土体压力测试、岩体应力测试和支护结构受力测试。

土压力一般采用土压力盒直接量测,按埋设方法分为埋入式和边界式两种。埋入式土压力盒是将仪器埋入土体中,测量土中应力分布。边界式土压力盒是安装在刚性结构表面,受压面面向土体,测量接触压力。

边坡岩体应力测试是为了解边坡地应力在施工过程中的变化进行的监测。岩体应力监测包括绝对岩体应力量测和岩体应力变化量测。岩体应力变化监测可采用传感器测定,目前主要采用的传感器有钢弦式、电阻应变片式、电容式和压磁式等。

(二)边坡地下水监测

地下水是边坡失稳的主要诱发因素,地下水的监测也是边坡监测的重要内容。边坡水位监测分地表水位监测和地下水位监测两部分,常用仪器有电测水位计和遥测水位计等。

边坡工程监测中,孔隙水压力量测可采用竖管式、水管式、差动电阻式和钢弦式孔压计。

边坡水位监测可选择坡高最高处的山顶或不同高程的马道打钻孔,进行地下水位观测。钻孔应打到含水层底板以下;对于人工边坡,可在监测断面与排水洞交会处布置测压管监测,当边坡监测布置有钻孔测斜仪时,可在孔底布置渗压计。

(三)边坡环境因素测试

测试环境因素的仪器主要有水位记录仪、雨量计、温度记录仪等,以及监测爆破所引起的振动的测振仪器。

边坡降雨量与地表径流可采用雨量计和利用坡顶截水沟来布置量水堰。对于雨量计、温度记录仪等仪器,此处不再赘述。

对于大型人工边坡由于施工引起的振动监测,可采用声波法和声波监测仪,也可采用地震法和地震仪进行监测。详细方法与仪器的介绍可参阅相关书籍。

五、监测实施和资料汇总分析

(一)监测工作的实施

在监测方案和测点布置工作完成后,监测就进入实施阶段,在该阶段中元件的埋设和初始的调试工作较为复杂,涉及钻孔、元件埋设以及各个单位、部门之间的协调工作,往往工作的实施在该阶段较为困难,应根据实际情况对方案进行相关调整和补充。实施阶段的有关工作可归为以下几方面。

1.地面位移监测工作

该工作包括地面测点选点、有关标点的埋设和标记的制作以及相关保护措施的进行。在这些工作完成后即可进入量测实施,在各次量测完成后,可将资料汇总并形成报表。可将这些工作归纳为以下几点:

(1)地面选点及布置。

(2)监测点制作。

(3)量测实施。

(4)资料汇总及报表形成。

2.地下位移监测和滑动面测量

该工作的关键是钻孔工作,地下位移监测孔的钻孔技术要求较高,对孔径、孔斜以及充填材料都有专门的要求。比如同样是测斜孔的测斜管,在土质边坡中其周边通常采用填砂的办法,而在岩体边坡中就不可采用砂填,而应根据岩体的物理力学性质配制相应的充填材料,这样才能在测试中准确反映岩土体的实际变形值。

在钻孔完成后可进行有关的埋设工作,有关的元件在进入现场前均应进行标定,埋设完成后应及时进行初测,对相关的测试孔位要进行必要的保护,以免在施工和边坡使用过程中监测孔位及元件发生破坏,在这些工作完成后即可进入量测实施,在各次量测完成后,可将资料汇总并形成报表。

以上工作可归纳为以下几点:

(1)钻孔。

(2)元件埋设及初始量测。

(3)量测实施。

(4)资料汇总及报表形成。

3.地下应力及支护结构应力监测

根据边坡岩土体和结构物的受力特性、工作性状、影响因素,确定相应的监测项目和测点位置,在结构物施工时埋设相应的监测元件或仪器,埋设时应注意元件的防潮、防腐蚀和人畜破坏。根据岩土体和结构物的类型,汇总资料并形成报表。

以上工作可以归纳为:

(1)岩体地应力测试。

(2)边坡土压力观测。

(3)锚索锚杆测力计测试。

(4)抗滑桩内力测试。

4.环境因素监测

环境因素的监测一般没有一个统一的实施步骤,如降雨量可根据当地气象部门的有关资料进行统计,水位观测可利用已有监测孔(如测斜孔)进行。在此也将它们归纳为几类:

(1)地下水位长期观测。

（2）降雨量统计。

（3）声波测试。

（4）振动测试。

（5）其他，如地温及地下水浑浊程度和化学组分的变化及流量等。

（二）监测资料汇总

边坡工程的监测资料主要有以下几个方面，即每次监测的监测报表、监测总表、监测的相关图件以及阶段性的分析报告。

1. 监测的报表

对于不同的监测内容，每完成一次监测和进行到关键阶段都应为委托方提供监测的报表。

1）监测日报表

监测日报表一般是最为直接的原始资料，是将野外所得的监测数据直接汇总形成的原始文件。

2）阶段性报表

当监测工作进行到一定的阶段后，应对原始数据加以处理，提出阶段性的数据、报表及有关建议，如最大位移表、位移速度表等。

3）监测总表

监测总表是在一个监测周期的工作完成以后，提出对该项边坡工程监测中规律性的归纳和建议，如地表变形汇总成果、地下变形汇总成果、降雨量实测统计表等。

2. 相关图表

为了更好地反映监测成果，一般应绘制相关的图件加以说明。常用的图件有：

（1）地表位移变形矢量图。

（2）各时段深度—水平位移曲线及各时段深度—垂直位移曲线。

（3）位移—水位（降雨量）变化曲线或降雨量曲线。

（4）其他图件如地温测试分布图。

（5）变形速率与深度关系图。

（6）加卸荷与最大位移关系图。

（7）最大位移深度等值线图等。

（三）监测资料分析

监测分析报告中应提供监测数据总表、相关图件和监测资料的分析及最终结论。根据监测数据还可进一步进行有关反分析及其他数值计算方法的验证，进行理论与实际的类比，并提出建议及反馈意见。不同的边坡工程对监测的目的有不同要求，在分析报告时应结合有关要求进行，对于利用监测数据进行超前预报工作的报告，其分析报告将提前至每一次监测过程中都进行有关分析和反馈。对于滑坡工程，业主更加关心边坡的稳定性，因而分析也应及时和准确。一般分析报告中包含的内容有：①工程地质背景；②施工及工程进展情况；③监测目的、监测项目设计和工作量分布；④监测周期和频率；⑤各项资料汇总；⑥曲线判断及结论；⑦数值计算及分析；⑧结论及建议。

参 考 文 献

［1］陈凡．基桩质量检测技术［M］．北京:中国建筑工业出版社,2006.

［2］中华人民共和国建设部．JGJ 106—2003 建筑基桩检测技术规范［S］．北京:中国建筑工业出版社,2003.

［3］中华人民共和国住房和城乡建设部．JGJ 94—2008 建筑桩基技术规范［S］．北京:中国建筑工业出版社,1995.

［4］中华人民共和国住房和城乡建设部,国家质量监督检验检疫总局．GB 50007—2011 建筑地基基础设计规范［S］．北京:中国建筑工业出版社,2011.

［5］祝龙根,刘利民,耿乃兴．地基基础测试新技术［M］．北京:机械工业出版社,2002.

［6］史佩栋．实用桩基工程手册［M］．北京:中国建筑工业出版社,1999.

［7］罗骐先．桩基工程检测手册［M］．北京:人民交通出版社,2003.

［8］刘金砺．桩基工程检测技术［M］．北京:中国建筑工业出版社,1993.

［9］刘金砺．高层建筑桩基工程技术［M］．北京:中国建筑工业出版社,1998.

［10］李家伟,陈积懋．无损检测手册［M］．北京:机械工业出版社,2002.

［11］国家建筑工程质量监督检测中心．混凝土无损检测技术［M］．北京:中国建材工业出版社,1996.

［12］王志荣,石明生．矿井地下水害与防治［M］．郑州:黄河水利出版社,2003.

［13］张永兴．岩石力学［M］．北京:中国建筑工业出版社,2004.

［14］重庆建筑工程学院,同济大学．岩体力学［M］．北京:中国建筑工业出版社,1981.

［15］谷德振．岩体工程地质力学基础［M］．北京:科学出版社,1979.

［16］郭志．实用岩体力学［M］．北京:地震出版社,1996.

［17］湖南水利水电勘测设计院．边坡工程地质［M］．北京:水利电力出版社,1983.

［18］华安增．矿山岩石力学基础［M］．北京:煤炭工业出版社,1980.

［19］李铁汉,潘别桐．岩体力学［M］．北京:地质出版社,1980.

［20］王钟琦．岩土工程测试技术［M］．北京:中国建筑工业出版社,1986.

［21］李晓莹．传感器与测试技术［M］．北京:高等教育出版社,2004.

［22］郁有文,常健．传感器原理及工程应用［M］．西安:西安电子科技大学出版社,2000.

［23］宰金珉．岩土工程测试与监测技术［M］．北京:中国建筑工业出版社,2008.